이착륙 기술 혁명, 미래의 하늘을 날다

수직 이착륙기

지은이 _ **고정우**

공군사관학교에서 항공공학을 전공하고, 졸업 후 줄곧 항공기 정비장교로 근무하였다. F-4 팬텀, F-16 파이팅 팰콘, F-15K 슬램이글 등의 항공기와 엔진 정비 관리를 하였고, 미 공군과의 업무 협조를 위한 미 공군 주재 연락장교로 3년간 근무하였다. 25년간의 정비장교 근무를 마치고 전역한 후, 현재는 GE Energy에 입사하여 오성발전소 정비부소장직을 맡고 있다.
군 복무 중 군 내부의 여러 간행물에 기고하여 2011년 공군 우수 지식인으로 선발되었다. 일반 독자를 대상으로 쓴 책은 〈수직 이착륙기〉가 처음이다.

이착륙 기술 혁명, 미래의 하늘을 날다

수직이착륙기

고정우 지음

지성사

머리말

공상 과학 영화에 나오는 모든 비행기는 수직 이착륙을 한다. 1977년에 첫 상영된 영화 스타워즈에서 우주인이 탔던 우주선도, 최근에 나온 아바타에서도 마찬가지다. 미래를 보여 주는 영화에서 기다란 활주로를 달려 날아오르는 비행기를 본다면 뭔가 신비감이 사라질 것이다. 외계인이 타고 온 비행선이 인천공항 활주로에 착륙한다면 그 또한 우리의 상상과는 동떨어진 풍경이다.

수직 이착륙기가 편리하다는 사실은 모두 알고 있다. 그래서 항공 선진국에서는 수직 이착륙기 개발을 꾸준히 시도해 왔다. 수직 이착륙 항공기는 과학 발달의 상징이다. 과학이 발달할수록 완벽한 수직 이착륙기에 다가가고 있다.

일반적으로 수직 이착륙기라고 하면 해리어를 가장 먼저 떠올리며, 그 다음으로 F-35 라이트닝Lightening, V-22 오스프리Osprey 등을 생각할 것이다. 이러한 수직 이착륙기가 나오기까지는 50여 종이 넘는

실험기 과정을 거쳐야 했다. 군軍은 물론 민간업체에서도 꿈의 항공기로 수직 이착륙기를 갈망해 왔지만 아직도 수직 이착륙 기술이 완전하지 못하다. 때문에 우리는 여전히 긴 활주로를 박차고 오르는 전투기를 보고, 활주로를 통해 이륙하는 거대한 여객기를 이용하고 있다. 공상 과학 영화에 나오는 수직 이착륙기가 가까운 미래에 등장하기는 아직 어려울 듯하다. 하지만 어느 미래에선가 모든 비행기는 수직 이착륙 방식을 사용하게 될 것이고, 긴 활주로를 가진 대형 공항은 점차 사라질 것이다.

이 책에서는 50여 종이 넘는 실험기를 소개하면서 수직 이착륙 방식에 따라 분류하고, 이에 적용된 기술과 개발 과정, 그리고 실용화에 이르지 못한 원인을 살펴볼 것이다. 필자 스스로도 원고를 정리하면서 이렇게 많은 수직 이착륙기를 개발하려는 노력이 있었다는 사실과 그 노력을 기울인 국가들이 현재 항공 선진국으로서 기술 개발을 이어가고 있다는 사실에 놀랐다.

필자는 1987년에 공군사관학교를 졸업하고 공군 정비장교로 25년을 근무했다. 항공기에 관심이 많아 여러 책을 보아 왔지만 항공기에 대한 국내 서적은 손에 꼽을 정도였고, 그나마 양력 이야기부터 나오는 초등학생용 책이나 아예 딱딱한 공식이 빼곡한 대학 교재 수준의 서적이 대부분이었다. 반면 취미로 읽을 수 있는 깊이 있는 교양 항공 서적은 무척 드물다. 필자가 이 책을 쓰게 된 동기도 거기에 있다. 몇 해 전 미국 출장을 갔다가 우연히 서점에서 작은 포켓북을 구입하였는데, 그 책에는 엄청나게 많은 실험기 자료가 실려 있었다. 내용 중에서 다양한 수직 이착륙기가 단연 관심을 끌었는데, 그때그때 단편적으로 보아 오던 수직 이착륙기 사진들이 일목요연하게 정리되어 있어 이해하기가 쉬웠다. 그 작은 책에 깊은 인상을 받아 결국 이 책을 펴내게 되었다. 우리나라도 항공 선진국으로 가기 위해서는 이런 중간 단계의 전문 취미 서적이 많이 출간되어야 할 것이다. 아울러 수준 높은 항공 마니아들이 이런 책의 발간에 적극적으로 뛰어들었으면 하는 바람을 가져 본다.

이 책에는 다소 어렵고 생소한 용어도 많이 등장하며, 어느 정도 항공 지식을 가진 상태에서 읽어야 이해가 가능하다. 처음 원고를 검토한 지성사에서는 중학생도 읽을 수 있도록 난이도를 낮추어 달라고 요청하였지만 난이도를 낮추다 보면 설명에 설명이 더해지면서 책 분량이 엄청나게 증가할 수밖에 없고, 수직 이착륙기에 대한 내용보다 항공기 구조 설명, 비행 원리 설명 등이 늘어나 배보다 배꼽이 더 커질 수도 있기에 결국 항공 마니아들이 읽을 만한 수준으로 맞추었다. 대신 수직 이착륙기에 관한 본격적인 내용에 앞서 용어 설명을 추가하고, 사진과 그림을 보강하여 독자들의 이해를 도왔다. 그래도 부족한 부분은 인터넷 검색을 통해 쉽게 해결할 수 있을 것이다. 다행히 인터넷을 통해 대부분의 자료를 구할 수 있고, 특히 유튜브YouTube 등에는 수직 이착륙기와 관련한 많은 동영상이 올라와 있어서 큰 도움을 받을 수 있을 것이다. 글로 100번을 읽어도 이해되지 않던 것이 하나의 동영상으로 말끔하게 이해되는 경우도 허다하다.

그리고 이 책에서는 해리어, F-35, V-22 등이 있기까지 얼마나 많은 실험기들과 그에 따른 노력이 있었는지, 또 앞으로 어떤 수직 이착륙기가 개발될 것인지도 소개하였다. 여기에서 소개한 수직 이착륙기 분류 방법을 읽으면 새로운 시각과 분류 기준을 가지고 수직 이착륙기를 다시 볼 수 있게 될 것이다. 참고로 이곳에 제시된 항공기 자료, 즉 항공기의 제원이나 엔진 제원, 비행 일자 등은 독자가 알고 있는 자료와 다소 다를 수도 있다. 인터넷상에서도 수치, 일자 등이 조금씩 다른 부분이 있는데, 이는 항공기나 엔진 등의 개조와 개량을 거듭하면서 기준이 되는 수치가 달라질 수 있고, 조사한 자료마다 기준을 달리 적용하여 데이터마다 차이를 보이기 때문임을 이해해 주기 바란다.

최신 전투기가 이착륙하는 대구 공군 기지를

항상 바라볼 수 있는 대구시 동구에서

고정우

차례

1장

용어 설명

항공기 이착륙 방식 1

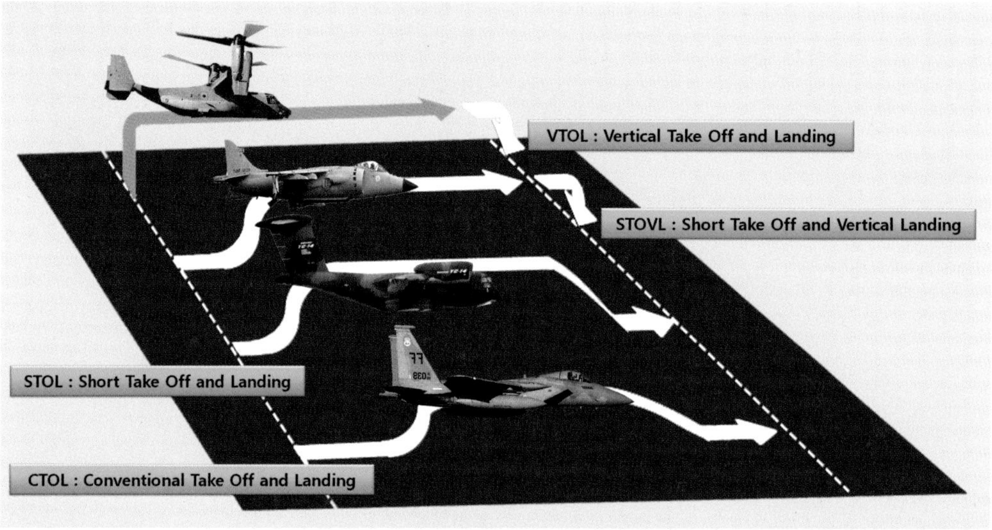

1-1 항공기 이착륙의 대표적인 4가지 방식을 그림으로 표현하였다.

1-1 수평 이착륙, 통상 이착륙 CTOL : Conventional Take Off and Landing

보통의 항공기는 이륙할 때 필요한 속도를 얻기 위해 긴 활주로를 이용하여 가속하고, 속도가 증가하면서 날개에 발생하는 양력을 이용하여 공중에 뜨게 된다. 엄청나게 크고 무거운 비행기가 중력을 이기고 공중에 뜰 수 있는 것은 양력Lift 때문이며, 양력은 날개에서 만들어진다. 하지만 양력은 날개가 있다고 해서 저절로 생기는 것이 아니며, 속도가 있어야만 발생한다. 따라서 정지 상태에서부터 이륙에 요구되는 속도를 만들어 내기 위해서는 긴 활주로가 필요하고, 제한된 활주로에서 이륙에 필요한 충분한 속도를 얻기 위해서는 강력한 엔진을 필요로 한다. 만일 엔진 추력(물체를 운동 방향으로 밀어붙이는 힘)이 충분하지 못하면 더 긴 활주로를 이용해 속도를 증가시키거나 화물 및 탑승 인원을 줄여야 한다. 활주로가 길어지면 그만큼 거대한 공항이 필요하고, 공항 주변의 높은 건물은 충돌 위험에 놓이게 된다. 결국 세계적으로도 이용 가능한 공항이 적어져 경제성이 떨어질 수밖에 없다.

2005년에 에어버스Airbus사에서 제작한 최신형 여객기 A380의 경우, 이륙 가능한 최대 무게는 무려 590톤에 이른다. 이때 필요한 활주로 길이는 약 3킬로미터이다.

엔진은 제한된 활주로 내에서 항공기의 속도를 최고로 높이기 위해 비행기의 수평 방향으로 추력을 만들어 낸다. 그래서 여객기와 전투기 들의 엔진은 대부분 항공기 동체선과 나란하게 장착되어 있다. 또 이착륙을 위한 랜딩기어도 반드시 필요하다. 이러한 이착륙 방식이 우리가 일반적으로 보아 온 이착륙 방식이지만, 굳이 수직 이착륙 방식과 구분하기 위해 '통상 이착륙'CTOL : Conventional Take Off and Landing, 또는 '수평 이착륙'HTOL : Horizontal Take Off and Landing이라 부른다.

수평 이착륙의 가장 큰 장점은 경제성과 안전성이다. 이착륙 방식 중에서 연료가 가장 적게 들고, 이착륙하는 동안 하나 또는 일부의 엔진에 문제가 생기더라도 비교적 안전하게 이착륙할 수 있다.

헬기를 제외한 모든 상업용 비행기가 수평 이착륙 방식을 사용하는 이유도 바로 경제성과 안전성 때문이다. 경제성이 거의 고려되지 않는 국가 주도의 모든 우주 비행은 수직 이륙 방식을 적용한다. 반면 2013년 상업 우주 비행을 목표로 시험 비행에 돌입한 버진 갈라틱Virgin Galactic 사의 "스페이스 쉽2Space Ship Two"는 미국 뉴멕시코 주 사막에 건설된 전용 공항을 통해 수평 이착륙 방식으로 우주 비행을 하도록 설계되었으며, 2011년까지 총 16회의 수평 비행 시험에 성공하였다. 기존 우주 왕복선처럼 대형 수직 발사대를 이용하지 않고 활주로를 이용한 이착륙을 하는 가장 큰 이유는 상업화를 위해 안전성이 우선되어야 하고, 부차적으로 수지 타산, 즉 경제성이 중요하기 때문이다.

1-2 A380의 이륙 모습. 거대한 무게로 공중에 뜨려면 긴 활주로, 큰 날개, 강력한 엔진이 필요하다.

1-2 수직 이착륙VTOL : Vertical Take Off and Landing

이 책에서 소개하고자 하는 것이 바로 수직 이착륙 방식이다. 이륙과 착륙 시 활주로를 필요로 하지 않고 수직으로 이륙해서Vertical Take Off 수직으로 착륙Vertical landing한다. 수직 이착륙기라 하여 반드시 지면으로부터 수직인 90도로 상승해야 하는 것은 아니다. 활주 거리 없이 이륙한다면 일반적으로 수직 이착륙기라 부른다.

수직 이착륙은 VTVLVertical Take off and Vertical Landing로 표기하기도 하지만 대부분의 보도 기사와 책자에서는 VTOL로 쓰는 것이 일반적이다.

수직 이착륙기 중 가장 이해하기 쉬운 것이 헬리콥터이다. 헬리

1-3 민간 우주 비행 시대에 돌입한 스페이스 쉽2(가운데 있는 동체)는 안전성과 경제성을 이유로 활주로를 이용한 수평 이착륙 방식을 사용한다. 스페이스 쉽2는 모선인 화이트 나이트2에 매달려 15킬로미터 상공까지 올라가고, 이후 자체 로켓으로 110킬로미터 준궤도 우주에 진입한다. 착륙 시에도 수평 방식의 활공 착륙을 한다.

QANTAS

콥터는 위에서 설명한 일반적인 항공기와는 달리 활주로가 필요하지 않으며, 그 덕분에 건물 옥상에도 이착륙이 가능하고, 산이든 작은 선박이든 어디에서든지 운용 가능하다. 2011년 1월 인도양에서 해적에게 피랍된 한국 선박 삼호쥬얼리호를 구출하기 위해 해군 청해부대가 투입되었던 '아덴만의 여명' 작전에서 헬기[1]의 역할이 매우 중요했음은 말할 나위도 없다. 헬기가 수직 이착륙을 하기에 함정에서 운용이 가능했던 것이다. 헬기는 수직 이착륙기로 분류되지만, 날개 형태로는 회전익회전 날개으로 분류한다. 여객기나 일반 전투기처럼 고정된 날개가 아닌, 로터라는 날개를 회전시켜서 비행기의 비행 속도를 대신하는 방식이다.

회전익이 아닌 고정익 수직 이착륙기로서 가장 성공한 기종은 해리어 전투기인데, 생산이 시작된 지 40년이 지난 현재, 해리어를 대신하는 F-35B가 취역을 눈앞에 두고 있다. 그 외에도 현재 성공리에 운용 중인 수송기 형태의 V-22가 있다.

수직 이착륙기의 장점이 많은데도 아직 대부분의 전투기와 수송기, 여객기가 수평 이륙 방식을 채택하는 이유는 엔진의 추력과 경제성, 그리고 안전성 때문이다. 수평 이착륙기는 엔진이 비행기의 속도를 만들고, 속도를 이용해서 날개에 양력을 만들어 비행기를 띄우지만, 수직 이착륙기는 엔진의 힘만으로 비행기를 공중에 띄워야 한다. 만일 에어버스 A380이 수직 이착륙기로 탄생하려면 현재 장착한 엔진 20개 정도를 수직으로 설치해야만 수직 상승이 가능하다. 하지만 엔진 20개에 공급할 연료 무게와 엔진이 늘어나면서 생기는 공기 저항 때문에 서울에서 도쿄까지만 비행이 가능할 것이다. 이러한 이유

1 당시 사용된 헬기는 프랑스 링스(Lynx) 헬기였다.

1-4 수직 이착륙기로 가장 이해가 쉬운 것은 헬리콥터이다. 활주로 없이 이착륙이 가능하여 도시, 산악, 해상 등에서 널리 이용되고 있다.

1-5 새도 이륙 시 속도를 얻기 위해 크게 자주 날갯짓을 해야 하고, 발로 바닥을 힘차게 밀어야 한다. 정지 상태에서 이륙하기 위해서는 새나 비행기 모두 많은 에너지를 필요로 한다.

로 인해 현재의 엔진 기술로는 경제성을 크게 고려하지 않는 군용기에서 주로 수직 이착륙 방식을 채택하게 되는 것이다. 한 예로 해리어의 항속 거리는 2200킬로미터인데, 엔진 하나를 장착한 동일 조건 F-16의 항속 거리는 4220킬로미터[2]이다. 이처럼 수직 이착륙기의 항속 거리가 짧아지는 이유는 연료 소모가 많기 때문이다. 같은 사례를 새들의 비행에서도 볼 수 있는데, 새들도 날아오르기 위해서는 많은 에너지를 필요로 하지만 일단 공중에 뜬 후에는 큰 날갯짓 없이도 비행이 가능하다.

이 책에서 다루게 되는 내용은 바로 이러한 수직 이착륙기이며, 수직 이착륙을 가능하게 하는 추력을 어떻게 사용하느냐에 포커스를 맞추어 소개하게 될 것이다.

2 F-16C Block 30을 기준으로 한 수치이다.

1-6 해리어기. 항공 기술은 눈부시게 발전하였으나 40여 년 가까이 수직 이착륙기 중 어떠한 기종도 해리어의 역할을 대신하지 못하였다. 영국 BAe사가 제작하였으며, 세계 최고의 걸작기로 손꼽힌다.

1-7 최초의 실용 수직 이착륙 수송기인 벨-보잉사의 V-22 오스프리.

1-8 해리어 자리를 대신할 수직 이착륙 전투기 F-35B.

1-3 단거리 이착륙STOL : Short Take Off and Landing

단거리 이착륙기는 수직 이착륙기와 수평 이착륙기의 중간 형태이다. 앞서 설명한 바와 같이 수직 이착륙기는 매우 큰 엔진 추력을 필요로 하고, 큰 추력에 따른 연료 소모도 많아 연료 효율이 좋지 못하다. 반면 수평 이착륙기는 수직 이착륙기에 비해 연료 효율이나 엔진 추력 면에서 월등히 현실적이고 효율적이다. 따라서 중간 형태인 단거리 이착륙은 수직 이착륙과 수평 이착륙의 중간 합의점을 취했다고 볼 수 있다. 수평 이착륙보다 짧은 활주로와 수직 이착륙보다 적은 연료 소모 및 적은 엔진 추력으로 이륙하는 것이다. 착륙할 때에도 속도를 줄여 활주 거리를 짧게 한다. 활주 거리를 줄이는 방법에는 속도를 줄이는 방법 외에 활주로에 안착 후 높은 저항을 만드는

1-9 보잉사에서 단거리 이착륙기로 개발한 YC-14. 독특한 엔진 위치가 단거리 이착륙을 가능하게 하였다.

방법이 사용되기도 하는데[3], 이 방법은 모든 군용기와 여객기들도 사용하는 방법이므로 굳이 별도의 설명이 필요하지 않을 것이다.

단거리 이착륙기의 대표적인 기종으로는 YC-14(1976년 8월 첫 비행)와 YC-15(1975년 8월 첫 비행)가 있는데 두 기종 모두 610미터 활주로에서도 운용이 가능하였다. 대부분의 군용 활주로 길이가 3킬로미터인 점을 감안할 때, 이 두 기종은 부분 파손된 어떠한 활주로에서도 운용이 가능한 단거리 이착륙 능력을 갖고 있었던 것이다. 참고로 동일 조건에서 C-130 허큘리스Hercules 수송기에게 필요한 활주로 길이는 2배에 해당하는 약 1200미터이다.

1-4 단거리 이륙, 수직 착륙STOVL : Short Take Off and Vertical Landing

해리어의 경우 수직 이착륙기로 분류하지만, 실제 운용을 할 때는 대부분 단거리 이륙을 한다. 해리어가 전투 임무를 수행하기 위해 폭탄을 장착하고 기체 외부까지 연료[4]를 가득 채우면 사실상 수직 이륙이 가능한 무게를 넘게 된다. 폭탄을 최대한 장착하고 이륙하는 해리어는 무게가 약 14톤인데 반해 엔진 추력은 10.5톤뿐이다. 전투기가 이륙할 때는 안전을 위해 약간의 여유 추력이 필요한데, 여유 추력을 1톤으로 할 경우 해리어의 수직 이륙 한계 무게는 9.5톤 정도이다. 즉, 전투 임무 중량 기준으로 볼 때 해리어는 엔진 추력만으로 수직 이륙이 불가능한 상태이다. 이럴 경우 수평 속도를 증가시켜 날개 양력과 엔진 추력을 모두 이용하여 이륙하게 되는데, 항공기 무게에 따라 다르지만 보통 수백여 미터의 이륙 거리를 필요로 한다. 비행을

3 기본 마찰식 브레이크 외에 스피드 브레이크(Speed Brake), 감속 낙하산(Drag Chute), 엔진 역추진(Reverse Thrust) 등이 사용된다.
4 외부 연료 탱크(External Fuel Tank) 또는 낙하 탱크(Drop Tank)라고 한다.

1-10 해리어에 외부 장착물을 가득 채우고 이륙을 하면 약 14톤의 무게가 된다. 수직 이륙은 약 9.5톤에서 가능하므로 연료와 폭탄을 가득 채우고는 수직 이륙이 불가능하다.

마치고 나면 가지고 간 폭탄을 모두 투하하고, 연료도 대부분 사용하여 무게가 7~8톤 정도로 줄어들기 때문에 수직 착륙이 가능하다. 사실상 해리어는 수직 이착륙기의 대명사로 불리지만 실제 운영은 단거리 이륙, 수직 착륙 방법을 주로 이용한다.

해리어를 이어갈 F-35B도 단거리 이륙, 수직 착륙 방법을 주로 사용하게 되겠지만 직경이 작은 폭탄Small Diameter Bomb과 리프트 팬Lift Fan을 이용한 강력한 추진 시스템 등을 사용하므로 해리어보다는 여유 있는 수직 이착륙이 가능하다. 하지만 앞서 설명한 대로 수직 이륙을 하면 많은 연료가 소모되어 그만큼 비행시간과 작전 반경이 줄어들기 때문에 F-35B도 가급적 단거리 이륙을 하게 될 것이다.

이러한 문제를 극복하기 위하여 스페인 해군의 해리어는 항공모함에서 단거리 이륙을 쉽게 해 주는 스키점프Ski Jump 갑판을 사용하며, 미 해병대의 해리어는 연료를 거의 비운 상태로 이륙한 후, 즉시 공중 급유를 받는 방식을 사용하기도 한다.

1-11 스키점프 갑판을 이용하여 항공모함에서 단거리 이륙을 하는 스페인 해군의 해리어.

1-12 공중 급유를 받는 미 해병대 해리어.

1-5 제트로켓 보조 이륙JATO : Jet Assist Take Off, RATO : Rocket Assist Take Off

앞서 설명한 바와 같이 이륙에는 많은 엔진 추력이 필요하다. 추력이 부족할수록 이륙에 필요한 속도까지 올리기 위해 더 긴 활주로를 필요로 한다. 하지만 항공기에 장착할 수 있는 엔진 수는 제한되고, 엔진의 능력에도 한계가 있다. 그래서 이륙 시 엔진 추력을 보조하는 방법 중 하나가 로켓을 사용하는 방법이다. 로켓은 순간 추력이 높고, 복잡한 구조 없이 연료를 태우므로 제트 엔진에 비해 작고 가볍다. 단지 추력을 낼 수 있는 시간이 1~2분 정도밖에 되지 않으며, 제트 연료보다 월등히 비싼 것이 흠이다. 그래서 주로 파괴된 활주로나 전쟁 지역의 비포장 활주로, 특수 작전 등에 투입되는 수송기에 사용된다.

이처럼 로켓을 이용한 이륙 방식을 'JATO' 방식이라고 하는데, JATO 방식은 이륙에만 사용되고, 비행 중이나 착륙 시에는 아무런

1-13 블루 엔젤스 지원팀의 운송 수단인 C-130도 에어쇼 공연 마지막에 JATO 시범을 보인다. JATO는 로켓의 강력한 추력을 이용하여 단숨에 높은 고도에 도달한다.

의미가 없다. 즉 단거리 이륙Short Take Off 개념에서 그친다.

미 해군의 에어쇼 팀인 블루 엔젤스Blue Angels는 F-18의 현란한 묘기 외에 C-130 JATO 시범을 선보이기도 한다.

1-14 C-130에 장착된 로켓 근접 사진. 로켓을 모두 소모하고 나면 더 이상 쓸모가 없어 다시 지상에서 교환을 해야 다음에 사용할 수 있다.

1-15 1951년 동해상의 루즈벨트 항공모함에서 록히드 P-2 넵튠이 JATO를 이용하여 이륙하고 있다. 로켓에서 나오는 엄청난 연기가 갑판을 가득 메우고 있다.

수직 이착륙에 사용되는 용어 2

2-1 호버링Hovering: 제자리 비행

호버링의 사전적인 의미는 '어떠한 물리적인 힘에 의해 중력을 이기고 공중에 머무르고 있는 상태' 이다. 호버링의 사례로는 벌새가 한자리에서 정지한 상태로 비행하는 것, 초전도 현상으로 금속이 공중에 떠 있는 상태, 헬기가 공중에 정지한 상태, 비행접시가 정지한 채 떠 있는 상태 등이 있다.

수직 이착륙기에서 호버링은 이륙에서 착륙까지 전 과정 중 한 부분이다. 수직 이륙하여 고도를 확보한 후 전진 비행을 하는 전환점에서나 비행하다가 착륙하는 과정에서 기체는 호버링 상태로 있게 되며, 특히 착륙하기 위해 지면으로 내려오는 과정에서 하강 속도를 서서히 줄일 때 호버링 상태가 된다.

1-16 벌새의 호버링. 벌새의 종류에는 호버링을 위해 초당 최대 100번의 날갯짓을 하는 것도 있다.

호버링 상태에서는 비행기의 전진 속도가 없으므로, 날개 자체는 의미가 없다. 날개는 속도가 있을 때만 양력을 발생시키기 때문이다. 하지만 헬리콥터는 호버링 상태에서도 날개를 회전시켜 날개 양력을

1-17 F-35B 라이트닝이 지면 가까이에서 정지 상태로 떠 있다. 이 상태를 호버링이라 한다.

만든다. 그래서 날개 방식으로 분류할 때 헬리콥터는 회전익Rotary Wing이라 하고, 전투기나 수송기 같은 항공기는 고정익Fixed Wing이라 한다.

항공기의 호버링은 비행의 한 형태이면서 매우 중요한 능력 중 하나이다. 낮은 고도에서 은밀하고 안전하게 지상으로 병력을 투하하거나 지상의 병력을 탈출시킬 때, 해상의 조난자를 구출할 때와 정밀 정찰, 정밀 사격 등을 할 때는 호버링 능력이 필수적이다. 이러한 임무들은 고속의 비행기로는 수행할 수 없다. 헬기가 첨단 항공기의 발달 속에서도 지금까지 고유 영역을 지켜온 것은 모두 호버링을 통해서만 가능한 능력 때문이다.

항공 역학적으로 설명하자면 호버링 상태에서는 모든 추력이 양력을 만드는 데 사용된다. 해리어나 F-35B의 경우 엔진 추력 전부를

1-18 미 해안 경비대의 HH-60 제이호크가 해상 구조 임무 시범을 보이고 있다. 호버링 기능 없이는 수행이 불가능한 임무다.

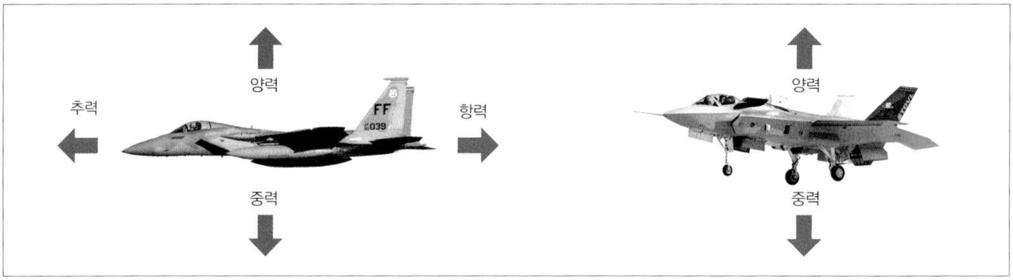

1-19 왼쪽 F-15는 수평 비행에서 작용하는 4개의 힘을 설명하고 있으며, 오른쪽 F-35B는 전진 비행이 없는 호버링 상태에서 작용하는 2개의 힘만을 설명하고 있다. 호버링 상태에서 양력은 날개가 아닌 엔진이 담당한다.

양력 만들기에 사용하므로, 전진 비행을 하기 위해서는 양력에 사용하는 추력을 수평 방향으로 조금씩 전환하여 전진 속도를 증가시키면서 날개에 양력을 만들어야 한다. 또 닷소Dassault사의 미라지 IIIV 같은 기종들은 아예 호버링용 엔진Lift Engine과 추력용 엔진Cruise Engine[5]을 완전 분리해서 운용하기도 한다. 이 책에서는 양력과 추력의 동력 배분 방법에 따라 수직 이착륙기를 분류하고, 각각의 특성을 설명할 것이다.

5 2-2 참조.

2-2 수직 이륙용 엔진Lift Engine, 비행용 엔진Cruise Engine

항공 역학에서 '리프트Lift' 란 양력을 말하며, '리프트 엔진Lift Engine' 이란 수직 이륙할 때 날개를 대신해 동체를 상승시켜 주는 엔진을 말한다. '크루즈Cruise' 란 일반적인 비행으로, 사진 1-19에서 F-15의 비행 상태를 말한다. 보통의 여객기나 전투기 추력에 사용되는 엔진은 크루즈 엔진이라 하여 리프트 엔진과 구분한다.

수직 이착륙기 개발자들은 이륙을 위한 리프트 엔진과 비행을 위한 크루즈 엔진을 연구하면서 몇 가지 중요한 선택을 해야만 했다. 그것은 첫째, 프로펠러를 사용할 것인가, 로터를 사용할 것인가, 제트를 사용할 것인가, 둘째, 리프트와 크루즈에 같은 엔진을 사용할 것인가, 각기 분리된 엔진을 사용할 것인가, 셋째, 엔진 추력 방향을 리프트에서 크루즈로, 다시 리프트로 어떻게 바꿀 것인가, 넷째, 부족한 추력을 증가시키기 위하여 어떤 추력 증강 방식을 사용할 것인

1-20 F-35B는 제트 추력을 사용하면서 리프트와 크루즈에 동일한 엔진을 사용하고, 수직과 수평 비행의 방향 전환은 '벡터드 트러스트' 방식을 사용하며, 추력 증강 장치로 리프트 팬을 사용한다.

가, 하는 것이었다. 또 엔진과는 별도로 이륙할 때 동체를 수직으로 세워서 이륙할 것인가, 수평 상태에서 이륙할 것인가도 고려하였다. 이러한 다양한 연구의 결과로 수직 이착륙의 다양한 분류 기준이 생긴 것이다.

2-3 천이 비행Transition Flight

수직 이착륙기는 수직 이륙하여 정상적인 비행 상태인 크루즈로 가는 중간 단계로 비행 방향을 전환하는 천이 단계를 거친다. 역으로 수평 비행에서 다시 수직 착륙을 하는 과정에도 천이 단계가 있다. 바로 이러한 천이 과정이 수직 이착륙기 비행에서 가장 위험하고 취약한 과정이다.

수직 이착륙기의 개발은 1960년대에 전성기를 이루었는데, 당시에는 부족한 엔진 추력의 한계를 이겨 내면서 수직 이륙을 시도하였다. 하지만 수직 이륙 다음이 더 어려운 과정이었다. 엔진 추력을 전부 사용하여 수직 이륙한 후 어느 정도 공중에 오르면, 다음에는 힘겹게 비행기 무게를 지탱하고 있는 엔진 추력의 일부를 뒤로 향하게 하여 속도를 얻어야 했다. 이때 비행기를 공중에 떠 있게 할 만큼 엔진이 강하지 않으면 고도를 잃기도 하고, 심하면 추락하기도 하였다.

일단 양력을 얻을 만큼 비행기를 가속시키기만 하면 날개 양력이 기체 무게를 지탱하므로 엔진 추력을 전부 속도에 사용할 수 있다. 다시 비행기가 수직 착륙을 하기 위해서는 엔진 추력을 줄여 감

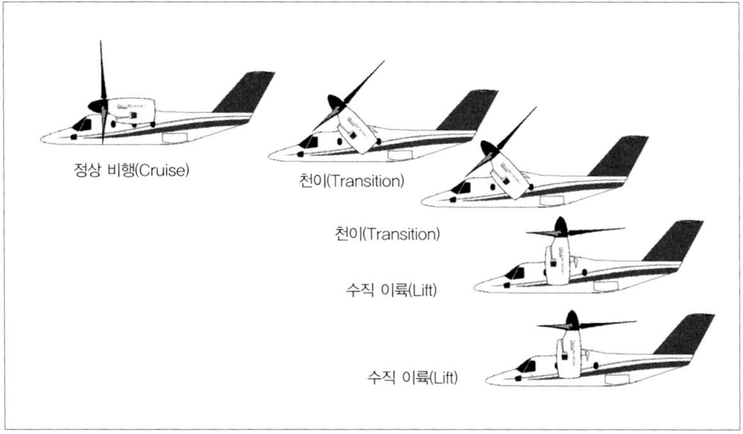

1-21 BA 609의 수직 이륙에서부터 수평 비행까지 천이 비행.

속시키고, 줄어드는 양력을 대신하여 엔진 추력을 기체 무게 지탱에 사용하여야 한다. 이 과정에서 비행기의 속도가 '0' 이 되면서 공중에 떠 있는 상태가 호버링이며, 호버링 후 서서히 엔진 추력을 조절하면서 기체가 내려오게 된다.

2-4 결박 상태 호버링 테스트Tethered hovering flight test

'Tether' 의 사전적 의미는 줄로 묶는다는 뜻으로 'Tethered' 는 항공기가 줄로 묶여 있는 상태를 말한다. 호버링을 하는 비행체를 개발하는 과정에서 줄로 묶어 성능을 시험하는 '테더드 호버링 플라이트 테스트Tethered hovering flight test' 는 필수적으로 수행된다.

검증되지 않은 실험기를 시험하다 보면, 무게 중심이 맞지 않아 한쪽으로 치우쳐서 갑자기 균형을 잃고 뒤집혀 버릴 수도 있고, 추력과 무게가 잘못 측정되어 원하지 않는 높이까지 급격하게 올라가는 바람에 실험용 비행체가 손상될 수도 있다. 또 수직 이착륙기는 지상에서 약한 바람에도 민감하게 움직이므로 이에 대한 대비도 이루어져야 한다.

1–22 XFV–12[6]의 테더드 호버링 플라이트 테스트. 거대한 호이스트 장치가 인상적이다.

이처럼 예견하지 못한 문제들은 실험기뿐만 아니라 조종사와 실험 참가자들의 목숨까지도 위태롭게 할 수 있다. 그래서 안전을 위해 비행체를 여러 방향에서 묶어 엔진을 작동시킨다. 기계체조 선수들이 위험한 동작을 연습할 때 몸을 줄로 묶어 안전장치를 하는 것과 같은 이유이다.

비행기 하나를 개발하는 데는 엄청난 비용과 시간, 노력이 투자된다. 따라서 고가의 실험기를 테스트할 때 간단한 장치로 안전을 확보하는 것은 당연한 이치이기도 하다. 결박 상태 호버링 테스트를 통해 안전성이 보장되면 이후 줄을 제거하고 호버링 시험을 하게 된다.

6 12–2 참조.

3 엔진의 종류

수직 이착륙기를 설명하면서 항공기용 엔진의 종류에 대하여 상세한 설명을 하기에는 지면이 허락하지 않을 것 같다. 엔진의 종류를 이해하기 위해서는 많은 학습이 필요하다. 이 책에서는 수직 이착륙기의 원리를 이해할 수 있을 정도로만 간략히 설명하고자 한다.

3-1 왕복 엔진Piston Engine, Reciprocating Engine

항공기 엔진으로 가장 초기에 사용된 엔진이다. 2차 세계 대전과 한국전쟁에 출전한 대부분의 항공기가 왕복 엔진을 사용하였다. 대형 항공기나 고속 전투기 등에 제트 엔진이 일반화된 지금도 소형 항공기에는 여전히 왕복 엔진이 주로 사용되며, 자동차, 오토바이, 소형 발전기, 예초기 등에도 가장 폭넓게 사용된다. 구조가 간단하고 정비가 쉬우며 비용이 저렴하기 때문이다. 한국 공군에서 훈련기로 사용하는 T-103, AN-2 등도 여전히 왕복 엔진을 사용 중이다.

1-23 4행정 왕복 기관.

수직 이착륙기 개발이 시작되던 1940년 말에서 1950년대 초기, 제트 엔진을 사용할 수 없었던 시기에는 일부 왕복 엔진이 사용되기도 하였다. 하

1-24 왕복 엔진 전투기 중에서 최고의 성능을 보였던 무스탕 F-51 전투기. 2차 세계 대전 말에 탄생하여 한국전쟁에서 성능을 과시하였으며, 한국 공군 최초의 전투기 종이기도 하다. 아직도 여러 에어쇼에서 성능을 유감없이 발휘한다.

지만 왕복 엔진은 엔진 무게당 낼 수 있는 추력이 제트 엔진에 비해 너무 낮아 수직 이착륙기 엔진으로는 적합하지 않았다. 왕복 엔진의 추력은 축마력Shaft Horse Power으로 나타낸다.

3-2 제트 엔진Jet Engine

왕복 엔진은 회전력을 만들어 내어 프로펠러를 돌린다. 프로펠러의 회전 속도와 비행기의 속도가 합해져서 일정 속도가 되면 프로펠러 끝단은 음속을 돌파하게 된다. 프로펠러가 음속을 돌파하면 충격파의 강력한 소음과 함께 프로펠러 효율이 급격하게 떨어진다. 그래서 2차 세계 대전이 끝나갈 즈음, 프로펠러 속도를 극복하고 소리의 벽을 넘기 위해 제트 엔진이 등장하였다. 최초의 제트 엔진 전투기는 독일의 Me262로 1941년 첫 비행에 성공하였고, 당시 장착한

1-25 왕복 엔진에서는 같은 실린더 안에서 시간 차를 두고 순차적으로 이루어지는 흡입, 압축, 연소 및 폭발, 배기 행정이, 제트 엔진에서는 각 영역마다 따로, 시간적으로는 연속적으로 발생한다. 그래서 왕복 엔진보다 더욱 강력한 힘이 나온다.

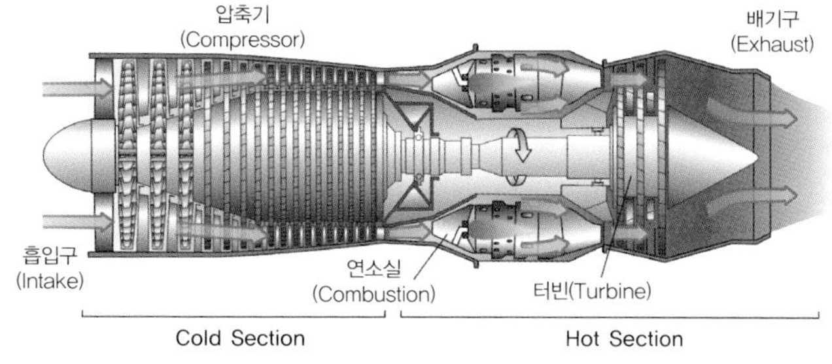

엔진은 BMW003이었다. 연합군 측에서는 영국의 미티어Meteor가 1943년에 등장하였다. 세계 최초의 제트 전투기 공중전이 벌어진 무대는 한국전쟁이었으며, 1950년대와 1960년대를 거치며 제트 엔진 개발은 전성기를 이루었다.

왕복 엔진 이후 1950년대와 1960년대에 개발된 대부분의 수직 이착륙기에서는 터보 제트 엔진을 사용하였고, 이륙 전용 엔진Lift Engine도 소형 제트 엔진을 사용하였다.

한국 공군은 F-5제공호에 J85 제트 엔진을, F-4팬텀에 J79 제트 엔진을 사용하는데, 엔진 이름 앞에 붙은 J는 제트 엔진Jet Engine을 의미한다.

제트 엔진은 강력한 추력을 자랑하지만 이후에 개발된 다른 엔진(팬, 터보 프롭, 터보 샤프트) 형태보다 연료 소모가 많고, 불완전 연소로 연기가 심하며, 상대적으로 연료 효율이 낮다. 특히 왕복 엔진과 비교하여 제트 엔진의 가장 큰 취약점 중 하나

1-26 F-4에 2대가 장착되는 J79엔진. GE사에서 제작하였으며 F-4의 성능을 강력하게 만든 주역이기도 하다.

는 FOD Foreign Object Damage 라고 하는 외부 물질에 의한 엔진 손상인데, 자그마한 돌이나 새가 빨려 들어가 엔진이 멈춰 버리는 것을 말한다.

엔진 추력은 무게 단위인 파운드 lbs 나 킬로그램 kg 으로 나타내는데, 그 이유는 추력을 생성하는 축軸, Shaft 이 없어 배기구에서 나오는 힘 Force 으로만 표시되기 때문이다. 엔진 배기구에 연료를 분사하여 재연소를 시킴으로써 추력을 증강시키기도 하는데, 이를 후기 연소기 Afterburner 라 한다. 대부분의 전투기는 후기 연소 기능을 갖추고 있어 이륙할 때나 공중 전투 시, 초음속 비행 시에 사용한다.

3-3 터보 팬 엔진 Turbo Fan Engine

제트 엔진 이후 개발되었고, 제트 엔진보다 효율이 높으며, 대형 여객기에서부터 소형 전투기, 순항 미사일, 무인기까지 광범하게 사용되고 있다. 기본적인 원리는 제트 엔진과 동일하나, 압축 효과를 높이고 열효율을 높이기 위해 팬 구조물을 추가하였다.

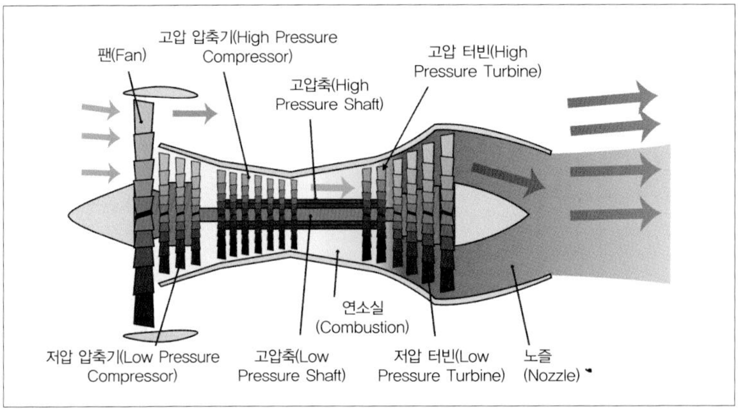

1-27 팬 엔진 구조. 압축기 구조가 3단계로 팬, 저압 압축기, 고압 압축기로 구성되어 압축 효과를 크게 하였다. 팬이 추력 효율을 높이는 주요 구성품이다.

엔진 맨 앞에 위치한 팬의 크기가 클수록 엔진 효율은 높아지지만 팬 크기 때문에 저항이 커져 최고 속도는 낮아진다. 그래서 대형 팬 엔진은 저속 영역을 비행하는 여객기에 주로 사용되고 소형 팬 엔진은 고속 성능이 요구되는 전투기에 주로 사용된다. 한국 공군의 F-16에는 F100 엔진을 사용하고 F-15K에는 F110 엔진을, F-35는 F135 엔진을 사용한다. 엔진 이름의 머리글자 'F'는 'Fan'을 의미한다.

수직 이착륙기 중 '벡터드 트러스트 방식'을 이용하는 해리어가 팬 엔진을 사용하고 있다. 해리어의 페가수스 엔진은 팬 엔진이기 때문에 하나의 엔진으로도 수직 이착륙이 가능했다. 추력은 제트 엔진과 동일 방식인 무게 단위lbs, kg로 표시한다.

3-4 터보 프롭 엔진Turbo Prop Engine

제트 엔진의 진화된 형태로 프로펠러를 구동하기 위한 제트 엔진이다. 터보 제트나 터보 팬 모두 엔진의 힘은 엔진 뒤로 뿜어내는 공기의 힘이며, 그 반작용으로 비행기가 날게 된다. 하지만 터보 프롭은 프로펠러 구동에 대부분의 엔진 동력을 사용한다. 엔진 배기 추력은 프로펠러 추력에 비하면 매우 약하다.

1-28 대형 여객기에 사용되는 팬 엔진. 이러한 형태를 고바이패스(High By Pass Fan) 엔진이라 한다.

터보 프롭은 과거 왕복 엔진이 프로펠러를 구동하던 것과 동일한 목적을 갖고

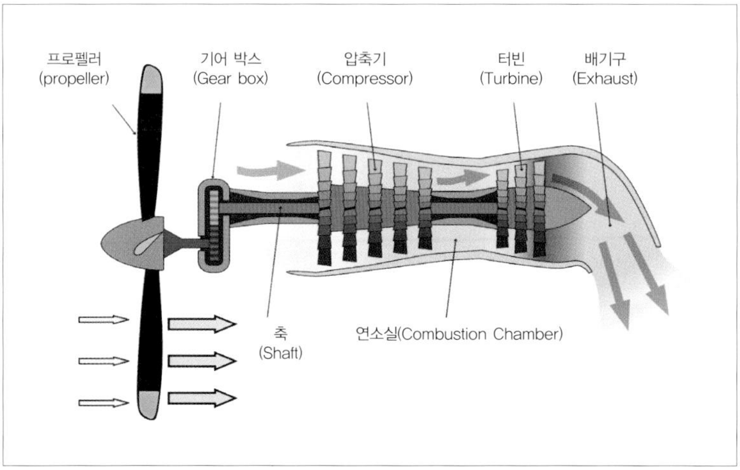

1-29 터보 프롭 엔진은 대부분의 에너지를 프로펠러 구동에 사용한다. 엔진 축의 높은 회전수는 기어 박스를 통해 낮춰 주고, 프로펠러 회전 속도를 일정하게 해 준다.

있지만, 왕복 엔진보다 열효율이 높고 무게도 월등히 가볍다. 속도는 시속 700킬로미터에서 가장 효율적이므로 일정 속도로 비행하는 항공기에는 매우 경제적이다. 그래서 저속의 수송기나 경비행기에 주로 사용한다.

한국 공군에서는 KT-1 웅비 훈련기에 PT6A 엔진을 사용하고, C-130에는 T56 엔진을 사용한다. 머리글자 'T'는 터보 프롭을 의미한다.

터보 프롭 엔진은 높은 효율 덕분에 수직 이착륙기 분야에서 프로펠러를 사용하는 대부분의 기종에 사용되었다.

추력은 축마력으로 표시한다.

1-30 한국이 개발한 KT-1 웅비 훈련기는 터보 프롭 엔진을 사용한다. 기수 부분 양쪽에 위치한 엔진 배기구는 단순 가스 배출 기능만 한다.

3-5 터보 샤프트 엔진Turbo Shaft Engine

터보 샤프트 엔진은 헬리콥터에 주로 사용하는 엔진이다. 기본적으로는 제트 엔진 형태이나 제트 엔진 터빈 뒤에 프리 터빈Free Turbine을 하나 더 설치하여 헬리콥터의 로터를 회전시켜 준다.

제트 엔진에서 나오는 배기가스 추력의 대부분은 프리 터빈을 회전시키는 데 사용되므로 실제 배출되는 배기가스는 추력이 거의 없다. 궁극적으로 터보 샤프트 엔진은 제트 추력을 축Power Shaft 회전으로 전환시킨 엔진이다. 프리 터빈은 엔진과 기계적으로 분리되어 있으므로 비행 도중에 엔진이 갑자기 멈추어도 헬기 메인 로터 회전 관성력을 그대로 보존할 수 있다는 장점이 있다. 이로 인해 헬기는 자전 강하Auto-rotation라는 비행 특성을 갖게 되고, 비상시에 메인 로터 회전 관성력으로 천천히 착륙할 수 있다.

이 엔진은 구조가 비교적 간단하여 소형화가 쉽고, 그 덕분에 헬기 엔진으로 주로 사용하게 되었다. 한국 공군의 UH-60은 T 700 터보 샤프트 엔진을 사용하고, 육군의 AH-1 코브라 공격 헬기는

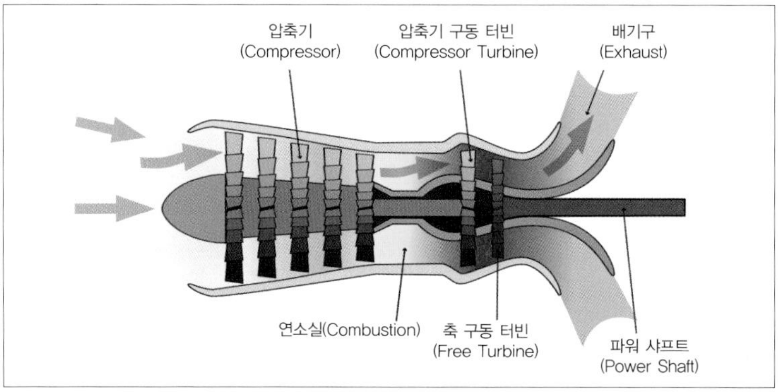

1-31 터보 샤프트 엔진의 뒤쪽에 위치한 축 구동 터빈은 파워 샤프트를 회전시키고, 파워 샤프트는 헬리콥터의 로터와 연결된다.

T-53엔진을 사용한다. 머리글자 'T'는 터보 프롭, 터보 샤프트에 공통적으로 사용된다. 추력은 축마력으로 표시한다.

1-32 V-22는 터보 샤프트 엔진을 사용하여 로터를 회전시키고, 틸트 로터를 통해 수직 이착륙을 한다.

3-6 램 제트 엔진Ram Jet Engine

램 제트 엔진은 기존의 제트 엔진에서 압축기를 없앤 엔진이다. 압축기가 없어지면 엔진 추력에 결정적인 영향을 주는 고압의 공기는 어떻게 얻을까? 이 엔진의 고압 압축 공기는 바로 비행 속도에서 저절로 얻어진다. 공기는 항상 속도, 압력과 상관관계를 가지므로 고속으로 들어오는 공기를 정지시키면 고압의 공기를 얻을 수 있다. 이러한 원리로 압축되는 공기압을 램Ram압이라 한다.

제트 엔진이 고속에서 열효율이 높은 이유 중 하나도 바로 공기의 램 압축 효과 때문이다. 램 압축 효과로 압축 공기를 얻게 되면 엔진 압축기가 필요 없고, 압축기를 회전시킬 터빈도 필요 없다. 터빈과

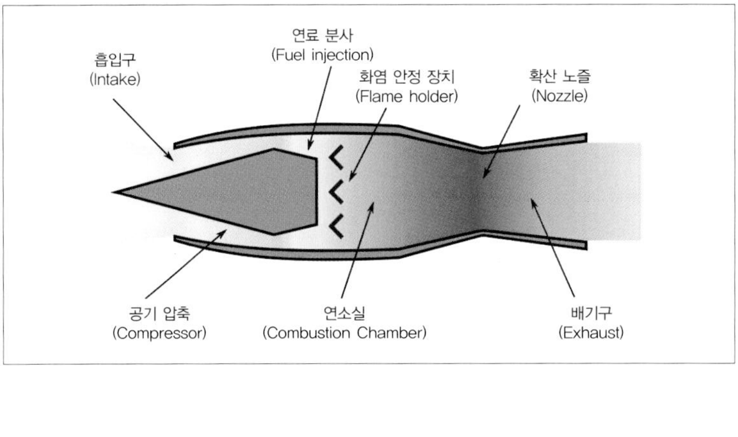

1-33 램 제트 엔진의 구조. 일반 제트 엔진에서 볼 수 있는 압축기나 터빈이 없고 연소실만 있다. 연소에 필요한 압축된 공기는 비행 속도를 통해 얻어진다.

압축기가 없다면 사실상 제트 엔진의 회전체가 필요 없어지는 것으로 그림에서처럼 엔진 전체가 텅 빈 하나의 파이프 형태가 된다. 그래서 일명 "스토브파이프 제트Stovepipe jet"라 부르기도 한다.

램 제트의 가장 큰 단점은 정지 상태에서 엔진이 작동하지 않는다는 점이다. 압축 공기가 비행 전진 속도를 이용하여 얻어지므로 속도가 낮은 영역에서는 원하는 만큼의 압축 공기를 얻을 수 없다. 즉 램 제트 엔진은 상당한 전진 속도가 있는 상태에서만 작동한다. 최상의 공기 압축비를 얻기 위해서는 마하3에서 마하6까지의 속도가 필요한데, 이러한 조건을 만족시키는 비행체는 미사일이다. 미사일은 항공기 자체가 이미 속도를 가진 상태에서 발사되므로 발사 단계에서 램 제트 엔진 작동 조건이 형성되며, 적 항공기를 따라잡을 만큼 빠른 속도에 쉽게 도달할 수 있다.

램 제트 엔진은 사실상 제트 엔진보다 더 먼저 발명되었다. 최초의 램 제트 엔진은 1913년 프랑스의 르네 로린Rene Lorin이 고안하여 발명 특허까지 등록하였으나 당시의 금속 기술로는 이를 완성할 수 없었다.

1-34 프랑스 레듀 0.10 실험기. 1949년.

가장 최초로 램 제트를 장착한 항공기는 프랑스의 레듀Leduc 0.10 실험기로 1949년 비행에 성공하였다. 실용기로서는 SR-71이 유명하다. SR-71은 마하3가 넘는 고속, 고공 정찰기로 세계의 걸작기로 꼽히는데, 이처럼 빠른 속도는 바로 램 제트 엔진이 있었기에 가능하였다. 레듀

1-35 마하3를 넘는 SR-71의 순항 비행 속도는 램 제트 엔진이었기에 가능했다.

0.10은 다른 항공기의 등에 업혀서 초기 속도를 얻었고, SR-71의 경우에는 터보 제트와 램 제트를 결합한 터보 램 제트 엔진 J-58을 사용하였다.

수직 이착륙기로는 램 제트 엔진을 장착한 실용기가 제작된 사례가 없다. 단지 테일시터Tailsitter 방식으로 2차 세계 대전 중 독일에서 개발하려고 했던 포케울프Focke-Wulf의 트리엡플루겔Triebfluegel[7]이 램 제트 추진 방식을 적용하려 했으나, 추진 중에 2차 세계 대전이 끝나면서 실제 항공기 제작 단계까지는 가지 못하였다.

7 8-1 참조.

4 프로펠러(Propeller)와 로터(Rotor)의 개념적 차이

벨-보잉 V-22에서 회전하는 것은 로터일까, 프로펠러일까? 헬기처럼 수직 이륙을 할 때는 로터인 것 같지만 수송기처럼 수평 비행을 할 때는 프로펠러인 것 같다.

V-22는 통상 틸트 로터Tilt Rotor 수직 이착륙기[8]로 구분한다. 그렇다면 왜 틸트 프로펠러Tilt Prop가 아닌 틸트 로터일까?

우선 로터의 특성부터 살펴보자. 로터는 주로 헬리콥터에 적용되며, 날개가 없는 비행체에서 양력과 추력을 모두 생산하는 데 사용된다. 형태는 좁고 길게 생겨 프로펠러의 비교적 짧은 형태와 구분된다.

8 5-2 참조.

1-36 가까이 V-22가, 낮은 고도로 CH-53이 비행 중이다. V-22는 비록 수송기 같은 로터의 모습을 하고 있지만 헬기와 같은 원리로 비행한다. 그래야만 호버링 상태에서 로터를 이용하여 자세를 자유자재로 조종할 수 있다.

1-37 사이클릭 피치 컨트롤 기능이 있어서 날개 없는 헬기가 자유롭게 기동할 수 있다.

로터나 프로펠러에 사용되는 날개깃 하나하나를 블레이드라 하는데, 블레이드 개수에 따라 2엽 로터, 3엽 로터 등으로 부른다. 사진 1-36의 CH-53은 6엽 블레이드 로터를 사용한다. 로터가 되기 위해 반드시 갖추어야 하는 조건은 사이클릭 피치 컨트롤Cyclic Pitch Control이 가능해야 한다는 것과 플래핑Flapping 기능이 있어야 한다는 것이다.

사진 1-37에서 AH-64 아파치를 참고해서 보자. 헬기가 전진을 하려면 로터를 앞으로 숙여야 하는데, 로터를 앞으로 숙이기 위해서는 뒤에 위치하게 되는 블레이드에 양력을 크게 주고, 앞쪽에 위치하게 되는 로터에는 양력을 적게 주어 로터 축이 기울어지게 해야 한다. 이렇게 로터 양력을 조절하기 위해서는 로터의 비틀림 각도(이를 피치Pitch라 한다)를 로터가 회전하는 동안 매 바퀴마다 계속 변화시켜 주어야 한다. 헬기에서는 이러한 기능을 사이클릭 피치 컨트롤이라 하며, V-22도 호버링 중 옆으로 이동, 전진, 후진, 회전 등을 위해 사이클릭 피치 컨트롤 기능을 갖추고 있다. V-22의 기동 방식은 메인 로터 2개를 가진 CH-47과 거의 같다.

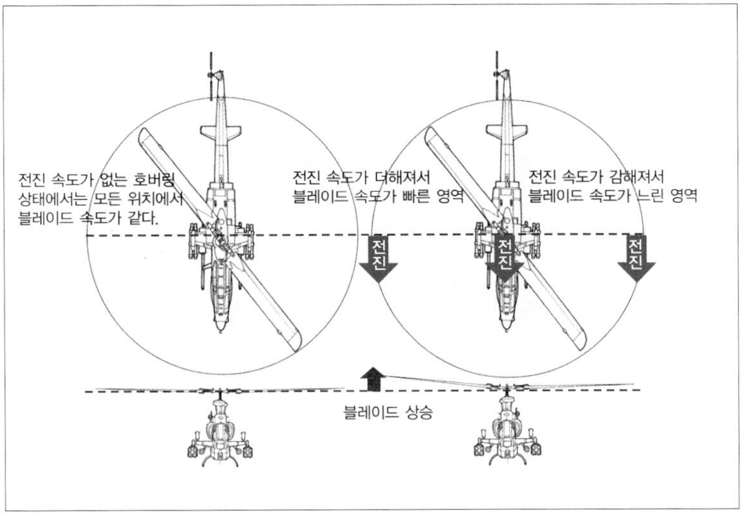

1-38 로터의 플래핑 원리. 전진해야 하는 헬기에서 전진 속도와 같은 방향으로 회전하는 블레이드는 후진하는 블레이드보다 양력이 높으므로 자연스럽게 로터가 위로 올라간다.

로터에서 또 하나 갖추어야 하는 기능은 플래핑이다.

1-38의 그림을 통해 설명을 하자면, 헬기는 조종사 시점에서 동체 중심선을 기준으로 우측은 앞쪽으로 회전하는 블레이드며, 이 블레이드가 최전방점을 지나서 좌측으로 가면 뒤로 가는 블레이드가 된다. 호버링 또는 수직 이륙 상태에서는 전진하는 블레이드나 후진하는 블레이드가 같은 속도가 되어 좌우측에 같은 양력을 만들지만(그림 1-38의 왼쪽), 헬기가 전진을 하면(그림 1-38의 오른쪽) 좌우측의 상대 공기 속도는 달라지게 된다. 즉, 속도 차이로 인해 좌우 블레이드에 발생하는 양력이 달라지는데, 우측에 놓인 블레이드에는 양력이 더 발생하여 블레이드가 위로 휘어지게 된다. 그래서 자연스럽게 블레이드가 위로 휘어질 수 있도록 관절을 만들어 주어야 하는데, 그렇지 않으면 양쪽 날개의 양력 불균형으로 헬기가 뒤집어질 수 있기 때문이다. 이렇게 관절을 만들어 로터가 상하 운동을 자연스럽게 할

1-39 빨간색 원으로 표시한 부분은 로터가 위아래로 움직일 수 있도록 하는 플래핑 힌지(Flapping Hinge)이며, 노란색은 사이클릭 피치 컨트롤을 조절하는 장치이다.

1-40 C-130J에 사용되는 프로펠러이다. 하나의 프로펠러에 장착된 6개의 블레이드는 항상 같은 각도로 움직인다.

수 있도록 하는 것을 플래핑이라 한다.

V-22는 사이클릭 피치 컨트롤 기능과 플래핑 기능을 모두 가지고 있다. 즉 V-22는 헬기에서 사용하는 로터를 가지고 있으므로 틸트 로터라 하는 것이 맞다.

헬기 엔진은 터보 샤프트이며, V-22도 터보 샤프트 엔진을 장착하고 있다. 엔진이 정지하여도 로터는 회전하던 관성력으로 계속 회전을 하며, 회전력을 이용하여 양력을 얻어 서서히 착륙한다. 이것을 자전 강하[Auto Rotation]라 하는데, 고도가 너무 높으면 착륙하기 전에 관성력을 잃어 추락할 수 있고, 속도가 너무 높아도 착륙에 안전한 정도까지 속도를 줄이기 전에 착지하게 되어 위험하다. V-22도 헬기와 같이 로터를 장착하고 있으며 자전 강하 기능이 있다.

반면 프로펠러는 주로 수송기에 사용되는 비교적 짧은 형태의 블레이드를 가지고 있다. 프로펠러는 자체적으로 양력을 만들어 내지 않으며, 날개에 장착되어 회전을 하여 추력을 만들어 낸다. 추력을

1-41 왼쪽부터 순서대로 당기는 방식의 E-2D, 미는 방식의 스타쉽, 이 두 방식을 모두 장착한 O-2A.

1-42 공중 급유를 하고 있는 C-130은 프로펠러 방식이며, 급유를 받는 CH-53는 로터 방식이다.

발생시키는 원리는 가정용 선풍기나 배의 스크류와 같다. 추력은 블레이드 각을 변화시켜 공기를 더 많이 밀어내거나 적게 밀어내는 방식으로 조절한다. 이때 하나의 엔진에 부착된 모든 블레이드는 항상 같은 각도를 유지한다.

프로펠러와 로터의 또 다른 차이점은 엔진이 정지되는 경우의 비상 착륙 방식이다. 앞서 설명한 바와 같이 비행 중 엔진이 멈출 경우 헬기는 자전 강하를 통해 착륙을 할 수 있지만, 프로펠러는 바람 저항을 가장 적게 받도록 블레이드 각도를 틀어서 회전을 멈추게 한 후 날개 양력을 이용하여 활공 비행Glide으로 착륙하게 된다.

프로펠러는 날개나 동체의 장착 위치에 따라 미는 방식Push Type과 당기는 방식Pull Type의 2가지 형태로 구분된다. 동체 앞, 날개 앞에 장착되면 공기를 끌어당기는 방식이라는 의미로 "Pull"이라 하고, 날개나 동체 뒤에 장착되면 밀어내는 방식이라는 의미로 "Push"라는 명칭을 사용하였다. 한동안 한국 공군에서 운용하였던 공중 지휘 통제기 O-2의 경우는 동체 전방과 후방에 모두 프로펠러가 장착되어 있다.

5 항공기 제원 관련 용어

◆ **길이(Length)** 공기압 측정 장치를 포함한 동체 앞에서부터 뒤쪽 끝까지를 말한다. 헬기의 로터와 정찰기 등에 부착된 장 · 탈착 가능한 안테나는 제외한다.

◆ **날개폭(Wingspan)** 고정익의 경우는 날개 끝에서 날개 끝까지의 거리를 말하며, 가변익기는 최대로 펼쳤을 때를 측정하거나 펼쳤을 때와 접었을 때를 동시에 측정하기도 한다. 헬기의 경우 로터는 날개폭에 포함시키지 않고, 대체로 로터 직경으로 표시한다. 날개 끝에 부착물에 달리는 경우에는 이를 제외한다. 윙릿Winglet과 같이 장 · 탈착은 가능하나 기본 형상으로 정해진 부착물의 경우는 날개폭에 포함된다.

◆ **높이 (Height)** 일반적으로 비행기에 아무것도 싣지 않은 상태를 기준으로 타이어에 공기를 채운 상태에서 바닥부터 최고 높이까지를 측정한다. 헬기의 로터나 수송기와 정찰기의 안테나는 제외한다.

◆ **최대 이륙 중량(Max takeoff weight)** 항공기 이륙이 가능한 최대한의 무게를 말한다. 항공기 고유의 성능을 모두 동원하여 이륙 가능한 최

대 무게이며, 로켓의 보조나 항공모함의 캐터펄트 이륙 등 외부적인 요인은 포함되지 않는다. 대개 최대 이륙 중량에는 수송기의 경우 항공기 기본 무게에 화물 적재 무게가 포함되고, 전투기의 경우 폭탄과 기관포, 연료 무게도 포함된다. 날씨나 비행장 고도 등에 따른 허용 이륙 중량은 최대 이륙 중량 내에서 결정된다.

◆ **순 중량(Empty Weight)** 순수한 항공기 무게이다. 조종사 몸무게, 연료 무게 등은 포함되지 않는다. 공장에서 출고한 상태에서 측정한 무게라 보면 된다. 엔진, 탑재 장비, 페인트, 타이어 등의 무게를 포함한다. 제작 상태 무게라 하여 'MWE Manufacturer's Weight Empty'라고도 표현한다.

1-43 F-22가 출고되기 전 최종 도장을 하고 있다. 페인트가 완료된 후 측정한 무게가 순 중량이 된다.

◆ **운용 중량(Operating Weight)** 순 중량에 조종사 몸무게, 오일 Oil, 윤활유, 작동유 Hydraulic 등이 포함된 무게이다. 연료 무게는 포함되지 않으며, 통상 폭탄을 달지 않고 기본 형태로 비행하는 무게를 말한다.

◆ **총중량(Gross Weight)** 폭탄, 기관포, 조종사, 연료 등 모든 것을 탑재한 무게이다. 고정 수치가 아니며, 매 임무 시 정비사가 무게 중심을 산출하기 위해 계산하는 '현재 상태의 무게'를 말한다. 타이어 공기 압력, 이륙 거리, 비행 거리 등을 계산할 때 필요한 중요 요소로, 모든 항공기는 최대 이륙 중량 내에 있어야만 이륙이 가능하다.

◆ **순 추력(Dry thrust)** 엔진이 가진 고유의 추력을 말한다.

1-44 F-18이 후기 연소기를 사용하여 이륙하고 있다. 엔진 뒤로 붉은 불꽃이 보이면 후기 연소기를 사용하는 것이다.

◆ **후기 연소기 사용 최대 추력(Thrust with afterburner)** 후기 연소기를 사용한 최대 추력으로 엔진 고유 추력에 추력 증강 장치를 사용한 추력을 말한다.

◆ **상승률(Rate of climb)** 1분 동안 항공기가 상승할 수 있는 고도를 말한다. 1분당 상승률은 고도에 따라 다른데, 해면 고도에서 1분간 상승 가능한 고도를 측정 기준으로 한다.

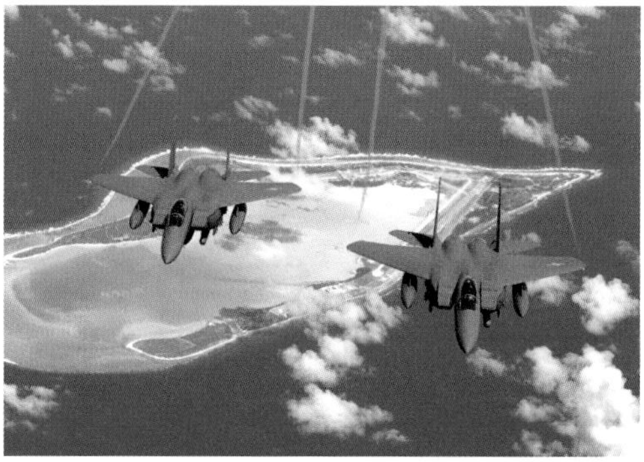

1-45 태평양의 웨이크 섬 상공을 통과하고 있는 F-15K. 미 보잉사로부터 한국의 대구 기지로 이송 중이다. 1번의 연료 공급으로 가능한 F-15K의 최대 이송 거리는 약 4000킬로미터이다.

◆ **항속 거리(Range)** 항속 거리는 외부 장착물 여부, 연료량, 승객 탑승 여부에 따라 각각 다르다. 때문에 대개 항속 거리 측정 기준을 표시해 준다. 전투기는 일반적으로 외부 연료 탱크를 장착한 상태에서 가장 유리한 고도, 최적 속도로 비행하여 갈 수 있는 거리를 표기한다. 항속 거리는 주로 수송기에서 사용하며, 전투기는 전투 반경으로 표기하는 것이 일반적이다.

◆ **이송 거리(Ferry Range)** 이론적으로는 외부 연료 탱크를 가장 많이

장착하고, 기타 무게를 최소화하여 가장 유리한 방법으로 비행기가 갈 수 있는 최대 거리이다. 단순하게 비행기를 한 장소에서 다른 장소로 비행을 통해 옮기는 것을 페리Ferry라고 한다. 예를 들어 미국에서 제작한 F-15K를 한국으로 가져올 때는 이송 거리를 계산하여 공중 급유 지점, 중간 기착지 등을 결정한다. 이때 비행기는 가장 가벼운 무게가 될 수 있도록 한다.

◆ **작전 반경(Combat Radius)** 전투기에 사용하는 용어이다. 기지에서 이륙하여 다시 그 기지로 돌아와야 하므로 반경이라는 개념을 사용한다. 항속 거리의 2분의 1을 넘지 못한다. 전투 행동 반경은 실제 전투 임무 개념의 외부 장착물인 폭탄, 기관포, 정밀 공격 장치, 미사일 등이 장착된 상태에서 측정한다.

◆ **실용 상승 한도(Service Ceiling)** 항공기가 상승할 수 있는 고도를 말한다. 고도가 상승할수록 공기가 희박해지고, 엔진 작동에 한계가 발생하며, 항공기 컨트롤이 힘들어진다. 군용기의 경우 분당 상승률 150미터의 고도를 말하며, 여객기는 100미터이다. 헬기는 호버링 한도로 표시한다.

◆ **절대 상승 고도(Absolute Ceiling)** 어떠한 상태에서도 더 이상 상승할 수 없는 고도를 말한다. 공기가 희박하여 엔진 추력이 더 이상 발생하지 않거나, 조종면이 의미가 없어 상승이 불가능한 경우이다. 여객기는 대개 12킬로미터, 소형 제트기는 15킬로미터이고, 전투

기는 기종마다 천차만별이다. 고고도高高度, High Altitude 정찰기의 절대 상승 고도는 25킬로미터를 넘기도 한다.

◆ **순항 속도(Cruise Speed)** 고속의 전투기에는 적용하지 않으며, 주로 엔진의 수명과 경제성을 고려하여 최적 고도에서 가장 이상적인 속도를 말한다. 수송기는 화물의 60~70퍼센트가 적재된 상태로 엔진 출력의 60~70퍼센트에서 결정되며 통상 마하 0.8 정도이다.

◆ **최고 속도(Maximum speed)** 전투기에서는 후기 연소기를 5분 이상 유지할 수 있는 속도를 말한다. 외부 장착물은 장착하지 않고, 연료는 50퍼센트 정도 채운 상태에서 측정한다. 고도는 해당 전투기의 가장 유리한 지점을 택한다. 고속 항공기는 마하로, 저속 항공기는 시속(km/h)으로 표시한다. 민간 항공에서 최고 속도는 "Max Safety Speed" 개념을 적용한다.

1-46 F-15C가 후기 연소기를 작동하여 중량 대 추력비 1.2 이상으로 수직에 가까운 상승을 하고 있다.

◆ **중량 대 추력비(Thrust/weight)** 항공기 중량과 추력을 비교하여 추력이 더 크면 1보다 크고, 추력이 작으면 1보다 작다. 1보다 크다는 의미는 수직 상승하면서도 가속도를 낼 수 있다는 의미이다. 또 1이상은 이론상 지면에서 수직 상승도 가능하다. 수직 이착륙기가 되려면 중량 대 추력비가 반드시 1 이상이 되어야 한다.

2장

왜 수직 이착륙기인가?

수직 이착륙기의 역사를 거슬러 올라가다 보면 의외로 일반 항공기 역사보다 더 오래되었다는 사실을 알 수 있다. 우리가 오래전 어린 시절에 흔히 가지고 놀았던 장난감 중 프로펠러가 달린 막대기를 손바닥에 대고 힘껏 비벼 하늘로 던지면 프로펠러 원리에 따라 공중으로 붕 솟아올랐다가 천천히 내려오는 것이 있다. 이 장난감은 약 2000년 전에 이미 중국에서 만들어졌으며, 죽청정竹蜻蜓, Chinese Top이라 불렀다.

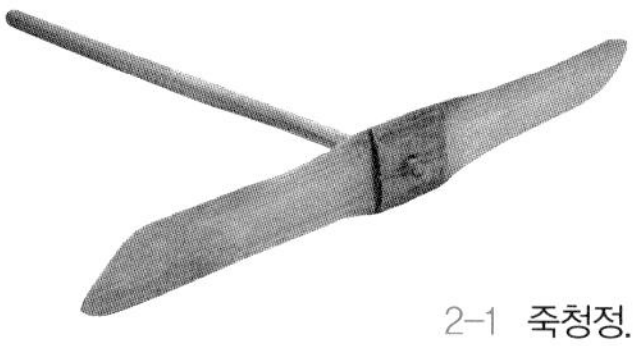

2-1 죽청정.

죽청정이 현대의 헬기 비행 원리와 유사한 개념이며, VTOL, 즉 수직 이착륙의 시작이라고 보는 사람도 있다. 레오나르도 다빈치의 여러 과학 설계 중에서 스크류 모양을 한 비행체도 VTOL 개념이다. 1784년 프랑스의 로노이Launoy와 비엥브뉘Bienvenu는 활의 탄성력을 이용한 동축同軸 회전 로터 개념의 장난감을 만들었다. 새의 깃털을 붙인 4개의 블레이드를 위아래로 하나의 축에 연결한 후 활시위로 축을 감고, 활의 복원 탄성력을 이용하여 로터를 회전시키는 방식이었다.

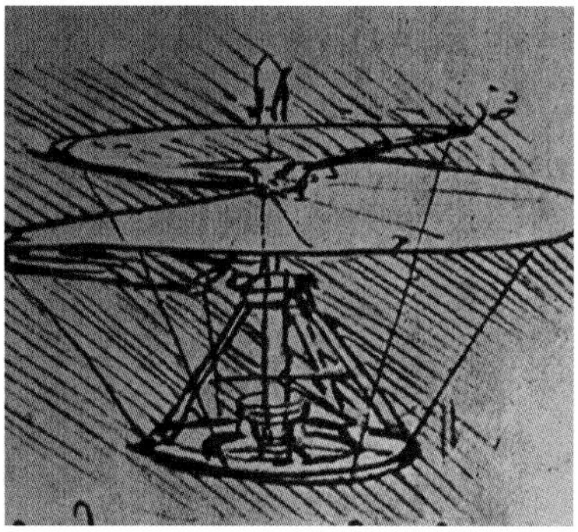

2-2 다빈치의 헬리콥터 구상도.

초기 하늘을 날고자 하는 원리는 바로 이런 단순한 장난감에서 시작하였으며, 항공 역학이 발달하지 않아 양력이라는 개념이 없었

2-3 활의 탄성력을 이용한 2중 로터 장난감.

던 당시 대부분의 과학자들은 비행 원리로 수직 이착륙을 생각하였다. 이렇게 탄생한 것이 헬리콥터이며, 이는 수직 이착륙기의 가장 대표적인 형태가 되었다. 하지만 1940년대부터 1960년에 이르기까지 2차 세계 대전, 한국전쟁, 동서 냉전을 겪으면서 전투기도 수직 이착륙 능력을 가져야 함을 인식하였고, 수직 이착륙 전투기 개발에 몰두하였다. 특히 2차 세계 대전에서 항공 기술을 주도했던 미국, 영국, 프랑스, 소련[9] 등 대부분의 국가에서는 항공 기술의 우위를 차지하는 한 방법으로 수직 이착륙기 개발에 몰두하였다. 이 책에서 소개하는 대부분의 수직 이착륙기는 바로 이 시기에 탄생하였다.

왜 그렇게 각 나라들은 집중적으로 수직 이착륙기 개발에 몰두하였을까?

첫 번째 이유는 전시戰時 적의 선제공격에 대한 항공 전력 보존을 위해서이다. 누구나 알다시피 수직 이착륙기의 가장 큰 장점은 활주로를 필요로 하지 않는다는 것이다. 장거리 폭격기와 미사일 기술이 점점 발달하면서 전쟁 초기 상대방의 군사 목표물 파괴 대상은 바로 활주로가 되었다. 그것이 적의 항공력을 무력화시키는 가장 효과적인 방법이기 때문이다. 수백 대의 비행기가 비행장에 있어도 활주로 하나만 파괴하면 그 기지와 항공기의 존재 가치는 사라져 버린다. 아무리 우수한 비행기라도 활주로 없이는 이륙할 수 없다. 공중에 떠 있지 않은 비행기는 자동차보다 못하다. 적의 활주로를 파괴하고 나면 아군의 폭격기가 적 상공을 마음껏 누빌 수 있다. 반대로 아군의

9 소비에트 사회주의 공화국 연방의 약자로 소련이라 부른다. 1989년부터 소련 연방이었던 그루지아, 에스토니아, 우크라이나 등이 독립하면서 소련 연방이 해체되고 러시아가 옛 소련의 지위를 이어가고 있다.

2-4 항공 작전에서 활주로는 필수적이다. 강력한 항공력을 갖고 있더라도 가장 취약한 지점은 바로 활주로이다.

2-5 공중 급유기의 발달은 작전 거리 향상을 위한 수직 이착륙기 개발 필요성을 격감시켰다.

활주로가 먼저 파괴되면 적의 폭격기가 마음 놓고 아군의 하늘을 드나든다. 다만 현대에 와서는 대공 미사일이 잘 발달하여 과거와 조금 다르기는 하다.

하지만 활주로가 필요 없는 수직 이착륙 전투기는 적의 선제공격에도 생존할 수 있다. 필요에 따라 언제든지 이동하여 작은 공터만 있으면 다시 작전을 펼칠 수 있는 것이다.

이러한 방식의 이착륙 개념은 육군의 근접 항공 지원CAS[10] 작전에서도 마찬가지였다. 전쟁 상황에 따라 전선이 이동할 때 항공력도 함께 이동이 가능하다면 육군의 지상 작전은 한층 수월해지는 것이다.

두 번째 이유는 작전 거리를 증가시킬 수 있기 때문이다. 전투기가 적의 목표물까지 가서 작전을 펼칠 때 충분한 시간을 가지기 위해

10 Close Air Support: 지상의 아군에 근접한 적의 지상군을 공중 공격하는 작전. A-10은 CAS를 위해 제작된 대표적인 기종이다.

2-6 미 공군이 F-84로 ZEL 실험을 하고 있다.

서는 적 국경과 최대한 가까운 곳에 비행 기지가 있어야 한다. 하지만 적의 주둔 지역과 가까이 있는 활주로는 전쟁이 나면 공격 대상 1순위로, 전쟁이 시작됨과 동시에 적의 곡사 화기로 순식간에 파괴될 것이 뻔하다. 그렇다고 이를 피하기 위해 비행장을 국경에서 멀리 있는 깊숙한 곳에 건설하면 적 영토로 비행하기 위한 항속 거리가 모자라고, 적의 공격에 신속하게 대응하지 못한다. 하지만 수직 이착륙기를 계곡 사이사이나 해안가에 배치하면 적에게 들키지 않고 항공 전력을 적의 국경에 근접시켜 운영할 수 있다. 또 적의 폭격기와 전투기가 아군의 중심부로 들어오기 전에 이들을 신속하게 격퇴할 수 있으며, 더불어 적 영토 깊숙이 행동반경을 넓힐 수 있다.

이러한 목적으로 개발된 대표적 사례는 ZEL[11] 이륙 방식이었다. ZEL은 일반 전투기에 로켓 발사체를 장착하여 이동 가능한 트럭 발사대에서 비행기를 쏘아 올리는 방식이다. 하지만 1960년대 공중 급유기가 발달하면서 작전 거리 확장을 목적으로 개발되던 수직 이착

11 Zero Length Launching: 활주로 없이 항공기를 발사대에서 쏘아 올려 이륙시키는 방법.

륙기의 필요성은 사라졌으며, 더불어 공중 급유를 받으면서 국경에 항상 전투기가 떠 있을 수 있게 되었다.

각 나라들이 앞다투어 수직 이착륙기를 개발하려 했던 세 번째 이유는 해상에서 항공 작전을 펼칠 수 있기 때문이다. 해군은 적의 공중 공격으로부터 거대한 항공모함과 구축함 등을 지키기 위해 공중 감시 능력과 전투기를 필요로 한다.

미 해군의 경우, 많은 항공모함이 있지만 모든 해상 임무에 값비싼 항공모함을 이용할 수는 없다. 그래서 일반 구축함이나 전함에서도 운영할 수 있는 수직 이착륙기가 필요하게 된 것이다. 또 2차 세계 대전 이후 각국은 자국 영토를 전쟁터로 만들지 않기 위해 바다에서 전쟁을 치르고자 했으며, 이에 따라 항공모함 전력의 중요성이 부각되었다. 하지만 기술적으로나 경제적으로 항공모함을 운용할 능력이 부족한 국가의 경우, 보통의 함선에서 항공기를 수직 이착륙시키는 방법이 항공모함의 대안이자 최선의 방법이었다. 수직 이착륙기는 일반 전투함의 좁은 갑판에서 뜨고 내릴 수 있고, 전시에는 일반 상선에도 탑재되어 얼마든지 전투에 돌입할 수 있어 바다 어느 곳이든지 항공력으로 투입될 수 있기 때문이다. 영국이 아르헨티나를 상대로 포클랜드 전쟁말비나스 전쟁을 치를 때 해리어 전투기를 상선에 탑재시켜 전투에 참가한 사례가 있다.

2-7 영국은 포클랜드 전쟁 때 해리어를 상선에서 이착륙시켰다.

같은 이유에서 해병대 전력 측면에서도 상륙함에서 이륙하여 해안을 공격하는 수직 이착륙기가 훨씬

2-8 이란 내 미국 대사관의 인질을 구출하기 위한 작전이 실패한 후, 파손된 C-130과 CH-53을 이란 관리들이 둘러보고 있다.

효율적이다. 굳이 해군의 대규모 항공모함이나 먼 거리에서 고속으로 날아오는 전투기의 공중 지원을 받을 필요가 없다는 것이다. 해리어를 이어갈 F-35B(해병대형)의 개발에 많은 국가와 항공 마니아들이 관심을 가지는 중요한 이유가 스텔스와 더불어 수직 이착륙 성능 때문이라는 것은 분명한 사실이다.

최근 들어 수직 이착륙기의 필요성이 새롭게 제기된 분야는 특수전Special Operation인데, 특수전을 위한 대표적인 수직 이착륙기가 V-22 오스프리[12]이다. 1980년, 미국은 이란에 억류된 미 대사관 인원을 구출하고자 하였으나 구출 작전에 투입할 적절한 수직 이착륙 수송기가 없었다. 결국 CH-53 헬기와 C-130, 델타포스Delta Force[13]가 투입된 구출 작전은 실패로 돌아갔고, 군사 강국이라는 미국의 타이틀에 치명적인 오점을 남겼다. 이 작전의 실패를 계기로 수직 이착륙 수송기의 중요성이 부각되었고, 결국 V-22가 탄생하였다. V-22는 미국과 아프가니스탄 간 전쟁에서 산악 침투, 전투 지역 병력 수송, 환자 수송, 공중 화력 지원 등 다양한 분야에 매우 유용하게 사용되었다.

육해공군과 해병대가 모두 수직 이착륙기를 필요로 하는데, 왜 헬기가 그 역할을 할 수 없는 것일까?

헬기는 속도에서 한계가 발생한다. 현재 아파치 헬기의 최고 속도는 시속 292킬로미터로 전투기의 마하에 근접하지도 못한다. 헬기의 속도는 회전익의 구조적 문제이다. 헬기도 속도의 벽이 있는데,

12 5-2 참조.
13 미국의 특수 작전 부대.

전진 속도가 로터의 회전 속도에 근접하면 헬기는 뒤집혀 버리는 문제가 발생한다.[14] 그래서 메인 로터의 속도는 헬기 속도보다 월등하게 빨라야 하는데, 회전 속도를 증가시키다 보면 블레이드 날개 끝에서 충격파가 발생한다. 충격파가 발생하면 로터 효율이 급격하게 떨어지고, 구조적으로도 매우 취약해진다.

2-9 V-22는 수직 이착륙 성능을 이용하여 아프가니스탄 같은 산악 지역에서 중요한 역할을 하고 있다.

그 외에도 헬기는 무장 탑재 능력 제한 등으로 전투기로서의 기능이 사실상 불가하다. 일부 육군의 근접 지원과 해병대의 상륙 작전에는 아직도 헬기가 유용할 수 있지만 속도, 고도, 기동성을 중요시하는 공대공 전투기 역할은 넘볼 수 없는 영역이다.

2-10 수직 이착륙기 V-22의 민수용인 BA-609.

민간 영역에서도 수직 이착륙기는 꾸준하게 요구되었다. 수직 이착륙 연구기의 상당수는 민간에서부터 비롯되었다. 물론 군용으로 개발되었다가 민수용으로 개조, 운용되는 경우도 허다하다. 유명한 V-22 오스프리도 민수용으로는 벨 아구스타Bell Agusta BA-609[15]라는 이름으로 제작되고 있다. 민간 영역에서는 공항과 도시를 연결하는 별도의 수송 수단을 요구하지 않는 운송 수단, 즉 도심에서 다른 도

14 1장, 4. 프로펠러와 로터의 개념적 차이 참조.
15 5-1 참조.

2-11 경제적인 민수용 수직 이착륙기로 카터콥터사의 뮤원이 실험 중에 있다.

심으로 곧장 이동이 가능한 시티 투 시티 City to City[16], 이너시티 헬리포트Inner City Heliport[17] 개념의 항공 수송 수단의 개발이 요구되었다. 수직 이착륙 여객기는 활주로를 건설할 필요가 없으므로 운영 비용도 줄고, 어느 도시라도 필요에 따라 항공 노선이 취항할 수 있다는 장점을 가지고 있다. 물론 헬기도 좋은 방안이지만 속도가 느리고, 인원 수송 등에서 훨씬 능력이 부족하며, 날씨 제한 조건도 많아 불리하다.

이런 필요성에도 수직 이착륙 전투기의 개발은 아직 엔진 효율, 항속 거리, 속도 면에서 그리 성공적이지 못하여 F-15, F-16등 통상적인 이착륙 방식의 전투기가 하늘을 지배하고 있으며, 주요 항공 수송 수단은 대부분 공항을 이용한다. 도시 한가운데로 수직 이착륙기가 날아드는 경우는 우리 주변에서 거의 보기 어렵다. 단지 해리어만이 많은 불리함 속에서도 수직 이착륙 전투기의 승자로 남아 근 40여 년 이상 왕좌를 지켜 왔다. 사실 해리어도 수직 이륙 중량 제한 때문에 무장을 하고 연료를 가득 채운 상태에서는 단거리 이륙을 해야 하고, 착륙 시에만 수직 착륙이 가능하여 완전한 수직 이착륙기로 보기에는 부족함이 있다. 이제야 해리어를 대체하는 F-35가 개발되고 있으며, V-22와 같은 특수 목적기가 취역하였다. 민수용으로는 카터콥터CarterCopter사의 뮤원Mu1, 시콜스키사의 X-2[18] 등이 개발되고 있다.

이들 수직 이착륙기가 등장하기까지 항공 산업을 주도하는 여러 항공 선진국의 노력이 얼마나 대단했는지 이 책의 3장에서 살펴볼

16 공항을 거치지 않고 도시에서 도시로 곧바로 연결하는 항공 교통 개념.
17 도심 속 건물 옥상, 광장 등에 위치한 헬기 이착륙장.
18 14-5 참조.

것이다. 더불어 수직 이착륙기의 역사와 수직 이착륙을 위한 여러 접근 방법, 그리고 그 속에 숨어 있는 여러 항공역학적인 궁금증도 풀어 볼 것이다.

이 책에서 소개되는 수직 이착륙기는 '인터내셔널 파워드 리프트 컨퍼런스International Powered Lift Conference'라는 회의체(www.vstol.org)에서 정한 분류 방법을 참고하여 엔진과 추력 방식에 따라 분류하였다. 항공기 분야는 쉽게 접할 수 있는 분야가 아니어서 생소한 용어와 항공역학 등 이해하기 어려운 부분이 많을 것이다. 그래서 이해를 돕기 위해 많은 사진을 첨부하였고, 앞부분에서 설명한 내용을 뒤에서 또 설명하기도 할 것이다. 항공 분야에 익숙한 독자는 필요 이상의 사진과 설명이 성가실 수도 있을 것이고, 항공 분야가 생소한 독자는 그래도 부족함이 많을 것이다. 이해가 되지 않는 부분은 인터넷의 블로그, 카페, 웹사이트 등을 통해 지식을 구할 수 있을 것이다.

3장

수직 이착륙 분류별 기종

호버링과 전진 비행 시 같은 추력을 사용 – 틸트 샤프트/로터(Tilt Shaft/Rotor)

1

1940년대에 개발된 헬기는 수직 이착륙이라는 특성 덕분에 활용도가 높아 군이나 민간에 빠르게 확산되었다. 하지만 헬기의 가장 큰 단점은 속도였다. 특히 속도가 증가함에 따라 전진 로터헬기의 우측에 위치하는 블레이드와 후진 로터헬기의 좌측에 위치하는 블레이드 간 양력 차이로 발생하는 롤Roll 현상[19]은 헬기 형태에서 생기는 고유 특성으로 헬기 발전이 한계를 갖는 주원인이 되었다. 이 문제를 해결하기 위해서는 항공기 진행 방향과 평행하게 회전하는 헬기 로터의 구조적인 문제를 해결해야만 했다. 그래서 등장한 것이 컴파운드 헬리콥터Compound Helicopter[20]와 틸트 샤프트/로터Tilt Shaft/Rotor[21] 방식이었다. 컴파운드 헬리콥터라는 개념은 이 책 본문 3장의 14챕터 '로터'에서 설명할 것이다.

틸트 샤프트/로터 방식은 이륙 시에는 헬기 모드로, 고속 비행 시에는 날개 양력과 로터의 추진력을 이용한다. 컴파운드 헬리콥터는 헬기식 로터와 추진용 프로펠러를 동시에 가지고 있으나, 틸트 샤프트/로터는 하나의 로터로 방향을 바꾸어(Tilt) 이착륙용(Lift)과 비행용(Cruise)으로 변환하여 사용하는 방식이다.

이 방식은 수직 이륙 시에는 회전하는 로터 회전면이 지면과 수평 상태에서 이륙을 하고, 서서히 로터와 샤프트를 앞으로 숙여 전진 속도를 증가시키면서 최종적으로 로터 회전면을 지면과 수직으로 변

19 1장, 4. 프로펠러와 로터의 개념적 차이 참조.
20 헬기와 일반 고정익 항공기를 합한 복합 성능기이다. 〈14. 로터 방식〉에서 설명된다.
21 로터와 샤프트가 모두 틸트되는 형태. 'Tilt Rotor and Shaft' 개념이다.

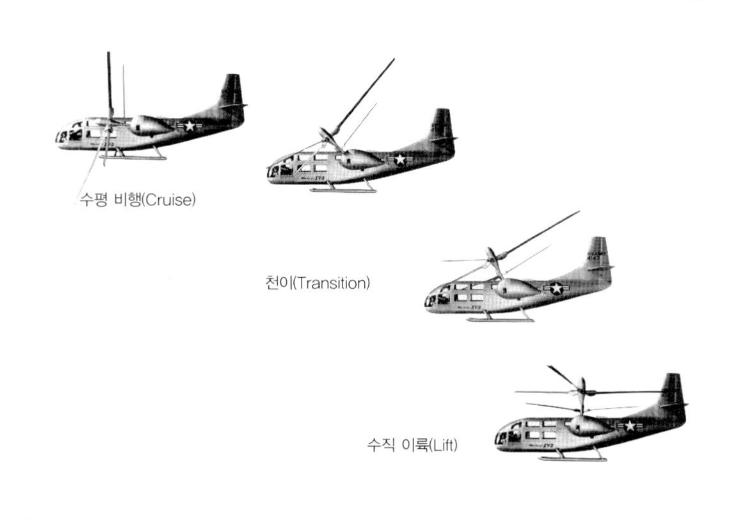

3-1 틸트 샤프트 비행 원리.

환한다. 로터 회전면이 지면과 수직이 되면 로터는 수평 비행을 위한 추력을 발생시키고, 양력은 날개가 담당한다. 로터의 양력 조절은 헬기의 로터와 같은 방식으로 피치 컨트롤Pitch Control이 가능하도록 하였다. 이렇게 로터 회전면을 변환하는 방식은 V-22[22]와 동일하지만 V-22 방식과 여기에 소개될 두 기종의 다른 점은 엔진이 로터와 함께 틸트되는지 여부이다. 틸트 샤프트/로터 방식은 엔진은 움직이지 않고 축을 포함한 로터만 움직인다. 틸트 샤프트/로터로 제작된 기종은 트랜센덴틀 모델Model 1G와 벨Bell XV-3이다.

1-1 트랜센덴틀Transcendental 모델 1G

트랜센덴틀 모델 1G는 수직 이착륙과 수평 비행 시 같은 엔진을 사용하며, 축으로 로터의 방향을 전환하여 추력 방향을 바꾸는 개념

22 5-2 참조.

3-2 트랜센덴틀 모델 1G는 미 공군의 관심으로 기술적인 발전을 이룰 수 있었다.

의 틸트 샤프트/로터 방식을 사용한다.

트랜센덴틀 에어크래프트Transcendental Aircraft사는 미국 펜실베이니아에 위치한 작은 항공 회사로, 틸트 로터 개념의 수직 이착륙 비행기를 비행시키는 데 최초로 성공한 회사이다.

트랜센덴틀 모델 1G는 1인승의 작은 실험용 항공기로, 날개는 동체 상부에 장착된 고익高翼[23] 형태이며, 고정식 랜딩기어를 사용하였다. 칵핏Cockpit은 투명 플라스틱을 많이 사용하여 마치 헬기의 캐노피와 유사하게 만들었는데, 수직 이착륙 시 조종사가 지상 장애물 확인을 쉽게 하기 위해서이다. 반면 위 천장 쪽은 아예 개방을 하여, 비상 탈출을 쉽게 하였다.

엔진은 동체 내부에 장착하고, 날개 안쪽을 지나는 긴 축을 통해 날개 끝의 로터로 동력을 전달한다. 양 날개 끝에 있는 로터는 서로 반대 방향으로 회전을 하여 로터 회전으로 인해 생기는 회전 반작용을 서로 상쇄시킨다. 직경 5.2미터의 3엽 블레이드로 된 로터는 수평

23 날개가 동체 높이의 어느 부분에 달려 있느냐에 따라, 고익(高翼), 중익(中翼), 저익(低翼)으로 나눈다. 현대 전투기의 날개는 스텔스 성능을 향상시키고 저항을 줄이기 위해 동체와 날개 구분이 불분명하고, 부드럽게 연결되는 블렌디드 윙 바디(Blended Wing Body)를 채택한다. F-16, F-22 등도 블렌디드 윙 바디를 채택하고 있다.

3-3 날개 끝에 장착된 로터는 헬기처럼 플래핑과 사이클릭 피치 컨트롤이 가능하다.

또는 수직으로 축 방향을 전환할 수 있도록 하였다. 이륙 시에는 헬기와 같이 로터를 수평으로 회전시켜 이륙하고, 전진 비행 시에는 프로펠러 항공기처럼 로터를 앞으로 기울게 하여 가속하고 고정익 양력으로 비행을 하였다. 전진 비행 시 로터는 추력 외에도 약간의 양력을 만들기 위해 수직으로부터 수평 6도 상반까지만 내려올 수 있었다. 로터 샤프트의 기울임, 즉 틸트는 6분의 1마력의 전기 모터로 조종되는데, 좌우 로터가 항상 같은 각도로 기울어지도록 조절하였다.

작은 회사에서 시작한 이 실험은 미 공군에 알려졌고, 결국 미 공군과 개발 계약을 하게 되었다. 미 공군이 1952년부터 1953년까지 비용과 기술을 지원하여 로터의 구조적 시험과 틸팅 시스템Tilting System의 안전성 검증을 실시함으로써 회사 차원에서 해결이 불가능했던 기술적인 문제점들이 하나씩 해결되었다.

엔진은 O-290A , 6기통, 160마력 피스톤 엔진을 사용하였으며 RPM은 3000이었다. 하지만 헬리콥터 모드와 수평 비행 시 서로 추력 요구량이 달라서 로터 회전수를 달리 해야 했으므로 미 공군의 기술 지원 하에 2개의 감속 기어 장치를 장착하여 회전수 변환이 가능하도록 하였다. 이에 따라 헬리콥터 모드에서는 240RPM, 수평 비행 모드에서는 633RPM으로 작동하게 되어 더욱 안정적인 비행이 가능해졌다. 감속 장치 내에는 클러치를 설치하여 엔진이 정지하는 비상 상황에는 기어 박스, 엔진, 로터가 구조적으로 분리되어 헬기처럼 자전 강하가 가능하도록 하였다. 그리고 로터가 수직에서 수평으로 전환하는 동안에는 로터 회전수가 자동으로 조절되고, 블레이드 피치도 조절할 수 있도록 하여 기계적인 시스템치고는 매우 정교한 기능을 수행하였다.

모델 1G의 지상 시험 결과 수직 비행에서 수평 비행으로 전환하는 데 3분 정도 소요되었다. 1954년 6월 15일, 첫 호버링 비행에 성공하였고, 1954년 12월 13일에는 호버링 상태에서 로터를 약간 앞으로 숙이는 헬기 모드 비행으로 부분적인 천이 비행에 성공하였다.

3-4 트랜센덴틀 모델 1G 호버링 비행.

3-5 트랜센덴틀 모델 1G의 로터 방향 전환 지상 시험 과정. 로터가 수평 비행 모드에 위치해 있다. 수평 비행 모드에서는 로터가 지상에 닿기 때문에 별도의 높은 고정 시험대가 필요하다.

모델 1G는 근본적으로 헬기에서 출발한 설계 개념을 갖고 있는 기종으로, 샤프트를 숙이지 않고도 사이클릭 피치 컨트롤 기능을 이용하여 마치 2개의 메인 로터를 가진 헬기처럼 비행도 가능하였다. 최대 시속은 190킬로미터까지 도달하였으며, 호버링이나 저속에서의 비행 조종 은 헬기와 동일하게 사이클릭 피치 컨트롤을 통해 가능하였다.

헬기 모드에서 수평 비행에 성공한 후 모델 1G는 조금씩 로터를 기울이면서 속도를 증가시켜 틸트 로터의 기계적인 성능과 비행 성능을 실험하였다. 1955년 4월에는 수직에서 35도까지 로터를 숙였고, 시험 비행이 종료될 때에는 70도까지 로터를 기울였다. 로터를 70도로 기울일 경우 양력의 90퍼센트는 날개가 담당하고, 로터는 나

3-6 수평 이륙 전의 모델 1G.

머지 10퍼센트만을 담당하였다.

1957년 7월 20일, 비행 중 로터 계통 고장으로 인해 모델 1G는 델라웨어 강물에 뒤집힌 상태로 추락하고 말았다. 추락 시까지 총 100회, 60시간의 시험 비행을 하였고, 이 중 70회는 전환 비행에도 성공하였다. 최고 속도는 시속 260킬로미터, 고도는 1060미터까지 기록되었다.

민간 회사에서 개인적으로 연구되었던 이 항공기는 미 공군의 관심을 끌기에 충분했으며, 틸트 방식 수직 이착륙기의 시발점이 되어 이후 틸트 로터 방식의 XV-15, V-22 등이 탄생하는 데 큰 기여를 하였다.

제작사는 모델 1G의 성공에 고무되어 실제 운용이 가능한 개량형 실용기 모델 2를 군에 제의하였고, 미 공군과 1956년 3월에 계약을 하였다. 모델 2는 1956년 12월 7일, 첫 비행에 성공하였다. 이 기종은 역학적으로 상당한 진전을 보였으며, 2인승에 완전하게 보호되는 칵핏이 설치되었다.

엔진은 추력을 더 높인 라이커밍 O-435-23 250마력 6기통 왕

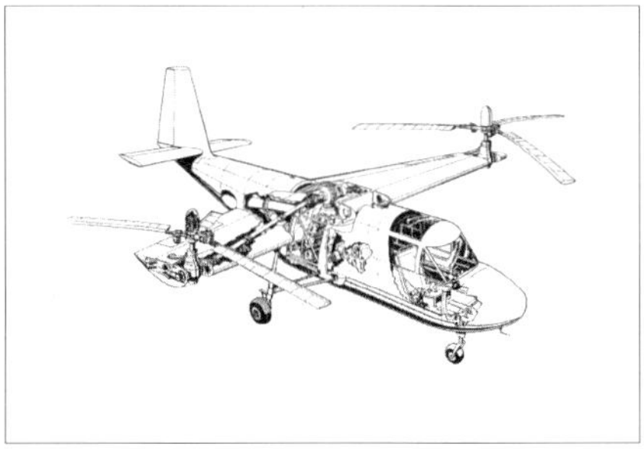

3-7 모델 2의 실물기와 개념도. 실용화에 더욱 중점을 두고 엔진 출력도 향상시켰다.

복 엔진을 장착하고, 날개 면적을 넓혔다. 순 중량 708킬로그램, 총중량 1015킬로그램, 적재 중량은 300킬로그램 이상이 가능하여 실용화에 목적을 두었다.

3-8 트랜센덴틀 모델 3 구상도. 엔진 효율이 높은 터보 프롭 엔진을 사용하려 하였으나 실제 제작되지는 않았다.

하지만 모델 2는 공군에서 별다른 추가 요구 사항 없이 중단되어 제작사에서 구상했던 모델 3로는 진전되지 못하였다. 모델 3는 터보 프롭 엔진을 장착한 8인승 상용기로 구상되었으나, 설계 단계에서 중단되었고, 1960년에 모든 계획이 종결되었다.

제원

· 동체 길이	7.9미터
· 날개폭	6.4미터
· 엔진	160마력 라이커밍 6기통 0-290A 피스톤 엔진
· 순 중량	655킬로그램
· 이륙 중량	790킬로그램
· 헬기 모드 최고 속도	시속 190킬로미터
· 고정익 모드 최고 속도	시속 260킬로미터
· 최대 상승 고도	1525킬로미터
· 비행 시간	90분

1-2 벨Bell XV-3

벨 XV-3(벨사 모델명 200)는 벨 헬리콥터사에서 개발된 틸트 로터/샤프트Tilt Rotor/Shaft 기능을 실험하기 위한 실험기이다. 트랜센덴틀 모델 1G와 동일하게 로터와 샤프트를 기울여서 로터의 추진 방향을 변환시키는 방식이다. 동체 내부에 엔진을 장착하여 축을 통해 양 날개 끝 로터로 동력을 전달하고, 로터는 축의 각도를 90도 변환시켜 수평 비행과 수직 비행을 가능하게 하였다.

1950년 수평 · 수직 비행이 가능한 항공기를 개발Convertible Aircraft Program할 당시 미 육군과 공군은 틸트 로터라는 용어를 공식적으로 사용하여 성능 요구 사항RFP[24]을 제시하였다. 벨 헬리콥터사가 자사 모델명 '모델 200'을 제시하여 1951년 계약자로 선정되었고, 2대의 시제기 제작을 담당하게 되었다. 애초 XV-3는 미 육군에서 지정한 헬기 개발 프로그램에 따라 개발되어 XH-33으로 탄생하였으나 이내 공군이 새로운 용어인 컨버티플레인Convertiplane이라는 개념을 적용하면서 공군 제식명 XV-3로 이름을 바꾸었다.

이때 맥도넬사에서도 팁 제트Tip Jet 방식의 M-28을 제시하여 XV-3와 함께 계약이 성사되었고, 이후 M-28의 명칭은 공군이 XV-1으로 재지정하여 추진되었다.[25] 사실 XV-3는 틸트 로터 개념의 단순 실험기 목적으로 고안되었지만 군은 정찰, 관측, 환자 수송 임무 등 군용기 성능을 만족시킬 수 있는지 여부도 확인하고자 "총 4명 탑승, 100킬로그램의 화물, 185킬로미터 이상의 작전 반경" 등의 성능 요구 조건을 추가로 제시하였다.

24 Request for Proposals.
25 11-1 참조.

3-9 XV-3는 틸트 로터라는 용어를 처음 사용하였다.

XV-3은 길이 9.5미터의 날개 양 끝에 헬기형 로터를 장착하고, 로터 축은 수직 이륙 시에는 수직 방향을, 수평 비행 시에는 수평 방향, 즉 전방을 향하게 하였다. 엔진은 450마력 P&W플랫 앤 휘트니 R-985 왕복 엔진으로 날개 바로 후방의 동체에 장착되었다. 당시 더욱 강력한 엔진을 활용하는 것이 사실상 가능하였으나, 벨사가 비교적 출력이 낮은 P&W R-985 엔진을 사용한 이유는 엔진 신뢰성 때문이었다. 수직 이착륙기에서 엔진 고장은 곧바로 추락으로 이어지므로 당시 엔지니어들은 엔진 출력보다 신뢰성을 더 중요시하였다.

3-10 NASA의 연구소 행거 앞에서 호버링 중인 XV-3.

엔진 출력은 기어 박스와 구동축을 통해 로터로 전달되었다. 로터의 직경은 7.63미터였고 3개의 블레이드로 되어 있었다. 기어 박스는 모델 1G와 동일한 개념으로 2단 변속 방식을 적용하여 호버링과 이륙 시에는 고속 모드를, 수평 비행 시에는 저속 모드를 사용하였다.

양쪽 로터 모두 같은 각도로 축을 조절하기 위해 전기식 모터가 양 날개 끝에 장착되었다. 수직 모드에서 수평 모드까지 작동 범위는 90도였고, 작동 시간은 약 10초에서 15초였다.

1951년 NASA(당시 NACA)의 대형 풍동 시설에서 XV-3의 실물 크기 모형실험이 시작되었다. 호버링에 필요한 회전 속도의 반이 수평 비행에 가장 적합한 로터 회전수라는 것이 확인되었고, 안정성, 비행성, 요구 성능 만족도 등은 양호하게 판정되었다.

첫 시제기 XV-3는 1955년 2월 10일 출고하여 같은 해 8월까지 구조 하중 시험, 조종 시스템 시험, 진동, 기체 구조 등의 지상 시험을 거쳤다. 그 후 높은 스탠드에 고정시킨 상태에서 천이 비행 시험까지 완료하여 비행에 적합한 것으로 확인되었고, 1955년 8월 11일에 첫 호버링 비행을 하였다. 하지만 실제 비행에서 풍동 실험과 지상 시험에서는 나타나지 않았던 날개와 로터, 축의 진동 불안정성 문제가 발

3-11 XV-3 로터는 헬리콥터 로터의 형태를 갖추고 있다.

생하여 기체가 손상되었다. 진동 문제 해결을 위해 많은 구조물이 더 강화되었고, 따라서 무게가 300킬로그램 정도 증가하였다. 날개의 25퍼센트 후방 부분은 수직 이륙 시 로터의 공기 저항을 줄이기 위해 아래로 꺾어지도록 개조하여 양력 손실을 줄임으로서 전체 무게 증가에 대한 보상 역할을 하였다. 1954년 3월 24일 XV-3 비행이 재개되었다. 매 시험 비행 때마다 서서히 로터의 각도를 숙이기 시작하여 7월 25일에는 70도까지 숙였고, 이때 속도는 시속 150킬로미터를 기록하였다. 하지만 로터의 심한 진동으로 더 이상의 실험은 중단되었다.

3-12 초기형 XV-3는 블레이드 3개를 사용하였다.

3-13 NASA의 대형 풍동 실험실에 XV-3 축소 모형이 설치되어 있다. 공탄성 문제로 개발 과정 중 많은 어려움을 겪어 다른 어느 기종보다 많은 풍동 실험을 해야 했다.

1956년 10월 25일, 기체 일부를 개조한 후 비행을 재개하였으나 로터를 수직에서 수평으로 전환하는 과정에서 기체의 극심한 진동이 발생하여 조종사가 비상 탈출하고 기체는 대파되었다. 벨사의 사고 조사팀은 사고의 원인을 로터 시스템 자체의 설계 문제로 파악하였고, 이를 보완하기 위해 시제 2호기는 기존의 3엽 로터에서 2엽 로터로 바꾸고, NASA의 지상 풍동 실험을 통해 효과 여부를 충분히 검증하였다. 벨사는 엔진 교체를 주장하였으나 공군은 엔진 신뢰성 문제로 낮은 추력의 엔진을 그대로

3-14 XV-3은 1958년 12월 18일 수직 이륙, 천이 비행, 수직 착륙에 처음으로 성공하였다.

사용하였다.

1958년 1월 21일, 시험 비행이 재개되었으나 로터의 진동 문제가 다시 발생하여 비행이 중단되었고, 추가적인 풍동 시험과 개조가 반복되었다. 심지어는 당시 처음 도입된 컴퓨터 시뮬레이션까지 동원되었다. 1958년 12월에 다시 비행이 재개되어 결국 헬기 모드에서 완전히 수평 모드로 전환하는 데 성공하였다.

XV-3는 시속 167킬로미터까지는 헬기 모드로 비행하다가 이후 로터를 완전히 수직으로 하여 시속 213킬로미터까지 도달하였으며, 헬기 모드에서 엔진이 꺼진 상황을 가정한 오토 로테이션Auto Rotation, 자전 강하 착륙도 성공적으로 이루어졌다. 이후 이 기체는 에드워드 공군 기지로 넘겨져 1959년 5월부터 미 공군에 의해 단거리 이착륙 성능, 조종 시스템 개선, 랜딩기어 개조, 고도 성능, 속도 증가 방법 등의 실험에 사용되었다.

한편 그동안 XV-3에서 발생한 로터 진동의 원인은 공력 탄성Aero Elastic Effects 문제로 확인되었다. 당시는 공력 탄성에 대한 이론이 정립되지 않은 상태여서 이에 대한 해결 방안이 사실상 제시되지 않던 시기였다. 공력 탄성은 1947년 처음 제기된 새로운 개념으로 관성력, 구조물의 강도, 공기 역학에서 기인한 진동 현상이다. NASA는 공력 탄성에 의한 진동 문제를 연구하기 위해 XV-3로 풍동 실험을 하였는데, 그러던 중 1966년 6월 14일에 로터가 떨어져 나가면서 날개가 찢어지는 심각한 손상을 입어 결국 XV-3 프로그램을 중단하기에 이르렀다.

이 사고는 금속 피로가 원인이었다. XV-3는 총 125시간, 250회의 비행을 통해 110회의 전환 비행에 성공하고 틸트 로터의 문제점을 밝히고 해결하는 데 많은 데이터를 제공하였으며, 공력 탄성에 대한 중요한 연구 계기를 제공하였다. 벨 XV-3의 자료는 향후 XV-15[26], V-22[27] 등에 매우 유용하게 활용되었다.

손상된 기체는 데이비스 몬탄 기지에 버려져 있다가 중간 과정은 알 수 없으나 육군항공박물관으로 옮겨져 창고에 보관되어 있었다. 이후 수직 이착륙 후속기인 XV-15 팀에 의해 우연히 발견되어 1986년 복원되었고, 여러 과정을 거친 후 현재는 미 공군박물관 라이트 패트슨 기지에 전시되어 있으며, 에어쇼 등을 통해 공개되기도 한다.

26 5-1 참조.
27 5-2 참조.

제원

· 승무원	1명
· 길이	9.2미터
· 날개폭	9.5미터
· 메인 로터 직경	7.63미터
· 높이	4.0미터
· 순 중량	1907킬로그램
· 총중량	2218킬로그램
· 엔진	450마력 플랫 앤 휘트니 R-985 왕복 엔진 1대
· 최고 속도	시속 296킬로미터
· 순항 속도	시속 269킬로미터
· 항속 거리	411킬로미터
· 호버링 한도	4600미터
· 상승율	초당 6.3미터

2 호버링과 전진 비행 시 같은 추력을 사용 – 틸트 프롭(Tilt Prop)

틸트 프롭Tilt Prop 또는 Tilt Propeller의 근본적인 비행 원리는 틸트 샤프트/로터와 동일하다. 두 방식의 다른 점은 틸트 샤프트/로터는 헬기에서 출발한 방식인데 반해, 틸트 프롭은 수송기의 프로펠러 개념을 수직 이착륙기에 적용한 방식이라는 점이다.

프로펠러와 로터의 개념을 비교해 보면, 로터는 사이클릭 피치 컨트롤 기능과 플래핑 기능이 있는 것을 말하며, 주로 양력 발생을 목적으로 한다. 반면 프로펠러는 짧고 강하게 만들어졌으며, 사이클릭 피치 컨트롤 기능과 플래핑 기능이 없다. 뒤틀림 각도도 로터에 비해 매우 크고, 주로 추력 발생을 위해 만들어졌다.

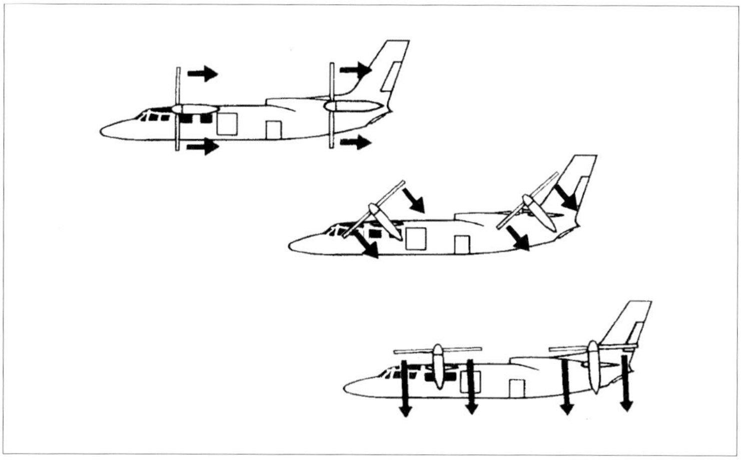

3–15 틸트 프롭의 비행 방식.

틸트 프롭 방식의 비행 방법은 수직 이륙 시에는 프로펠러가 지면과 수평인 상태에서 이륙을 하고, 서서히 프로펠러를 앞으로 숙여 전진 속도를 증가시키면서 수평 비행으로 전환한다. 착륙은 그 반대로 진행된다.

틸트 프롭 실험기로는 커티스라이트Curtiss-Wright X-100, 커티스라이트 X-19, 도니어Dornier Do 29가 있다. 이 중 X-100과 X-19는 래디얼 리프트Radial Lift를 이용한 방법을 적용하였고, Do 29는 일반적인 프로펠러 추력과 날개 양력을 이용하였다.

틸트 프롭 중 X-19와 X-100에 적용된 래디얼 리프트는 커다란 프로펠러 회전을 이용하여 양력을 발생시키는 원리로, 양력 발생 방법은 그림 3-16과 같다.

프로펠러가 전진 방향으로 놓이면 회전하는 모든 프로펠러 블레이드는 같은 받음각을 갖게 된다(그림 3-16 왼쪽). 하지만 프로펠러 축이 기울어지면 아래로 내려오는 블레이드와 위로 올라가는 블레이드의 공기 받음각이 다르게 된다. 아래로 내려오는 블레이드는 훨씬 큰

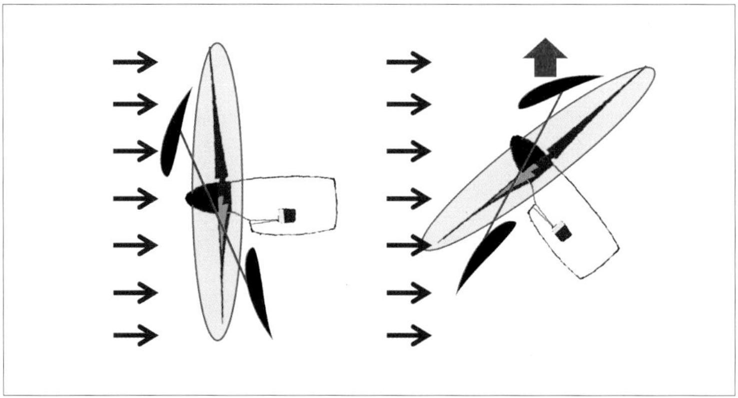

3-16 일반적인 프로펠러를 이용한 전진 비행(왼쪽)과 래디얼 리프트를 이용한 비행(오른쪽).

3-17 사진에서 왼쪽은 일반적인 프로펠러이고, 오른쪽은 X-100에 사용된 프로펠러이다.

공기 받음각을 가지면서 위로 올라가는 블레이드보다 양력이 커지게 되는데, 이 양력을 래디얼 리프트라고 한다. 래디얼 리프트는 프로펠러 고유의 추력에 양력이 추가로 발생하는 것이어서 일반 프로펠러보다 비교적 효율적이다. 프로펠러 블레이드가 날개 효과를 가질 수 있을 만큼 넓고 크며, 비틀림이 적당하면 통상 날개에서 발생하는 양력만큼이나 블레이드의 양력도 커질 수 있다.

2-1 도니어Dornier Do 29

도니어 Do 29는 1950년대 독일 항공 연구소와 도니어사가 공동 개발한 틸트 로터 방식의 단거리 이착륙 실험기이다.

2차 세계 대전 기간 중 헬기 제작사였던 포케-아케겔리스Focke-Achgelis사는 푸셔 프로펠러Pusher Propeller를 이용한 수직-단거리 이착륙기를 구상하였다. 수직 이착륙 방식은 프로펠러를 수직 아래로 향하게 하여 양력을 보강하는 방식이었다(그림 3-18 참조). Fa 269라 이름 붙여진 이 프로그램은 전쟁 기간 중이라 완성을 보지 못하고 구상 단계에서 끝나 버렸다.

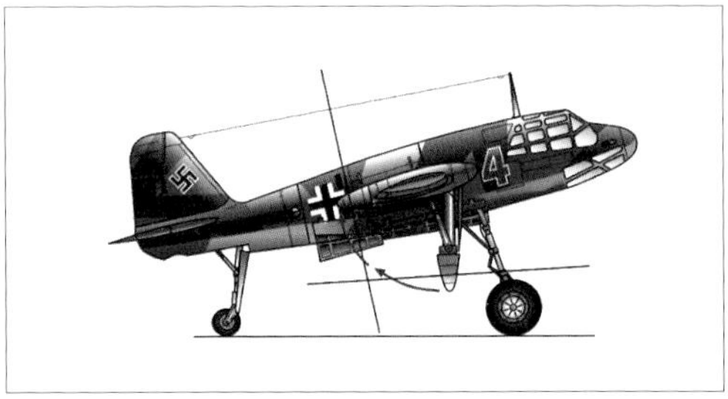

3-18 Fa 269. 날개 아래 프로펠러가 아래로 향한 상태에서 수직 이륙을 하고, 다시 뒤로 향하게 하여 푸시 타입의 프로펠러로 수평 비행 추력을 형성한다.

하지만 1950년대 들어와 전 세계적으로 단거리-수직 이착륙기에 대한 관심이 높아지면서 Fa 269 프로그램은 다시 부활하였고, 수직 이착륙 전투기를 따라다니면서 군수 지원[28]을 할 수 있는 수직 이착륙 수송기를 모색하던 독일 공군은 도니어사와 틸팅-프로펠러Tilting-Propeller 방식의 실험기 개발 계약을 체결하였다.

수직 이착륙 전투기 개발 붐이 일자 당시 NATO에서는 비행장이 없는 고속도로나 국경 근처에서 수직 이착륙 전투기가 운영된다면 그 지역에 부품, 정비사, 연료, 폭탄 등을 긴급 지원할 수 있는 수직 이착륙 수송기가 함께 필요하다고 판단한 것이다. 기체명은 Do 29라 변경 지정되었으며, 비용 절감을 위해 이미 운용 중인 Do 27 경량 수송기를 이용하였다. Do 27은 이미 실제 운영 과정에서 항공

28 군에 정비사, 정비 자재, 폭탄, 물자, 기름, 장비 등을 지원하는 것을 군수라 한다.

3-19 Do 29 구조. 틸트 프롭이지만 래디얼 리프트와는 다른 푸시 프로펠러 개념이다.

3-20 프로펠러 각도를 60도 아래로 내리고 단거리 이륙을 하고 있다.

기 안전성과 기골의 튼튼함이 검증된 항공기로, 날개에 강력하고 무거운 엔진을 장착하고도 수직 이착륙의 충격을 충분히 견딜 수 있다고 판단되었기 때문이었다.

엔진은 추력이 보강된 270마력의 라이커밍 GO-480을 날개 아래에 달고 3엽의 프로펠러를 푸셔 타입으로 구동시켰다. 프로펠러는 수평에서부터 90도 하방까지 틸트가 가능하였다. 2개의 엔진은 서로 축으로 연결되어 하나의 엔진에서 추력 손실이 발생하더라도 남은 하나의 엔진에서 2개의 프로펠러를 구동할 수 있도록 하였다.

저속 호버링 상태에서의 비행 조종을 위한 별도의 장치는 고려하지 않았고, 저속에서의 조종 안정성 향상을 위해 수직 꼬리 날개와 러더를 대형화하였으며, 도슬 핀Dorsal Fin을 추가로 설치하였다. 그 외에도 수직-단거리 이착륙 시 기체 하부에 강한 충격이 미칠 것을 고려하여 동체 하부 바닥을 보강하였고, 조종사가 지면을 확인하기 쉽도록 칵핏의 하부에도 투명창을 폭넓게 설치하여 헬기와 유사한 형태로 개조하였으며, 이착륙 시 불안전성을 고려하여 마틴베이커사의 최신형 사출 좌석도 장착하였다.

도니어사는 2대의 Do 29 시제기를 제작하였다. 첫 시제기는 1958년 12월 12일 수평 비행에 성공하였고, 연이어 수직-단거리 이착륙을 시도하였다. 본래 설계도대로라면 프로펠러는 90도 수직 아래 방향까지 내려와야 했으나, 시스템 고장으로 60도 아래까지만 작동하였다. 하지만 60도 각도에서 시험 비행은 그대로 강행되었다. 프로펠러가 60도 내려온 상태에서 15미터 이내의 단거리 이륙에 성공하였고, 공중에서 최저 속도인 시속 24킬로미터로 비행이 가능하였다. 착륙할 때도 예상 밖의 짧은 활주 거리로 착륙함으로써 시험은 성공적으로 마쳤다.

3-21 Do 29. 현재 독일의 도니어사 박물관에 전시되어 있다.

하지만 Do 29 이후 특별한 이유 없이 정부로부터 별다른 요구 사항이 없어서 더 이상의 프로그램 진행은 이루어지지 않았다. 사실 독일 공군은 Do 29에서 얻은 많은 데이터를 바탕으로 좀 더 실용적인 제트 엔진을 이용한 수직 이착륙 수송기형인 Do 31[29]를 다시 추진하였다.

29 10-3 참조.

제원

· 승무원	1명
· 길이	9.5미터
· 날개폭	13.2미터
· 높이	2.69미터
· 날개 면적	21.8제곱미터
· 총중량	2400킬로그램
· 최대 이륙 중량	2500킬로그램
· 엔진	270마력 라이커밍 GO-480-B1A6 피스톤 엔진 2대
· 최고 속도	시속 290킬로미터
· 최저 속도	시속 24킬로미터
· 항속 거리	400킬로미터
· 최대 상승 고도	6500미터

2-2 커티스라이트Curtiss-Wright X-100

커티스라이트사는 1950년대 당시 미국 내 해밀턴Hamilton사, 에어로프로덕트Aeroproducts사와 함께 3대 프로펠러 제조 회사였다. 제트 엔진의 등장 이후 한국전쟁에서 제트기의 실용성이 입증되자 이들 3사는 모두 미래 항공기 동력으로 프로펠러는 사라질 것이라고 예상하였다. 그래서 커티스라이트사는 프로펠러 영역에 새로운 전기를 마련하고자 프로펠러로만 비행이 가능한 수직 이착륙기를 구상하게 되었고, 수직 이착륙 전담 부서Curtiss-Wright's VTOL System Division를 창설하여 틸트 프롭을 이용한 양력 비행Radial Lift 개념을 연구하기 시작하였다.

커티스라이트는 신속한 연구 진행을 위해 자사 모델 M-200의 기체를 개조하여 X-100 실험기를 제작하였다. X-100의 개발 목적은 크게 2가지였다. 프로펠러만으로 비행에 필요한 추력과 양력을 모두 생성해 낼 수 있는지와, 프로펠러 나셀을 틸팅시키는 기술이 실

3-22 X-100은 프로펠러 양력을 실험하는 실험기이다.

현 가능한지를 알아내는 것이었다.

프로펠러를 이용한 수평 비행 개념을 이해하려면 X-100의 날개가 매우 작다는 점에 착안하면 된다. 통상 수평 비행은 프로펠러의 추력과 날개의 양력을 이용하지만, X-100은 날개 면적이 불과 2.1제곱미터로 수평 꼬리 날개 면적과 같아 사실상 양력 발생이 거의 없으며, 프로펠러가 양력과 추력 모두를 만들어 내도록 구상되었다. 이는 헬리콥터의 양력 발생 장치인 로터를 프로펠러로 바꾸었을 뿐 비행 원리는 헬리콥터와 유사한 개념이었다.

결론적으로 X-100의 실험 결과는 성공적이었으며 그 외에도 소음, 진동, 프로펠러의 공기 흐름 영향, 지면 효과, 비행 조종, 그리고 전환 비행Transition Flight에 필요한 조종 기술 등 많은 자료를 획득할 수 있었다.

X-100 형상은 고익高翼, T-테일Tail 형상이며, 날개 끝에는 1.5미터의 블레이드 3개로 된 프로펠러가 장착되었다. 이 프로펠러는 동체 중앙에 위치한 860마력 YT-53-L-1 터보 샤프트 엔진으로부터 동력을 받는다. 초기 X-100 제작 시에는 프랑스 터보메카사의 400마력 아토스Artous 엔진을 사용할 계획이었으나 당시 미국 내에서 UH-1 이로코이스Iroquois 헬기 개발을 위해 YT-53 엔진이 개발되어 있었고, 미 공군은 이 엔진을 상당량 보유하고 있었다. 커티스라이트사는 X-100 시험 비행에 더 높은 출력의 엔진이 필요하다고 판단하여 미 공군에 YT-53 엔진 대여를 요청하였다. 미 공군은 공짜로 2개의 엔진을 주기로 하고, 그 대신 커티스라이트사는 YT-53 엔진 성능 보고서를 제출하기로 하였다.

3-23 사진에서 보이는 외피만이 금속이고 나머지 부분은 중량 감소를 위해 천을 사용하였다.

X-100은 프로펠러 회전 반작용 때문에 생기는 요우 모멘트Yaw Moment[30]를 상쇄하기 위해 양쪽의 프로펠러가 서로 반대 방향으로 회전하게 하였다. 또 날개 후방 부분 외피를 천으로 만들고, 2명이 탑승하는 조종석은 매우 좁게 만들어 동체를 가볍게 했다.

모든 수직 이착륙기는 공통적으로 호버링 비행 중에는 비행 속도가 거의 '0'에 가깝고, 이때 조종면[31]을 움직여도 기체 자세에는 변화가 없다. 그래서 X-100은 호버링 중 피치와 요우 조절을 위해 동체 맨 후방에 제트 노즐을 설치하여 제트 추력으로 자세를 조절할 수 있도록 하였다. 이는 매우 기발한 아이디어 중 하나로, 그 명칭은 제트Jet와 엘리베이터Elevator라는 개념을 합쳐 제티베이터Jetivator라고 불렀다. 제티베이터 개념은 전체적으로 조종 구조를 단순화하고 경량화하는 데 도움이 되었다. 제티베이터는 피치 컨트롤에 63킬로그램 추력을 생성하였고, 요우 컨트롤에는 18킬로그램 추력을 내었다. 롤 기동은 양쪽 프로펠러의 피치 각도 변화를 통한 추력 조절 방법을 택하

30 조종사가 의도적으로 발생시키는 요우 운동과는 별개로 프로펠러가 회전할 때 공기 회전 흐름이 발생하여 동체 전체를 감싸게 되는데, 이를 슬립 스트림(slip stream)이라 한다. 슬립 스트림이 수직 꼬리 날개에 영향을 주어 기수가 좌우로 흔들리는 현상이 바로 요우 모멘트이다. 요우 모멘트는 주로 소형 프로펠러 항공기에서 발생하며, 프로펠러 팩터(propeller factor)라고도 부른다.

31 플랩(Flap), 에일러론(Aileron), 러더(Rudder), 스테빌레이터(Stabilator), 엘리베이터(Elevator) 등.

였다. 제티베이터가 작동하면 엔진 추력은 어느 정도 감소하였다.

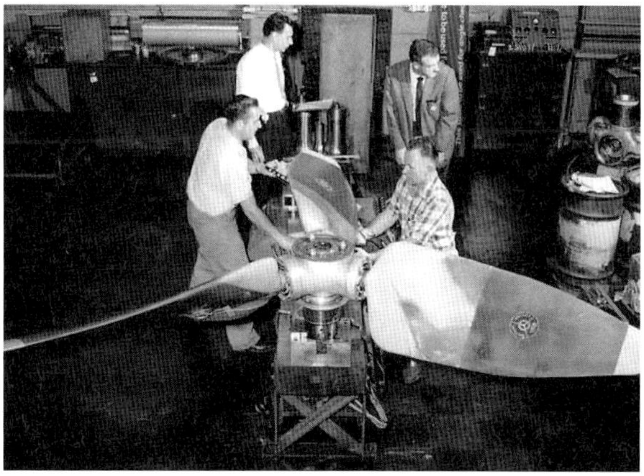

3-24 X-100에 사용된 프로펠러. 강한 추력과 양력을 내기 위해 블레이드 폭을 넓게 하고, 뒤틀림 각도도 커야만 했다.

X-100은 프로펠러 추력만으로 비행체를 띄워야 하므로 프로펠러 블레이드의 뒤틀림 각도가 매우 커야 했고, 블레이드 각각의 폭도 매우 넓었으며, 축이 지탱하기 어려울 정도로 무거웠다. 그래서 프로펠러를 가볍게 만들기 위해 강화 플라스틱 재질을 사용하였다.

수직 상승 후 천이 비행을 하기 위해 프로펠러는 초당 2도 각도로 서서히 앞으로 숙여지며, 지면으로부터 12도까지 내려간다. 이렇게 서서히 숙이도록 한 이유는 천이 비행 시 엔진 추력을 조절하고, 양력 손실로 인한 급격한 추락을 방지하기 위함이었다. 호버링 자세로 들어갈 때는 프로펠러 나셀을 다시 수직으로 세우는데, 초당 5도 각도로 세워졌다.

X-100은 1958년 10월에 미 공군과 NASA의 도움을 받아 NASA 및 MIT[32] 등지에서 실물 풍동 실험을 거쳤고, 풍동 실험 중 프로펠러 나셀 틸트 실험도 완료하였다. 실험 결과 계산상의 추력보다 10퍼센트가 낮게 나왔으나, 미 공군에서 대여한 YT-53 엔진 추력이 충분하여 문제없다고 판단하였다.

이 기종은 1958년 12월 22일에 공식 출고되었고, 1959년 4월 20일 결박 상태Tethered Flight Test에서 첫 호버링 비행을 하였다. 9월 13일에는 지상 시험을 모두 마치고 완전한 호버링 테스트에 성공하였다.

32 Massachusetts Institute of Technology : 메사추세츠 공과대학.

3-25 수직 이착륙기는 이렇게 줄로 묶은 상태로 호버링 시험을 거쳐야 한다. 이를 테더드 테스트라 한다. X-100 동체 맨 후방에 호버링 상태에서 피치를 조절하는 제티베이터가 보인다.

수차례 비행 결과, 제티베이터의 추력이 항공기 요우와 피치를 제어할 만큼 충분하지 못하였고, 프로펠러가 만드는 후류비행기가 날아갈 때에 추진기 뒤쪽에 생기는 바람에 매우 취약하여 제티베이터의 추력만으로는 기체 자세 제어가 불가능하다는 것이 확인되었다. 따라서 제티베이터 추력을 높일 것을 고려하였으나, 이는 곧 주 엔진 추력을 위험 수준으로 떨어뜨리게 되어 개조가 불가한 것으로 판단되었다. 프로펠러만 이용한 추력에도 한계가 있어서, 지면 효과가 작용하는 1.2미터는 쉽게 상승하였으나 프로펠러 후류가 동체에 영향을 미쳐 기체가 불안정하였다. 이 상태에서 엔진 파워를 최대한으로 올리게 되면 후류 영향은 사라지고 기체는 지상 7.6미터까지 상승하였으며, 정점에 도달한 후 천천히 하강하면서 기체가 흔들렸다.

천이 비행과 전진 비행은 1960년 4월에 이루어졌다. 프로펠러 나셀을 간단하게 앞으로 숙이면 전진이 되는데, 이때 조종사는 양력

3-26 X-100이 프로펠러를 조금 앞으로 숙인 상태에서 전진 비행을 하고 있다. 고도가 매우 낮다.

손실을 보충하기 위해 엔진 파워를 더 올려야 했다. 프로펠러를 10도 숙일 때마다 속도는 시속 30킬로미터씩 증가하였다. 속도가 증가하여도 고정식 날개가 너무 작아 양력 증가가 없으며, 오히려 프로펠러의 양력 요소가 감소하였다. 조종사는 고도 상실을 막기 위해 추력을 계속 더 올려야 했다.

수평 비행으로 완전히 전환이 이루어졌을 때, 프로펠러와 지면과의 각도는 15도까지 숙여졌고, 고도는 지상에서 1.5미터에 불과했다. 이때 X-100의 속도는 시속 290킬로미터였다. 프로펠러는 지면으로부터 최대 5도까지 숙여질 수 있었으나, 나셀을 앞으로 숙일수록 양력이 줄어들었기 때문에 지상 충돌을 막기 위해서는 더 이상 속도를 증가시킬 수 없었다.

프로펠러 나셀 각도를 수직에서 20도로 숙인 상태에서 단거리 이륙 실험도 이루어졌다. 하지만 랜딩기어가 수직 이착륙만을 고려하여 가볍게 제작되다 보니 활주 시 진동이 심했고, 랜딩기어의 충격 흡수 능력도 부족하였다. 심지어는 저속 상태에서도 랜딩기어가 뒤틀리거나 의도하지 않은 방향으로 가기도 하였다.

3-27 랜딩기어는 지상에서 활주하기에는 적합하지 않았다. 그래서 전방에 2개의 바퀴를 더 추가하여 전부 5개의 바퀴를 달았다.

모든 실험은 1960년 7월에 종료되었고, 제작사인 커티스라이트사는 X-100 제작에서 원했던 충분한 데이터를 얻었으며, 실험 결과에 만족하였다. 이 실험의 총비행시간은 불과 14시간에 불과했다. 기체는 NASA에 기증되었고, NASA에서는 X-100을 활용하여 프로펠러를 이용한 수직 이륙 시 지면 효과, 지표면 종류(모래, 흙, 포장 도로)에 따른 공기 흐름, 프로펠러 후류에 의해 발생한 먼지가 비행에 미치는 영향 등의 지상 시험을 하였다. 수직 이륙 연구는 이 실험기를 통하여 많은 성과를 거두었고, 프로펠러 틸트의 기술적 가능성을 증명하였으며, 본격적인 틸트 프롭 후속 실험기 X-200(나중에 X-19가 됨) 제작에 많은 데이터를 제공하였다.

제원

· 승무원	2명
· 엔진	860마력 라이커밍 YT-53-L-1
· 날개폭	7.62미터
· 길이	8.68미터
· 높이	3.35미터
· 순 중량	1480킬로그램

2-3 커티스라이트Curtiss-Wright X-19

커티스라이트 X-19는 커티스라이트사에서 자체 개발한 틸트 프롭 형태의 수직 이착륙 4인승 상용 실험기이며, 커티스라이트에서는 X-100에 이어서 X-200이라 불렀다. 선행 실험기였던 X-100으로 획득한 틸트 프롭 실험 자료를 바탕으로 많은 부분을 보완하였고, 특히 추력을 보강하기 위해 X-100에서 2개였던 프로펠러를 4개로 개량하였다. 그리고 작지만 수평 비행 시 양력을 생성하는 날개가 더해졌다.

당시 커티스라이트사는 라이트 형제가 창설한 회사가 이어져 온 것으로, 혁신적인 설계에 능하였으나 2차 세계 대전 중에는 많은 종류의 항공기 수요가 있었음에도 정부가 주 고객인 항공 산업에서 주요 계약을 따지 못하였다.

커티스라이트사는 헬기의 로터 개념을 응용하여 프로펠러로 양

3-28 X-19는 선행 실험기 X-100의 후속기로 프로펠러 2개를 추가하여 4개가 사용되었으며 날개를 장착하였다.

3-29 커티스라이트사의 틸트 프롭을 이용한 대형 수송기 모델 205. X-200 이후 개발을 추진할 계획이었으나 커티스라이트사는 X-200을 마지막으로 항공기 개발을 종료하였다.

력과 추력을 모두 얻는 래디얼 리프트 방식을 이용, 군軍이 요구하는 수직 이착륙기를 개발하고자 하였다. 래디얼 리프트 개념기는 저속에서도 날개의 크기에 영향을 받지 않고, 지역에 관계없이 이착륙이 가능하여 군뿐만 아니라 민간 부문에서도 획기적인 수요를 창출할 것이라는 기대를 안고 개발되었다. 커티스라이트사는 X-200을 통해 다시금 항공 시장의 패권을 되찾으려고 하였지만, X-200은 커티스라이트사의 마지막 항공기가 되었다.

커티스라이트사는 X-19 제작 전, 먼저 X-100이라는 실험기를 만들어 프로펠러의 래디얼 리프트 이론을 검증하였다. X-100을 통해 래디얼 리프트의 실용성에 확신을 가진 커티스라이트사는 1960년, 좀 더 대형화한 X-200을 자체 비용으로 설계하고, 2대의 시제기를 생산하기로 하였다. 하지만 경영진들은 너무 비용이 많이 든다는 이유로 개발을 중지시키고, 현재까지의 연구 자료를 미 육해공군이 합동으로 운영하는 트라이서비스Tri-Service VTOL 연구소로 보내 커티스라이트사의 연구를 구매해 달라고 요청하였다. 당시 군 연구소는 수직 이착륙 연구기로 XC-142[33]와 X-22[34]를 개발하고 있었다.

미 공군은 커티스라이트사의 X-200 기체 도면을 검토한 후 구매를 결정하였다. 이 결정은 커티스라이트사가 군 판매를 시도한 지 무려 18개월이나 지난 후에 이루어졌다.

당시 제작사에서는 2대의 X-200 기체가 제작되고 있었는데 하나는 55퍼센트, 다른 하나는 35퍼센트 정도 진행된 상태였다. 조립되지 않은 많은 부품까지 고려한다면 상당히 진행된 셈이다. 미 공군은 이 기체의 명칭을 미 공군 실험기 계열인 X-19로 재지정하였다.

당시 미 공군이 X-19를 구매한 주 목적은, 속도와 항속 거리 측면에서 군이 원하는 성능에 도달하는지 여부를 확인하는 것뿐이었다. 설계상에 제시된 성능은 전천후 비행 능력을 비롯해 항속 거리 약 1700킬로미터, 최고 속도 시속 740킬로미터, 상승 고도 4880미터였다. FAA[35]의 요구 조건도 충족하고, 소음이나 진동 부분도 만족스러웠으며, 당시의 항공 기술로 충분히 제작이 가능한 상태여서 미 공군의 관심을 끌었다.

X-19는 아주 작은 형태의 직선 날개가 동체 전방(날개 길이 6.1미터)과 후방(날개 길이 6.4미터)에 설치되고, 날개 끝에 4개의 프로펠러가 장착되었다. 전방 날개에는 플랩만 장착되고, 전방 날개 면적의 2배인 후방 날개에는 엘리베이터와 에일러론이 장착되었다. 전방 날개의 플랩은 단지 고양력 장치로만 작동하였고, 전방 프로펠러 후류에 의한 저항을 최소화하기 위해 프로펠러 나셀이 세워지면 내려가

33 4-3 참조.
34 3-2 참조.
35 Federal Aviation Administration: 미연방항공기구.

3-30 정비사가 X-19의 기어 박스 나셀을 살펴보고 있다.

고, 나셀이 수평이 되면 올라가도록 연동되었다. 뒤쪽 날개의 조종면도 아래로 60도 내려갈 수 있었다. 이들 날개는 수직 상승이나 호버링 시 프로펠러 뒤로 보내지는 공기 추력(이를 Down wash라 한다)을 방해하기 때문에 전체적으로 7~9퍼센트의 추력 손실을 감수해야 했다.

4개의 프로펠러는 기어 박스 나셀에 연결되어 있고, 나셀은 호버링과 전진 비행 시 요구 조건에 따라 기울임 각도를 바꿀 수 있었다. 2개의 라이커밍 T55-5 터보 샤프트 엔진은 동체 후방에 장착되었고, 축을 통해 4개의 프로펠러에 동력을 공급하였다. 엔진은 개당 2200마력이어서 엔진이 하나 꺼지더라도 비행 가능한 추력을 제공하였고, 서로 연결된 축 덕분에 수직 착륙도 가능하였다.

래디얼 리프트 기능을 최적화하기 위해 프로펠러 회전 디스크 직경은 4미터로 대형화하였으며, 프로펠러의 크기와 회전 속도 때문에 블레이드 날개 끝 속도는 초속 250미터까지 올라가 블레이드 팁 Blade Tip 부분은 음속에 가까운 공기 와류가 발생하였다. 하지만 잘 설계된 프로펠러 덕분에 충격파는 발생하지 않았고, 비교적 소음도 적었다.

조종석에는 2명이 탑승하였고, 2명의 조종사 모두 조종이 가능하였으나 조종석이 일반 수평 이착륙 항공기와 유사하여 수직 착륙 시 조종사의 아래 방향 시계는 매우 제한적이었다. 더구나 전방에 튀어나온 기수 부분은 조종사의 시야를 크게 방해하였다. 조종사의 개조 요구에 따라 긴급하게 동체 좌우측 아랫부분에 조종사가 착륙지를 확인할 수 있는 작은 창문을 만들었으나 그다지 효율적이지는 않았다.

전방 프로펠러는 수직에서 7도 더 뒤로 기울어질 수 있었으며, 후방 프로펠러는 82도까지만 세워졌다. 비행 중 틸트 각도는 초당 약 5도씩 기울어져, 프로펠러를 완전히 수평-수직 전환하는 데 약 20초가 소요되었다. 초당 5도의 프로펠러 각도 변화는 조종사와 기체에 부담이 되어 나중에는 초당 1도 각도로 회전하도록 조정되었다. 프로펠러 나셀 각도 변경은 유압으로 작동되었는데, 시스템의 중요성을 고려하여 유압이

3-31 당시 기술로 천이 비행은 사람의 감각으로 조종하기에는 어려운 조작이었다. 호버링에서 앞 프로펠러 각도는 97도, 뒤 프로펠러 각도는 82도까지 작동하였다.

고장으로 작동하지 않는 경우에는 기내에서 부조종사나 승객이 손으로 크랭크를 돌려서 각도를 바꿀 수 있도록 하였다. 나중에 이 시스템은 공군에 의해 전기 모터를 이용하는 시스템으로 바뀌었다.

육해공 삼군이 운영하는 트라이서비스 프로그램은 커티스라이트사의 X-200을 인수하여 X-19로 명칭을 바꾸면서 속도 '0', 고도 '0'에서도 비상 탈출이 가능한 LW-2B 사출 좌석Ejection Seat[36]을 장착하였다. 이에 따라 조종석은 비상 사출 시 좌석이 캐노피 천정 부분을 깨고 상승할 수 있도록 천정 부분을 플라스틱 재질로 교체하였다. 승객실은 이전의 4인승에서 6인승으로 개조하였고, 길이도 13.5미터로 길어졌다. 또 계기는 모두 군용 표준Military Standard으로 대체되었고, 2호기는 공중 급유가 가능한지를 확인하기 위한 공중 급유 프로브Probe가 추가 장착되었다.

X-100보다 프로펠러 2개가 추가된 X-19는 4개의 프로펠러 추력을 조절하여 모든 자세 조정이 가능해졌다. 조종사는 직접 프로펠러 피치 각을 조절하지 않고 단지 조종간Control Stick만 움직이며, 자동 조종 장치가 이를 감지하여 필요한 블레이드 피치 각으로 작동하였다. 천이 비행을 위해서는 조종사가 버튼만 누르면 4개의 프로펠러 나셀이 앞으로 숙여지기 시작했고, 조종사는 계기를 보면서 고도가 떨어지지 않도록 추력을 높였다. 완전한 수평 비행으로 전환되면 기체 속도는 시속 295킬로미터가 되었고 이때부터는 일반 수평 이착륙 항공기처럼 조종이 가능하였다.

하지만 공군에서 수행된 상세한 작동 시험 결과, 강력한 엔진과 무거운 프로펠러를 구동해야 하는 구조 때문에 엔진 기어 박스의 수

36 고도 '0', 속도 '0'에서 비상 탈출이 가능한 사출 좌석을 제로-제로 이젝션 시트(Zero-Zero Ejection Seat)라 한다.

명은 50시간, 프로펠러를 회전시키는 나셀 기어 박스의 수명은 불과 5시간뿐이었다.

X-19는 1963년 6월 23일에 출고하였고, 첫 시험 비행은 같은 해 11월 20일에 커티스라이트사의 X-100 비행 경험이 있는 조종사에 의해 제작사 시험장에서 수행되었다. 이때 육해공군의 트라이서비스 시험 평가팀 시험 비행 조종사들이 동승하였고, 두 번째 시험 비행부터는 주로 육군이 담당하였다. 시험 비행 결과 조종사들은 역시 기체 조종이 매우 어렵다는 점을 문제로 지적하였다. 당시는 컴퓨터 비행 기술이 없던 시기였으며, 컴퓨터의 도움 없이 전 과정 비행을 조종사의 감각만으로 조종하는 것은 너무나 어려운 과제였다. 하지만 당시의 최신 기술들이 동원되어 기계식 안전장치들이 속속 보강되었다.

3-32 프로펠러, 후방 날개의 플랩, 엘리베이터가 보인다. 2개의 엔진 배기구는 하나로 합쳐졌다.

X-19는 1964년 12월과 1965년 1월의 프로펠러 손상 사고로 인해 한동안 비행이 중지되었다가 8월에 재개된 비행 시험부터는 공군이 투입되었다. 공군은 몇 차례의 시험 비행 후 항공기의 문제점을 찾아내었다. 조종면들이 한번 움직인 후 제자리로 정확히 돌아오지 않는다는 사실을 확인한 것이다. 제작사는 프로펠러 성능 위주로 비행을 제어하려다 보니 조종 계통에 관심이 적었고, 문제를 제대로 검증하지 못했다. 공군은 조종 계통에 들어가는 유압 유량과 압력을 증

3-33 라이트 패트슨 공군 박물관에서 복원 중인 X-19 2호기.

가시킨 후 이 문제를 해결하였고, 다시 시험 비행에 들어간 결과, 조종 불안정성의 문제를 상당 부분 해결할 수 있었다.

X-19의 개조가 이루어진 후 1965년 8월 25일, 공군 주도로 풀Full 성능 테스트가 시작되었다. 하지만 기어 박스의 고장으로 이륙 후 7분 만에 프로펠러가 떨어져 나가고 조종사는 사출하였으며, 비행기는 늪지대에 충돌하면서 복구가 불가능할 정도로 파손되었다.

공군은 커티스 공장에서 거의 완성 중에 있는 2호기를 인수하여 계속 연구를 하려고 하였으나, 금액 문제로 커티스사와 계약에 실패하면서 1965년 12월 X-19의 공식적인 연구를 중단한다고 밝혔다. 결국 2호기는 비행도 하지 못하고 분해되어 버렸다. 2호기는 2007년에 복원되어 라이트 패트슨 공군 박물관에서 보관 중이다.

X-19 이후 래디얼 리프트에 대한 연구는 더 이상 진전되지 않았고, 항공계는 좀 더 효율적인 덕트 타입Duct Type의 추력 발생 장치를 선호하게 되면서 X-22[37] 등으로 발전하게 된다.

37 3-2 참조.

제원

· 승무원	2명
· 화물 하중	544킬로그램
· 길이	12.83미터
· 날개폭	전방 5.94미터, 후방 6.55미터
· 높이	5.2미터
· 최대 이륙 중량	6196킬로그램
· 엔진	2200마력 Avco 라이커밍 T55-5 터보 샤프트 2대
· 최고 속도	시속 730킬로미터

3 호버링과 전진 비행 시 같은 추력을 사용 – 틸트 덕트(Tilt Duct)

틸트 덕트는 원리적으로 틸트 프롭과 동일하나 프로펠러 회전면 바깥으로 덕트를 씌운 형태이며, 틸트 프롭에 비해 추력을 50퍼센트 정도 더 생산할 수 있다. 이유는 덕트의 형상에 의한 베르누이 효과[38]에 따른 것인데, 덕트를 사용하면 더 많은 공기가 덕트 내로 유입되어 추력이 증가하며, 팬Fan[39]이 회전할 때 팬 블레이드Fan Blade 끝단 와류로 인한 양력 손실을 덕트가 막아 주면서 손실 없이 공기를 전량 덕트 후방부로 배출하여 동일한 사이즈의 프로펠러보다 더 많은 추력을 생성할 수 있다.

38 공기의 속도와 압력과의 관계.
39 덕트 내의 프로펠러를 팬이라 한다.

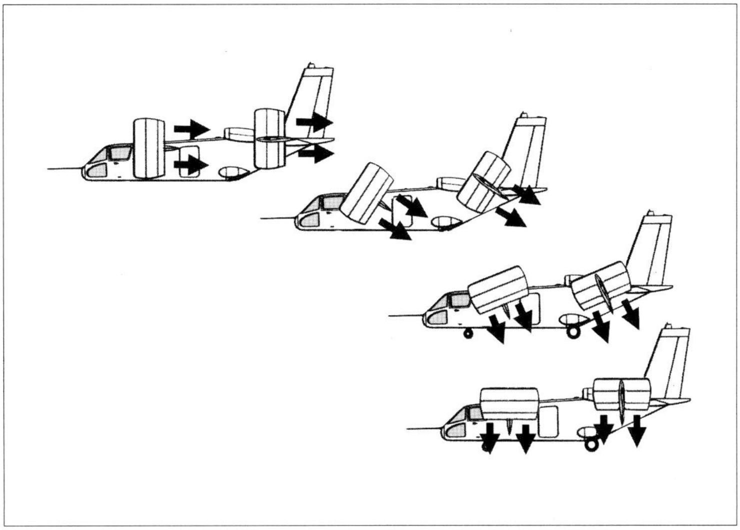

3-34 틸트 덕트의 비행 개념.

틸트 덕트의 이착륙 방식은 틸트 프롭 또는 틸트 샤프트/로터와 유사한 방식이다. 덕트를 지면과 수평 상태로 유지하여 덕트 내의 팬을 회전시키면서 이륙을 하고, 덕트를 서서히 수직으로 세우면서 천이 비행을 거쳐 수평 비행을 한다.

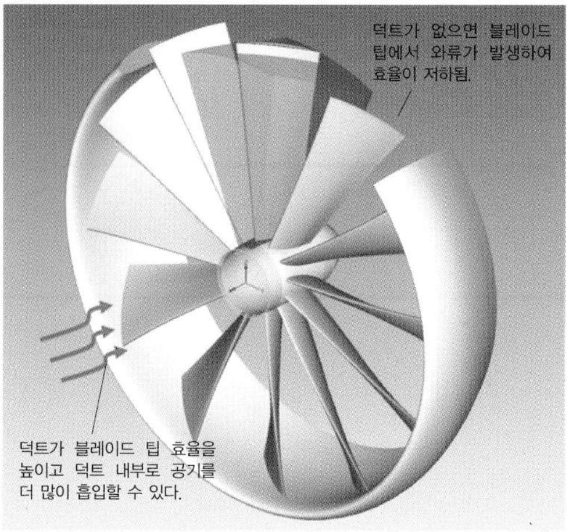

3-35 덕트는 프로펠러 공기 효율을 높여 준다.

덕트를 사용할 경우 프로펠러 블레이드 끝에서 발생하는 공기 와류와 소음을 덕트가 감싸 주면서 소음을 감소시킬 수 있으며, 고속 회전할 때 발생하는 블레이드 끝단 충격파도 개방된 프로펠러보다 훨씬 더 지연시킬 수 있다.

대형 여객기에 장착된 커다란 터보 팬 엔진도 덕트 팬에서 발전한 개념이다. 또 덕트의 공기가 나가는 후류 부분에 베인Vane, 방향타 같은 것을 설치하여 공기 흐름 방향을 조절할 수 있으므로 호버링 중 기체 자세를 제어하는 측면에서 틸트 프롭보다 유리하다. 그 외에도 지상에서 덕트는 높은 속도로 회전하는 프로펠러를 감싸고 있어서 금속

3-36 덕트의 일반적인 구조. 왼쪽이 전방에서 본 모습이며, 오른쪽은 후방에서 바라본 모습이다. 덕트 내에는 회전하는 팬 외에도 회전하지 않는 베인이 있어서 공기량과 공기 흐름의 방향을 조절하는 것이 가능하다.

3-37 영화 아바타에 등장하는 스콜피언 건 쉽(Scorpion Gun Ship)도 틸트 덕트 개념의 수직 이착륙기이다. 영화에서는 2개의 대형 덕트를 전후좌우로 기울여서 방향 조절을 하였다.

균열로 인해 블레이드가 떨어져 나갔을 때나 프로펠러가 회전할 때 지상 정비 인원이 다치는 것을 막을 수 있고, 프로펠러가 지상 장애물에 부딪치는 사고도 예방할 수 있다는 장점이 있다.

덕트 팬은 이러한 장점 때문에 소음이 적고 효율이 높은 저속의 도시형 항공기 동력 수단으로 다시금 주목 받고 있다. 틸트 덕트 기종으로는 도악 16 VZ-4, 벨 X-22A, 노드 500 카뎃이 있다.

3-1 도악Doak 16 VZ-4DA

도악 모델 16은 틸트 덕트 개념을 처음으로 수직 이착륙기에 적용한 모델로 호버링과 전진 비행에 동일한 엔진을 사용한다. 도악 16에서 시작한 틸트 덕트 방식은 이후 미 공군이 주도한 X-22A 프로그램과 프랑스 노드Nord 500으로 이어졌다.

캘리포니아에 소재한 도악사는 1935년 이후로 덕티드 팬Ducted Fan[40]을 이용한 공중 수송 수단을 매우 깊이 있게 연구하였으며, 1950년대 초에는 미 육군 수송 연구 사령부에 수직 이착륙기 개발을 위한 예산 지원을 제의하였다. 육군 수송 연구 사령부는 1956년 도악사의 제의를 받아들여 1대의 도악 16을 구매하기로 하고 명칭을 VZ-4DA로 부여하였다.[41]

도악 16은 조종석에 2명이 좌우로 탑승할 수 있었고(Tandem식 배열), 중익中翼[42]과 일반적인 꼬리 날개 형태를 갖추고 있었다. 가장 특징적인 것은 날개 끝 부분에 수직 이착륙을 위한 덕티드 팬을 장착하고 있었다는 것이다. 또 기존 항공기에서는 볼 수 없었던 호버링 안정 장치, 동력 전달 장치, 덕트를 회전시키는 틸팅 장치 등이 장착되었다. 그 외 부품들은 비용 절감을 위하여 P-51의 조종석과 T-33의 플랩 작동기Flap Actuator, 세스나 182의 랜딩기어 등을 그대로 사용하였다.[43]

40 팬을 덕트가 둘러싸고 있는 형태.
41 당시 육군이 주도하는 수직 이착륙기는 VZ로 시작되며, 공군이 주도하는 수직 이착륙기는 X, XV 등으로 시작하였다.
42 날개가 동체의 중간 높이 부분에 부착된 형태.
43 다른 여러 기종에서 부품을 가져다가 조립하는 것을 "오프 더 셀프 아이템(Off The Self Item)"이라고 한다.

3-38 도악 VZ-4은 틸트 덕트 개념으로는 처음으로 수직 이착륙기에 적용한 모델이다.

3-39 엔진 배기 노즐은 피치와 요우를 담당하였다.

날개 끝 덕트의 외부 직경은 1.5미터, 내부 직경은 약 1.2미터였다. 내부에는 화이버글래스Fiberglass로 제작된 8개의 블레이드가 4800RPM으로 회전하였다. 팬의 전방 부분에는 14개의 가변 IGVInlet Guide Vane[44]가 장되었고, 날개 양쪽의 덕트 추력을 다르게 하여 롤 기동을 하였다.

프로펠러는 공기의 안정적인 흐름을 위해 덕트 전면으로부터 60센티미터 후방에 위치하였고, 팬 뒤에는 9개의 고정형 베인이 설치되어 덕트를 통과한 공기를 직후방으로 보내는 역할을 하였다.

덕트는 수평 0도에서 수직 방향 92도까지 방향이 전환되었는데, 90도 범위를 넘어 후방에 추가된 2도의 기울기는 호버링 시 엔진 배기 노즐에서 발생하는 추력을 상쇄시키고, 비행하다가 공중 정지 상태로 바꿀 때 속도를 감속하기 위함이었다. 엔진 배기 노즐은 호버링 시 피치와 요우를 담당하였다. 롤은 양 날개 끝의 팬 추력을 서로 다르게 하여 기동하였는데, 팬 추력을 변화시키기 위해 IGV의 각도 조절을 통해 공기 흡입량을 조절하는 방법을 사용하였다. 엔진은 825마력의 라이커밍 T-53-L1 터보 샤프트 1대로, 동체 내 날개 바로 하부에 설치되었다. 완전한 수평, 수직으로 비행 전환하는 데 약 20초가 소요되었고, 기계적인 안정 장치가 없었음에도 예상외로 기체는 매우 안정적이었다. 제작사는 기체가 자연적으로 안정성을 가졌다고 보았다.

44 프로펠러에 공기가 안정적으로 들어갈 수 있도록 도와주는 방사형 블레이드.

1958년 2월 도악사 근방 공항에서 VZ-4DA의 첫 시험 비행이 있었다. 목표한 시험 비행은 별 무리 없이 진행되어 수직 이착륙에서 천이 비행까지 단 몇 차례의 비행으로 검증이 모두 완료되었다. 1958년 6월, 기체는 분해되어 안전성 검사를 받은 후, 10월에 에드워드 공군 기지로 옮겨졌고, 미 공군 주도로 50회의 추가 비행을 수행하였다. 1959년 9월에는 NASA로 옮겨져서 성능 평가와 덕트 팬 수직 이착륙 시스템 연구에 활용되었다.

3-40 덕트를 약 45도로 기울인 상태에서 단거리 이륙도 시도되었다.

NASA에서는 VZ-4DA로 수평 이착륙, 단거리 이착륙 등의 성능 평가를 세밀하게 진행하였다. 몇 가지 문제가 발생하였으나 NASA 기술진에 의해 대부분이 교정되었다. 하지만 가장 큰 어려움은 단거리 이착륙을 위해 덕트가 중간 각도 사이에 있을 때, 덕트 크기 때문에 큰 항력을 생성하고 양력도 지나치게 많이 생성하며, 이것이 날개에 과도한 부하를 형성하여 양쪽 날개와 덕트에 양력과 항력간 불균형을 초래한다는 것이었다.

엔진의 추력 부족도 문제가 있었으나, 이는 틸트 덕트의 고유 문제라기보다는 1950~1960년대 수직 이착륙기 대부분이 겪었던 엔진의 성능 한계 문제였다. 시험을 통해 평가된 속도는 해면 고도에서 시속 370킬로미터, 상승률은 초속 20미터, 항속 거리는 370킬로미

3-41 지상 활주 중인 VZ-4DA. 이착륙 시 자세 불균형으로 인한 꼬리 부분 충돌을 방지하기 위해 'U' 자형 구조물을 설치하였다.

터였다.

1961년 도악사는 재정난으로 더글러스사에 매각되었다. 더글러스사는 VZ-4DA를 개량하여 엔진 파워를 높이고 기체를 대형화하여 판매하려 하였으나 육군은 승인하지 않았다. 1972년에 VZ-4DA 기체는 NASA에서 육군으로 인도되었고, 현재 육군 수송 박물관에 전시되어 있다.

제원

· 승무원	2명
· 길이	9.75미터
· 날개폭	7.77미터
· 높이	3.05미터
· 날개 면적	8.92제곱미터
· 순 중량	1043킬로그램
· 최대 이륙 중량	1451킬로그램
· 엔진	825 마력 라이커밍 T-53 터보 샤프트 1대
· 최고 속도	시속 370킬로미터
· 항속 거리	370킬로미터
· 상승 한도	1830미터

3-2 벨Bell X-22A

미 해군 주도로 개발된 X-22는 수직 및 단거리 이착륙용 실험기로 개발되었다. 호버링과 전진 비행에 동일한 엔진을 사용하며 틸트 덕트 방식을 사용한다. 여러 수직 이착륙 실험기 중에서도 가장 유용하며, 수직-단거리 이착륙 실험 이외에도 가장 오랫동안 여러 목적으로 운영되었다.

X-22의 기원은 1961년에 추진된 3군 합동 수직-단거리 이착륙 수송기 개발 프로그램Tri-Service V/STOL Transport Program에서 찾을 수 있다. 당시 미 공군과 육군은 XC-142[45]와 같은 틸트 윙Tilt Wing 개념에 더 관심을 가지고 있었는데, 해군의 연구에 따르면 틸트 윙 수직 이착륙 방식은 날개가 크고 무거우며, 좁은 항공모함 격납고에 적재하기 위해서는 틸팅되는 날개를 다시 또 접어야 하는 문제가 있었다. 반면 틸트 덕트는 틸트 윙에 비해 날개를 더 작게 할 수 있어 기존의 항공모함 엘리베이터[46]에 날개를 접지 않고도 적재 가능하며, 정비 작업도 더욱 용이하다는 것을 자체 연구를 통해 확인하였다. 그래서 해군은 3군이 공동으로 진행하던 XC-142 개발 계획에서 탈퇴하여 해군 독자적으로 X-22 개발을 추진하였다.

해군은 3군의 수직 이착륙 수송기 합동 개발 프로그램 이전인 1953년, 이미 벨사와 덕티드 팬 추력을

45 4-3 참조.
46 비행 갑판과 갑판 아래 정비, 격납고 간에 항공기를 수직으로 이동하는 장비.

3-42 미 해군은 틸트 덕트가 틸트 윙보다 항공모함 운영에 적합하다고 판단하였다.

3-43 벨사가 초기 해군과 계약으로 구상한 D-190A 해상 구조기. 동체는 C-130의 형태를 빌렸다.

3-44 D-2022. 해병대 무장 병력 60명을 태울 수 있는 강습용으로 구상되었으나 제작에 들어가지 못했다.

이용한 해상 조난 조종사 구출용SAR : Sea-Air Rescue 수직 이착륙기 연구 계약을 1년간 체결한 적이 있었다. 당시 벨사가 내놓은 구상은 D-190A 다목적 항공기였다. 동체는 C-130의 형태를 가져오고, 2개의 덕티드 팬과 2개의 수직 꼬리날개를 장착하였다.

벨사는 자체 연구를 통해 D-190A에서 추력과 수송 능력을 발전시킨 D-2022를 내놓았다. D-2022는 60명 이상의 해병대 병력을 해안으로 상륙시킬 수 있는 강습용으로 구상되었지만 군의 흥미를 끌지 못하고 구상 단계에서 종결되었다. 1961년에는 3군 합동의 수직 이착륙기 경쟁에서 D-2022의 발전형인 D-2064를 제안하였으나 틸트 윙 방식의 XC-142에 패하고 말았다. 하지만 이전부터 틸트 덕트 방식에 관심을 가졌던 해군은 XC-142 프로그램에서 탈퇴하면서 벨사와 손을 잡고 소형 실험기 형태로 D-2022를 개발하게 되었다.

해군은 항공모함 운용에 적합한 수직 이착륙 수송기 개발을 위해 예산 2천 7백만 달러를 확보하고, 1962년 11월에 2대의 X-22를 납품하기로 벨사와 계약하였다. 벨사의 자체 모델명은 D2127로 불렸다. 당시 벨사는 헬기 제작의 선두 주자로 두각을 나타내고 있었고, 수직 이착륙기로 X-14[47]를 이미 생산한 경험이 있었으며, XF-109[48] 초음속 수직 이착륙 전투기를 설계하여 설계와 개발 능력에는 의심할 바가 없었다.

X-22는 수직 및 단거리 이착륙을 하는 작은 수송 실험기로 구상되었다. 이에 따른 X-22의 설계 요구 조건은 무게 중심 폭이 넓어 수송기로서 안정성이 있어야 하고, 수직 이륙과 호버링, 천이 비행 단계에서 기체의 안정성이 높아야 하며, 자체 무게를 가볍게 하여 화물 적재 능력이 높아야 한다는 것이었다. 이러한 요구 조건을 충족시키기 위해 4개의 덕티드 팬을 장착하였으며, 승객은 6명을 기준으로 하였고, 날개폭은 11.9미터, 총중량은 7530킬로그램으로 하였다.

4개의 엔진은 1250마력의 제너럴 일렉트릭 YT58-GE-8B/D 터보 샤프트 엔진을 사용하였으며, 모든 엔진은 4개의 리프트용 팬과 연결되어 엔진 한두 개가 멈추어도 나머지 엔진이 4개의 팬을 모두 구동시킬 수 있도록 하였다. 크로스 링크 샤프트Cross Shaft라고 부르

47 7-1 참조.
48 10-7 참조.

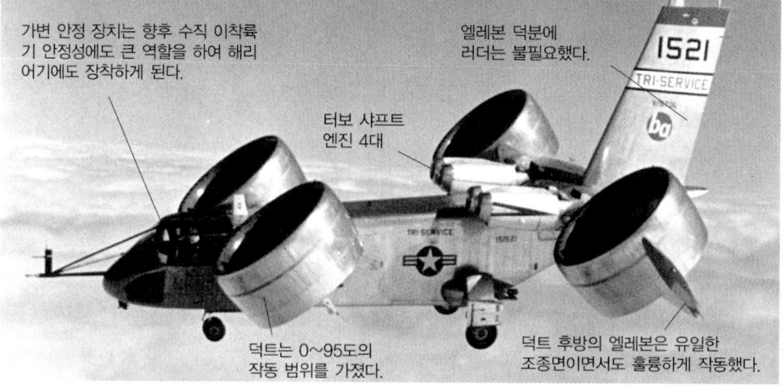

3-45 X-22A는 해군 항공모함에서 운용 가능한 수송기 용도로 개발되었다.

는 이러한 방식은 대부분의 현대 프로펠러 항공기에 적용되고 있다. 하지만 하나 이상의 엔진이 꺼지는 경우에는 안전을 고려하여 임무를 취소하게 된다.

4개의 프로펠러는 해밀턴 스탠다드Hamilton Standard에서 제작하였고, 덕트의 직경은 2.1미터, 팬은 3엽 블레이드를 사용하였다. 블레이드는 화이버글래스로 만들어져 기존 제품보다 25퍼센트 정도 가볍고 수명은 3배나 늘었다. 덕트의 효율도 매우 높아 엔진 3개만으로도 이륙이 가능하였다.

전방 덕트는 날개나 지지대 없이 동체에 직접 장착되었고, 후방 덕트는 짧은 날개 끝에 장착되었다. 덕트의 작동 범위는 0~95도까지이며, 4개 덕트 모두 같은 각도로 유압 작동기에 의해 작동되었다. 전방의 덕트 추력은 현대 제트기의 커나드 같은 역할을 하였다.

전진 비행을 할 때는 덕트 자체에서도 양력이 발생하여 면적이 작은 X-22A의 날개 양력을 보조하였다. 덕트 추력은 팬 블레이드의 각도를 변경시켜 조절하였으며, 팬의 회전 속도는 전 속도 영역에서 항상 같았다. 비행 조종은 후방 덕트 끝에 위치한 조종면을 이용하였는데, 이를 엘레본[49]이라 한다. X-22A는 프로펠러의 피치 조절과 엘레본의 각도 조절로 훌륭하게 비행기를 통제할 수 있었으며, 우수한 비행 조종 능력 덕분에 수직 꼬리 날개에는 러더가 장착되지 않을 정도였다. 또 호버링과 수평 비행의 조종 통제를 위해 매우 초보적인 형태의 조종 컴퓨터인 가변 안정 장치Variable Stability System도 사용하였다. 비행 중 덕트의 회전 속도는 초당 5도였으며, 좌석은 조종사가 좌우로 나란히 앉고, 제로-제로 사출 좌석을 설치하였다.

49 Elevon = Elevator + Aileron.

1호기는 1965년 5월 25일 출고하였고, 1966년 3월 17일 첫 호버링 비행을 하였다. 하지만 15번째 비행 중 유압 문제로 불시착하는 사고가 발생하면서 동체가 반파되었고, 조종사도 심각한 부상을 입었다. 이 사고는 안전 보강을 위해 각 유압 작동기에 2중 유압 공급 설계를 일반화하는 계기가 되었다. 2중 유압 공급 방식은 중요한 유압 작동기에 2개 이상의 유압 펌프가 연결되어 있음을 말한다. 예를 들어 F-15에는 모두 4개의 유압 펌프가 있고, 유압으로 작동되는 랜딩기어나 방향타 같은 중요한 곳에는 2개 이상의 펌프가 연결되어 유압이 고장 나거나 엔진이 하나 꺼져도 여전히 유압이 공

3-46 X-22는 성공적인 수직 이착륙 실험기 중 하나이다. 덕트 아래 조종면에 해당하는 엘레본이 보인다.

3-47 X-22는 1980년대 말까지 실험기로 운영하였다.

급되도록 설계되어 있다. 2중 유압 공급 장치는 X-22 이후로 현대의 대부분 항공기가 채택하는 방식이 되었다.

2호기는 1967년 1월 26일 첫 비행을 하였다. 2호기는 1호기의 문제점을 많이 보완하면서 보다 안정되었고, 1971년 1월까지 벨사와 육해공군이 모두 테스트 비행을 하는 등 총 250회 이상의 시험 비행을 하였다. 고도는 2440미터, 최고 속도는 시속 507킬로미터까지 도달하였다. 2호기의 안정적인 비행에는 가변 안정 장치의 역할이 컸다. 1971년까지는 X-22의 기본 목적에 따라 시험 비행을 하였고, 이후부터 1984년 10월까지는 수직 이착륙기의 HUDHead Up Display[50] 장착, 수직 이착륙 관련 계기 실험, 항공모함 이착륙 시험, 수직 이착륙기 조종 시스템 적응 교육 등에 활용되었다.

미 해군은 최종 비행 후 이 기체를 해군 박물관으로 이관하였는데, 박물관 측은 이 기체가 다시 유용하게 비행에 투입될 것이라 생각해 박물관에 전시하지 않고 마지막 비행을 했던 버팔로 지방 공항에 보관하였다. 하지만 저장 공간이 부족해지자 비닐 랩으로 포장하

50 조종사 전방에 기본적인 계기 정보를 투명한 유리를 통해 보여주는 장치. 계기를 보기 위해 머리를 숙이지 않는다고 하여 'Head Up'이라는 용어를 사용한다. 현대의 대부분 항공기에 사용하고 있다.

3-48 나이아가라 항공 박물관에 전시된 X-22.

3-49 X-22에 사용되었던 덕트.

3-50 X-22A는 1965년부터 1984년까지 20년간 운영한 성공적인 실험기로 손꼽힌다.

여 야외에 보관하였고, 그러던 것을 나이아가라 항공 박물관에서 발견하여 1995년에 구매, 대대적인 보수 후 1998년부터 일반인에게 공개하였다.

제원

· 승무원	2명
· 길이	12.07미터
· 날개폭	후방 날개 11.96미터 / 전방 날개 7.01미터
· 높이	6.31미터
· 자체 중량	4763킬로그램
· 최대 이륙 중량	8020킬로그램
· 엔진	1250마력 제너럴 일렉트릭 YT58-GE-8B/D 터보 샤프트 4대
· 팬 직경	2.13미터
· 최고 속도	시속 507킬로미터
· 항속 거리	712킬로미터
· 상승 한도	8475미터

3-3 노드Nord 모델 500 카뎃Cadet

프랑스 노드사의 모델 500 카뎃은 분류상으로 틸트 덕트에 해당하며, 이착륙과 순항에 같은 엔진을 사용한다.

1950년대와 1960년대에는 전 세계적으로 수직 이착륙기 개발 열풍이 불었다. 1960년 초 프랑스 육군과 공군 역시 가까운 미래에 수직 이착륙기가 고정익 수송기와 회전익 헬기 자리를 신속하게 대체해 나갈 것이라 예측하고 수직 이착륙기 시장을 프랑스가 주도해야 한다고 발표하였다. 프랑스 노드사는 자체 연구를 통해 향후 수직 이착륙기의 주도권을 잡고자 틸트 덕트 개념의 수직 이착륙기 개발에 연구 투자를 시작하였다.

1965년에 들어서 최초의 실험기 제작 단계로 들어간 것이 단좌형 소형 기체인 모델 500 카뎃(N-500)이었다. 1965년 파리 에어쇼

3-51 결박 상태에서 호버링 비행중인 N-500.

3–52 정비사가 추력 방향을 조절하는 베인을 조절하고 있다.

에 목업Mockup, 모형 형태로 처음 등장하여 지상 전시되었으며 개발 착수 2년만인 1967년에 제작이 완료되었고, 지상 테스트 수행 후 1968년 7월에는 호버링 테스트에 성공하였다. 1호기는 대부분 지상 시험과 호버링만 이루어졌으며, 이듬해 2월에 완성된 2호기는 호버링과 천이 비행까지 수행하여 어느 정도의 설계 성능 검증이 이루어졌다.

모델 500 카뎃은 현대식 사출 좌석을 갖추고, 2대의 317마력 앨리슨Allison T63–A–5A 터보 샤프트 엔진을 동체 후방부에 설치하였다. 엔진은 축을 통해 직경 1.5미터짜리 덕트 내 프로펠러를 가동시켰다. 덕트의 기울임Tilting은 전기 모터로 작동하였고, 작동 범위는 수평 '0' 도에서 90도까지였다. 덕트를 지지하고 있는 1.5미터의 짧은 날개는 날개 역할보다는 덕트를 지지하는 구조물에 불과하였고, 항공기의 3축 움직임인 롤링, 요우잉, 피칭은 모두 통상적인 틸트 덕트와 동일한 방식으로 베인과 양쪽 덕트의 추력 조절을 통해 이루어졌다. 구조를 단순화하기 위해 랜딩기어도 고정식으로 장착하였다.

동체는 소형 구조로 만들어 수직 이착륙 시 추력이 부족하지는 않았다. 하지만 대부분의 수직 이착륙기와 마찬가지로 N-500도 천이 비행 시 기체의 떨림 현상과 자세 불안정이 확인되었다. 반면 수평 비행 시에는 안정적이어서 작은 실험기 기체임에도 시속 175킬로미터로 비행하는 기록도 세웠다. 천이 비행 시 안정성 개선을 위해 덕트와 꼬리 날개 부분의 개조가 진행되었으나 별 효과를 보지 못하여 잔여 시험 비행은 대부분 수평 이착륙으로 비행을 하였다. 시험 비행 중 최고 속도는 약 시속 350킬로미터에 달하였다.

1969년 프랑스 국방부는 군용 헬기 개발 프로그램의 계약자를 선정하는 과정에서 대상 기종을 통상적인 헬리콥터 형태인 SA-330 퓨마Puma와 가젤Gazelle SA-341로 지정하고, N-500은 제외시켜 버렸다. 뚜렷한 이유는 알 수 없으나 N-500의 불안전성과 실험기 단계에 불과한 틸트 덕트 수직 이착륙기를 선정하는 데 따르는 위험성 등

3-53 전투기형 노드 모델 501 모형. 동체와 날개에 미사일이 장착되었다.

이 고려된 것으로 추측되었다.

하지만 헬기 업체 선정과는 무관하게 국가에서는 수직 이착륙기의 지속적인 연구를 위해 N-500에 관심을 가졌고, 기체는 국립 항공 연구소로 옮겨져 풍동 실험을 통한 덕트 내의 팬 회전 소음, 덕티드 팬 추력 증강 등의 추가적인 연구가 수행되었다. 제작사인 노드사는 N-500 비행 성공 이후로 틸트 덕트 수직 이착륙 기술에 자신감을 가지고 실용기 제작을 위한 엔진 증강 계획과 더불어 비행 통제 시스템을 장착한 군사 목적의 공격기 모델인 노드 모델 501과 수송기 모델인 노드 로케이드Nord Rocade 제작 등을 계획하였다. 하지만 국가의 지원이 없어 예산상의 어려움 때문에 실행되지는 못하였고, 1970년 에어로스파티알Aerospatiale사에 병합되면서 모든 계획은 취소되어 버렸다.

제원

· 승무원	1명
· 덕트 포함 날개 길이	6.14미터
· 길이	6.58미터
· 높이	3.05미터
· 엔진	317마력 엘리슨 T63-A-5A 터보 샤프트 2대
· 총중량	1300킬로그램
· 최대 이륙 중량	1850킬로그램
· 최고 속도	시속 350킬로미터
· 상승 한도	1250미터
· 비행 거리	175킬로미터

4 호버링과 전진 비행 시 같은 추력을 사용 – 틸트 윙(Tilt Wing)

앞서 소개된 틸트 샤프트, 틸트 로터, 틸트 덕트는 날개에 부착된 추력 발생 장치(프로펠러, 로터, 덕트)만이 추력 방향을 조절하여 수직 이착륙을 한다. 반면 틸트 윙은 동체에서 날개가 물리적으로 분리되어 날개 전체가 한 축을 중심으로 수직, 수평으로 전환할 수 있도록 되어 있다.

틸트 윙 방식이 기존 방식보다 유리한 점은 이착륙 시 날개를 수직으로 세우게 되면 프로펠러의 공기 흐름을 방해하는 날개 면적을 최소화함으로써, 이착륙을 하는 동안 수직 추력 손실을 최소화할 수

3–54 틸트 윙 개념의 XC-142 이륙 연속 사진.

있다는 것이다. 예를 들어 틸트 로터 방식의 V-22[51]의 경우, 수직 이착륙 시 로터의 추력이 날개에 부딪치면서 추력의 10퍼센트가 감소된다고 한다. 또 틸트 윙 방식은 날개가 수직 상태인 호버링 중에도 강력한 프로펠러 공기 흐름을 이용하여 날개의 플랩이나 에일러론 기능을 사용할 수 있으며, 프로펠러에서 생성하는 공기 흐름 방향으로 항상 날개를 나란하게 유지하면서 양력 손실을 최소화할 수 있다. 하지만 프로펠러의 공기 흐름이 주 날개에만 영향을 주고 꼬리 날개에는 영향을 주지 않으므로, 러더나 엘리베이터 움직임이 만들어 내는 피칭이나 요우잉을 위해서는 여전히 자세 제어용 제트 추진이나 프로펠러가 필요하였다.

틸트 윙의 가장 큰 단점은 날개를 수직으로 세운 상태에서 이착륙할 때 바람에 매우 취약하다는 것이다. 날개가 수직으로 세워져 바람을 받는 면적이 증가하면 약간의 바람에도 동체가 회전하거나 착륙 장소를 이탈하기 십상이다. 수직으로 세워진 날개와 동체가 십자(+) 형태를 만들어 불어오는 바람을 흘려보내지 못하고 날개와 동체에 갇히게 되는데, 이 바람이 동체를 강하게 밀어낸다. 이착륙 시 기체가 바람에 흔들리는 문제는 좁은 지역에서 이착륙이 가능하다는 수직 이착륙기의 장점을 무색하게 하였다. 또 날개가 세워지면서 지면 효과의 덕을 거의 보지 못하고 오히려 역지면 효과가 발생하기도 하였다.

틸트 윙 방식은 날개-동체 연결 구조가 기체 구조 전체의 약화를 초래하고 잦은 고장을 일으키기 쉬우며, 항공기 설계 수명도 짧아질 것으로 예상되었다. 당시 설계된 많은 항공기들은 동체와 날개의

51 5. 틸트 로터 참조.

3-55 전장 지역에 대한 신속한 기동 장비 지원을 위해 틸트 윙을 이용한 수직 이착륙 수송기가 구상되었다. 사진은 1960년도 초 보잉-버톨사가 공동 구상한 C-130급 전술 수송기이다.

연결부가 가장 중요하게 설계되었으며, 항공기 수명 결정에 중요한 포인트이기도 했다.

또한 틸트 윙은 전투기로는 적용 불가능하였다. 전투기는 날개 하부에 기총, 폭탄, 외부 연료 탱크 등을 장착해야 하는데, 틸트 윙은 이러한 무장 장착이 불가능하기 때문이다. 그래서 과거에 연구되었던 전 틸트 윙 실험기도 수송기 용도로만 연구되었다. 근래 들어 소형 항공기에 틸트 윙 개념이 새롭게 등장하고 있다.

4-1 버톨Vertol 76 VZ-2

버톨사는 당시 헬기를 제작하는 수준 높은 항공사였다. 1950년대 버톨사는 자체적으로 틸트 윙 개념의 모델 76 프로그램을 추진하였고, 이 프로그램에 관심을 가진 미 육군과 해군의 제안으로 1956년 4월에 85만 달러 규모의 VZ-2A 프로그램 개발 계약을 맺었다.

외형 측면에서 VZ-2는 헬기 전문 제작사가 만들어서인지 앞모습이 헬기를 많이 닮았다. 전방 동체는 거의 헬기의 조종석 형태로 둥글게 튀어나와 있고, 투명창도 광범위하게 사용되었으며, 좌석도 사이드 바이 사이드Side By Side, 좌우 방식이었다. 옆에서 보면 조종석 부분을 제외하고는 동체의 외피가 없는 상태여서 완성된 기체인지 의심이 들 정도이고, 내부는 원형 파이프가 얼기설기 엮어져 금방이라도 부러질 듯 보인다.

동체의 후반부는 큰 수직 꼬리 날개Vertical Stabilizer 최상부에 T자형 수평 꼬리 날개Horizontal Stabilizer를 부착하여 일반 항공기와 유사하였다.

3-56 VZ-2는 날개를 제외하면 거의 헬리콥터 형상이다.

수직 꼬리 날개 하부에는 피치와 요우를 조절할 수 있는 덕티드 팬을 설치하였고, 동체 중앙 상부에는 660마력의 라이커밍사 YT53-L-1 터보 샤프트 엔진을 장착하였다. 엔진 배기구는 배기가스를 동체 후방에서 좌, 우로 배출시켰다. 대부분의 프로펠러 추진 항공기는 엔진이 날개에 부착되는 데 반해, VZ-2는 엔진이 동체에 위치하여 날개 구조가 간단해지면서 비교적 작은 날개를 가졌다.

속도가 낮은 상태에서 동체 자세 제어를 위해, 꼬리 날개에 위치한 2개의 덕티드 팬이 사용되며, 엔진에서부터 축을 통해 팬으로 동력이 전달된다. 수평 꼬리 날개에 장착된 팬은 피치를 담당하고, 수직 꼬리 날개에 장착된 다른 하나는 요우를 담당한다.

엔진 동력(토크)은 축을 통해 날개에 장착된 프로펠러로 전달된다. 엔진과 프로펠러를 연결하는 축은 날개 중앙 부분을 관통하며, 이 축을 중심으로 날개가 회전한다. 프로펠러의 직경은 무려 2.9미터이고, 각 프로펠러는 3엽의 블레이드로 구성되었다. 블레이드는 가변 피치로 호버링 중에는 좌우 날개의 프로펠러 피치 각을 다르게 하여 롤 기동을 한다. 동체는 저항을 감소시키고 무게를 줄이기 위해 외피를 사용하지 않았으며, 꼬리 날개도 매우 얇게 제작되었다. 덕분에 총중량은 1200킬로그램에 불과하였다.

VZ-2A의 첫 비행은 1957년 4월에 수직 이착륙 모드로 이루어졌다. NASA에서 풍동 실험을 하기 전에 이미 회사 주관으로 시험 비행이 먼저 이루어졌던 것이다. 첫 비행 이후 NASA의 풍동 실험을 거치면서 실속[52] 문제 가능성이 제기되어 날개에 플랩Flap을 장착하는 기체 보완이 이루어졌고, 1년 뒤인 1958년 7월에 수직 이륙, 수평 비

52 항공기가 저속으로 비행하거나 받음각(AOA; Angle Of Attack)이 큰 상태가 되면, 날개 양력이 급격하게 줄어들고 항력이 증가하여 비행을 유지하지 못하는 현상. 실속 상태에서 벗어나지 못하면 항공기는 스핀에 진입하면서 추락하게 된다.

행, 수직 착륙에 성공하였다. 가벼운 기체 덕분에 쉽게 수직 이착륙에 성공하였고 기동성도 양호하였으나 최고 속도는 시속 215킬로미터에 불과하였다.

당시 VZ-2A 시험 비행 중 틸트 윙에서 역지면 효과 현상[53]이 새로 확인되었다. 이로 인해 수직 하강 중 지면 근방에서 갑자기 하강 속도가 빨라지는 현상이 발생하였고, 수직 상승 중 예상보다 훨씬 느린 상승 속도를 보였다. 대개 항공기가 지면에 가까이 비행하는 경우 날개와 동체 하부의 공기 흐름 속도가 공중에서보다 더 낮아 베르누이 원리에 따라 압력이 높아지고 양력이 증가하는 현상이 발생하는데, 이를 지면 효과라 한다. 하지만 틸트 윙에서는 날개가 수직으로 세워지므로 날개에 의한 지면 효과가 사라지고, 프로펠러가 항공기 아래의 주변 공기를 고속으로 바깥을 향해 불어 내므로 베르누이 효과에 따라 날개와 동체 하부의 압력이 떨어지는 현상이 발생하였던 것이다. 유사한 형태로 비행하는 헬리콥터는 프로펠러나 팬과는 다른 로터라는 회전 날개를 사용하므로 정상적으로 지면 효과가 발생한다.

3-57 VZ-2A 시험 비행 중 지면 가까이서 역지면 효과 현상이 확인되었다.

틸트 윙은 성공 여부에 관계없이 당시의 기술로는 획기적인 발상이었으며, 많은 언론과 항공사, 조종사들의 관심을 집중시켰다. 육군의 시험 비행을 마치고 기체는 NASA로 넘겨져 1965년까지 NASA 주관으로 틸트 윙에 대한 연구가 계속되었다. 총 450회의 비행과 그중 34회의 전환 비행이 성공적으로 이루어졌다. 현재 이 기체는 스미소니언 박물관에 전시되어 있다.

53 Negative Ground Effect.

3-58 미 해군과 육군의 시험 비행을 마치고 VZ-2는 NASA로 이관되어 틸트 윙 연구에 계속 사용되었다. 보기 흉했던 후방 동체는 외피를 씌워 깔끔해졌다.

3-59 NASA에서 시험 비행하는 동안 공학적으로 상당한 개선이 이루어졌다.

제원

· 승무원	2명
· 길이	8.05미터
· 날개폭	7.59미터
· 직경	2.90미터
· 높이	4.57미터
· 순 중량	1678킬로그램
· 엔진	660마력 라이커밍 YT53-L-1 터보 샤프트 1대
· 최고 속도	시속 340킬로미터
· 항속 거리	210킬로미터
· 상승 한도	4200미터

4-2 힐러Hiller X-18

힐러 X-18은 미 공군에서 수직 이착륙 틸트 윙 수송기를 연구하기 위해 힐러사와 계약을 맺고 제작된 실험기이다.

힐러사는 힐러라는 항공 공학도가 창설한 회사로 1950년대 초반에 1인승 비행 플랫폼One-Man Flying Platform이라는 비행체를 제안하여 해군과의 계약을 통해 VZ-1 포니Pawnee를 개발한 적이 있었다. VZ-1의 성공에 자신감을 가진 힐러사는 수직 이착륙기 분야에 뛰어들면서 X-18을 제작하게 되었다. 사실상 X-18은 힐러사의 유일한 수직 이착륙기이다.

미 해군은 1954년부터 힐러사와 함께 항공모함에서 이착륙이 가능한 틸트 윙 수송기를 연구하였는데, 이 연구에 공군도 관심을 가지면서 1955년부터 공군이 프로그램 주도권을 가지고 추진하게 되었으며, 따라서 프로그램 명칭도 X 시리즈로 부여되었다.

1957년 계약 시 공군이 제시한 성능 요구 사항은 엔진 2개를 장착하고, 틸트 윙을 사용한 수직 이착륙 성능을 가지며, 시속 640킬로미터 이상의 수평 비행 속도 성능을 가질 것 등이었다. 수송기 용도임을 고려하여 화물이 많을 경우에는 수평 이착륙도 가능하도록 고속 착륙에 대비한 튼튼한 랜딩기어도 요구되었다. 당시 X-18은 수직 이착륙기 중 가장 큰 규모였다.

3-60 힐러사가 개발한 1인승 전투용 비행 장비 VZ-1. 수직 이착륙기로 분류하지 않고 플라잉 플랫폼(Flying Platform)으로 분류한다.

3-61 C-122의 동체를 연장하고 새로운 날개를 장착하기 위한 개조가 진행 중이다. 위 사진이 C-122이다.

사실 힐러사는 미 공군과 계약 전인 1956년부터 이미 자체적으로 틸트 윙 수직 이착륙기를 제작하고 있었다.

제작 기간 단축과 비용 절감을 위해 동체는 체이스Chase사의 C-122 아비트럭Avitruc을 개조하여 제작하기로 하고 기존 동체를 분해하였다. 수직 이착륙에 맞는 무게 중심을 맞추기 위해 동체가 40센티미터 연장되었으며, 랜딩기어 요구 사항을 만족시키기 위해 랜딩기어 관련 구조물이 강화되었다. 날개는 새롭게 설계되었고, 날개의 힌지 포인트Hinge Point는 동체의 무게 중심선에 일치시켰으며, 날개 모양은 거의 직사각형에 가까웠다. X-18은 유사한 성능 항공기 동체의 크기에 비하면 날개가 매우 크게 제작되었는데, 이는 저속에서도 충분한 양력을 얻기 위함이었다. 또한 저속에서도 조종 능력을 유지하기 위해 플랩과 에일러론을 겸한 대형 플래퍼론Flaperon[54]만 설치되었

54 'Flaperon'은 'Flap'과 'Aileron'의 합성어로 하나의 조종면으로 두 개의 기능을 할 수 있다.

3-62 기존 항공기를 개조하여 제작한 덕분에 계약 1년 만에 실험기가 탄생하였다.

으며, 날개는 수평에서 90도 수직까지 2개의 유압 작동기로 작동되었다. 하지만 실제 작동 범위는 이보다 적었다. 유압 작동기 하나만으로도 충분히 날개 틸팅이 가능하였으나 2개를 사용한 것은 안전을 고려한 2중 장치였다. 날개에는 전연 플랩, 후연 플랩, 고양력 장치 같은 복잡한 보조 날개가 없어서 수평 비행 시에는 통상 4도의 받음각을 유지하였고, 수직 이륙 시에는 87도 각도에서 이륙하였다. 수직, 수평으로 변환하는 시간은 통상 6초 정도가 소요되었다.

엔진은 비용 절감을 위해 새로운 개발 없이 이미 검증된 제품을 사용하기로 하고, 록히드Lockheed사 XFV-1과 컨베어Convair사 XFY-1 포고Pogo 프로그램[55]에서 사용하던 7100마력 T40-A-14 터보 프롭 엔진을 사용하였다. 3엽의 2중 반전식 프로펠러는 직경이 무려 4.8미터나 되는 거대한 것이었다. 후방 동체에는 1530킬로그램 추력의 J34 소형 터보 제트 엔진을 장착, 배기 추

55 8-2, 8-3 참조.

3-63 X-18에 사용된 2중 반전식 대형 프로펠러. 직경이 4.8미터에 달한다.

3-64 에드워드 공군 기지에서 실험 중인 X-18. 날개와 동체가 직각을 이루면서 이륙 시 약한 바람에도 바람을 타고 흘러갔다.

력을 이용하여 저속에서 피치 컨트롤하는 데 사용하였다.

X-18은 1대만 제작되었으며, 기존 항공기를 응용하여 제작한 덕분에 계약 1년만인 1958년 12월에 기체가 완성되었다. 힐러사 주관으로 지상 시험이 있은 후 에드워드 공군 기지로 이송되었다.

1959년 11월 20일, 수평 이착륙 방식의 첫 비행은 성공적으로 이루어졌고, 이후 에드워드 공군 기지에서 20여 회의 시험 비행이 이루어졌다. 날개를 수직으로 세운 상태에서 호버링 시험이 진행되었는데, 시험 비행 중 확인된 가장 큰 문제점은 날개 각도를 변환시키는 동안 지상의 약한 바람에도 동체가 매우 민감하게 움직인다는 것이었다. 특히 날개가 수직으로 서 있는 상태에서는 바람을 받는 날개 면적이 넓고, 좌우 날개의 바람 영향이 서로 달라서 동체가 회전하거나 기울어지기도 하였다. 조종사는 성능 보고서에서 X-18이 마치 돛단배가 바람에 흔들리는 것과 같다고 표현하였다. 또 엔진과 프로펠러가 서로 좌우로 연결[56]되어 있지 않아 수직 이착륙 상태에서 좌우 엔진 출력이 서로 같지 않거나, 엔진 하나가 멈추기라도 하면 그대로 항공기

56 Cross Link Shaft System. 138쪽 참조.

3-65 X-18의 지상 날개 작동 연속 사진.

3-66 틸트 윙의 저속 성능을 높이기 위해 동체에 비해 매우 큰 날개를 갖추었다.

추락을 의미하였다.

X-18은 시험 비행 동안 호버링 중 날개를 앞으로 조금씩 숙이면서 천이 비행을 시도하여 최대 33도까지 기울였다. 1961년 20번째의 시험 비행 중에 수평 상태로 이륙 후 수직 비행으로 전환을 하다가 프로펠러 피치 컨트롤에 문제가 발생하여 항공기가 스핀Spin[57]에 진입하였고, 다행히 조종사가 스핀을 회복하여 착륙을 하였으나 기체 손상이 심하여 다시 비행하지 못하고 그것이 결국 마지막 비행이 되어 버렸다. 사고 조사 결과 2개의 엔진과 2개의 프로펠러를 상호 연결하는 크로스 링크 샤프트 시스템을 갖추었다면 해결 가능한 문제였음을 인식하였고, 수직 이착륙기에서 크로스 링크 샤프트가 얼마나 중요한 요소인지 인식되는 계기가 되었다.

파손되었던 기체는 복구되어 지상에서 틸트 윙 시스템 연구를 위한 시운전을 계속하였으며, 틸트 윙 개념의 후속기인 XC-142의 조종사 훈련용으로도 사용되었다. 결과적으로 X-18은 천이 비행을 포함한 완전한 비행에 성공하지 못하고 비행을 종료하였다.

57 낙엽이 떨어지듯이 항공기가 빙글빙글 돌면서 추락하는 것.

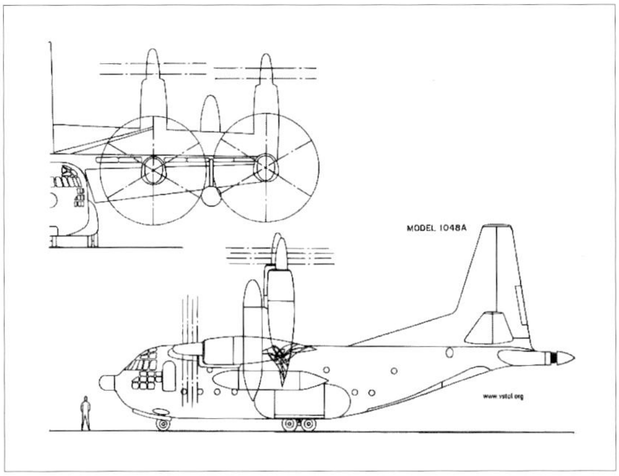

3-67 힐러사가 구상한 C-130급 틸트 윙 중형 수송기 모델 1048.

X-18의 주요 연구 결과로 틸트 윙의 크로스 링크 샤프트 동력 전달 시스템은 필수적인 사항임이 인지되었고, 호버링 중 미세한 롤 컨트롤 및 고도 조절을 위해서는 피치 조절이 가능한 프로펠러가 필요하다는 사실이 밝혀졌다.

지상 시험 자료는 당시 제작 중이던 후속기 XC-142에 충분히 반영되었으며, 1964년 1월, XC-142가 첫 비행을 하면서 X-18 프로그램은 완전히 종결되었다.

힐러사는 X-18에서 얻은 항공 역학적 경험과 데이터를 기반으로 대형 수송기를 구상하면서 모델 1048, 모델 1067, 모델 1084등을 구상하였으나 모두 설계 단계에서 종결되었다.

제원

· 승무원	2~3명
· 길이	19.2미터
· 날개폭	14.6미터
· 높이	7.5미터
· 순 중량	1만 2150킬로그램
· 최대 이륙 중량	1만 4850킬로그램
· 자세 제어용 엔진	1530킬로그램 웨스팅하우스 J34 터보 제트 1대
· 추력용 엔진	7100마력 앨리슨 T40-A-14 터보 프롭 2대
· 최고 속도	시속 407킬로미터
· 순항 고도	1만 800미터

4-3 LTV-힐러-리안LTV-Hiller-Ryan XC-142

XC-142는 힐러 X-18의 후속 연구기로서 틸트 윙을 사용하는 수송기급 수직 이착륙 실험기이다.

1959년 X-18 프로그램을 진행하던 미 육해공군은 헬기의 취약점인 속도를 보완하면서도 고정익 수송기 능력을 가진 수직 이착륙기 개발을 위해 공동 연구하기로 하였다. 육해공군이 공동 연구를 추진하게 된 이유는 3군 모두에게 기존의 헬기보다 빠른 속도, 헬기보다 더 많은 운송 능력, 헬기보다 더 멀리 비행할 수 있는 수직 이착륙기가 작전에서 꼭 필요했기 때문이다. 특히 해병대의 경우, 소형 항공모함에서 상륙 작전을 위한 병력을 투입할 때 상륙정보다는 수직 이착륙 수송기가 더욱 높은 생존율과 신속성을 보장한다고 판단하였다. 국방부는 3군 요구 사항을 종합한 후 하나의 프로젝트로 묶어 해군 주도하에 프로젝트를 진행하도록 하였다.

기본 구상은 기존의 수직 이착륙 임무를 하고 있는 시코스키Sikorsky HR2S 헬기를 대체하고, 화물 운송 능력 4.5톤 이상, 작전 반경 400킬로미터 이상, 순항 속도는 시속 460~560킬로미터, 최고 속도는 시속 560~740킬로미터가 제시되었다.

미 해군의 성능 요구 사항에 대해 1962년 보우트Vought사, 리안Ryan사, 힐러사 3사가 공동으로 응찰하였고, 3사의 응찰이 선택되어 1964년 중에 총 5대의 시제기를 만들기로 계약하였다. 항공기 명칭은 보우트-힐러-리안 XC-142로 지정되었다. 이후 보우트사는 회사 통폐합 과정에서 명칭이 LTV로 바뀌었고, 이 기존의 명칭도

3-68 XC-142는 해군이 주도하여 추진한 프로그램이다. 미 해군은 1966년 베닝턴 항공모함에서 XC-142의 이착륙 테스트를 수행하였다.

LTV-힐러-리안 XC-142로 다시 바뀌었다.

당시 보우트사는 2차 세계 대전부터 F4U 코어세어Corsair(1940), F8U-3 크루세이더Crusader III(1958) 등을 제작하며 항공 분야에서 상당한 위치에 올랐으나 수직 이착륙기에 대한 경험은 부족하였다. 하지만 리안사와 힐러사는 수직 이착륙기에 대해서는 여러 가지 실험기 개발을 통해 경험을 쌓은 회사였고, 특히 힐러사는 X-18 틸트 윙 실험기를 제작한 회사로 이들 3사의 합작은 기술과 노하우 공유 측면에서 상당한 기대를 모았다.

하지만 계획을 주도하던 미 해군은 자체 연구 결과 XC-142가 항공모함에서 운용하기에는 적절하지 못하다는 판단을 내리고 이 계획에서 빠져 버렸다. 당시 운용 중이던 헬기는 다운 블로우Down Blow[58]가 강하여 갑판에 주기 중인 다른 고정익기의 안전을 위협할 정도이고, 사람이 접근하지 못할 정도로 바람이 강한데, XC-142의 프로펠

58 헬기 로터 아래로 발생하는 강력한 바람.

러는 이보다 약 50퍼센트 더 강하다는 계산이 나왔으며, 이 때문에 좁은 항공모함 갑판에서 안전 공간을 마련하기가 어렵고 다른 항공기 운행에도 악영향을 미칠 것이라고 판단한 것이다. 날개 크기도 문제가 되었다. 큰 날개의 수송기를 갑판 하부 격납고에 넣기 위해서는 날개를 접어야 하는데, 틸트 윙을 또다시 접는 것은 불가능하였다. 미 해군은 날개폭이 훨씬 작은 틸트 덕트 방식으로 방향을 선회하였다. 그 대상은 XC-142에서 경쟁 기종으로 참여했다가 채택되지 못한 벨사의 틸트 덕트 수직 이착륙기인 D2127 모델이었는데, D2127 모델은 X-22A로 이름을 바꾸고 해군이 주도하는 시험기 제작에 착수하게 되었다.

3-69 XC-142는 좁은 갑판에서 운영하기에 부적합하다고 판단한 해군은 X-22A로 전환하였다.

전체적인 항공기의 모습은 전형적인 수송기 형태로 후방으로부터 화물을 탑재할 수 있는 방식의 박스형 동체였고, 동체는 그리 날

3-70 XC-142은 X-18의 후속기로 미 육해공군의 주도로 개발되었다.

렵하지 못한 형태에 소형 수송기 정도의 크기였다. XC-142의 길이는 17.7미터인데 반해 비교가 쉬운 C-130 허큘레스Hercules의 경우 길이가 30미터에 달한다. 동체 전방은 수직 이착륙 시 조종사의 지상 관측이 쉽도록 창을 많이 설치하였다. 날개는 약간 직선형이면서 바깥쪽으로 가늘어지는 테이퍼 형태이며, 저속에서 높은 양력을 만들기 위해 고양력 장치인 전연 플랩Leading Edge Flap과 후연 플랩Trailing Edge Flap을 갖추었다.

날개폭은 20.6미터인데, 4개의 엔진과 프로펠러가 장착되어 복잡한 느낌을 준다. C-130 허큘레스 수송기가 날개 길이 40미터에 4개의 프로펠러와 엔진을 장착하고 있는 것과 비교하여 알 수 있듯이 수직 이착륙기가 요구하는 높은 추력 때문에 엔진과 프로펠러 같은 동력 장치를 조밀하게 배치할 수밖에 없었다.

3-71 XC-142를 활용한 해상 구조 임무 시험.

XC-142는 X-18과 같은 방식으로 날개 각도를 변형시켜 수직 이착륙 및 순항 비행을 하였다. 호버링 중 자세 제어는 양쪽 날개에 장착된 프로펠러의 피치 각도를 변화시켜 롤 기동을 하였고, 요우는 에일러론을 사용하고, 피치는 꼬리 날개 부분에 따로 장착한 수평 프로펠러를 사용하였다. 날개 회전 각도는 수평 0도에서부터 수직 100도까지 가능하였는데, 수직 후방 10도를 더 준 이유는 후방에서 바람이 부는 상태에서 호버링할 때 역추진력을 형성하기 위함이었다. 수평 꼬리 날개에는 전동식 수평 꼬리 날개인 스태빌라이저Stabilizer가 장착되어 수직 이착륙을 위해 주 날개가 수직으로 세워지면 이와 연동하여 적절한 각도로 움직이도록 되어 있었다. 랜딩기어는 동체에 들어갈 수 있는 접이식Retractable 기어를 사용하였다.

동력원으로는 3080마력의 GE T64 터보 샤프트 엔진 4대를 장착하고, 직경 4.7미터의 해밀턴 스탠다드Hamilton Standard 프로펠러를 장착하였다. 각 블레이드는 당시 최신 기술이었던 화이버 글래스로 제작되어 강력하면서도 유연성이 있었다. 이들 프로펠러는 하나의 축으로 4개의 엔진과 동시에 연결되어 있는데, 이를 크로스 링크 샤프트Cross Link Shaft라 하며, 어느 엔진 하나가 고장이 나더라도 잔여 엔진으로 모든 프로펠러를 구동하기 위한 것이었다. 이전 모델인 X-18에서는 한 엔진이 하나의 프로펠러만 구동하여 호버링 시 엔진 고장이 추락으로 연결될 위험이 있었는데 XC-142에서는 이를 보완한 것이다.

XC-142는 매우 높은 여유 추력을 자랑하였는데, 기체 총중량은 20톤이며, 엔진은 대당 3080마력이었다. 이를 C-130과 비교하면 C-130은 엔진 대당 추력이 3750마력에 기체 중량은 57톤이다. XC-142가 C-130보다 약 2.5배의 여유 추력이 있는 셈인데, 이런 높은 여유 추력은 수직 이착륙에 필요함은 물론 수직 이륙 중 엔진 하나가 정지되어도 충분한 추력을 유지하기 위함이었다. 하지만 엔진 추력이 너무 강력하다 보니 연약한 날개를 진동시켜 엔

3-72 XC-142 2대가 비포장 사막 지역에서 임무 능력을 시험하고 있다.

3-73 4개의 프로펠러는 4개의 엔진과 서로 연결되어 3개의 엔진으로도 균형을 유지하고 이륙할 수 있다.

진과 프로펠러를 연결하는 샤프트가 깨지는 사고가 종종 발생하였다. 수평 비행 시에는 이 여유 추력 덕분에 속도가 시속 640킬로미터에 달하였고, 1분 동안 2100미터를 상승하는 놀라운 능력을 보여 주었다.

XC-142 시제 1호기의 최초 비행은 1964년 9월 29일에 수평 비행만으로 실시하였고, 12월 29일에는 호버링 비행에도 성공하였다. 1965년 1월 11일에는 수직 이륙, 호버링, 수평 비행, 수직 착륙 등 전 과정 비행에 성공하였다. 이후 공군 에드워드 비행장으로 인도되어 5대의 시제기로 총 488회 420시간의 비행을 하였다. 비행 중에는 각 군에서 요구했던 성능 조건을 충족하였는지 확인하기 위한 해상 구조 임무, 항공모함 이착륙, 공수, 저고도 화물 투하, 고고도 사막 지역 이착륙 등의 시험도 이루어졌다.

시험 비행 동안에 XC-142는 크로스 링크 샤프트에서 많은 소음과 진동이 발생하여 조종사의 심리적 불안을 유발하였다. 이 결함으로 조종사는 자주 하드랜딩Hard Landing[59]을 하여 사소한 동체 손상을 일으켰으며, 이 문제로 결국 1대가 추락하여 3명이 사망하는 사고가

59 항공기 착륙 단계에서 통상적인 수직 속도보다 더 큰 속도로 착륙하여 동체에 충격을 발생시키는 것을 말하며 항공기의 랜딩기어나 기골에 심한 손상을 유발한다. 반대 의미로는 소프트 랜딩이라 한다.

3-74 XC-142는 군의 양산 계획이 취소되면서 민수용 수직 이착륙기 개발을 위해 NASA에서 연구되었다.

발생하기도 하였다. 또 X-18에서 나타난 문제점과 같이 호버링 중에 측풍의 영향을 많이 받아 원하지 않는 요우잉이 발생하고, 항공기가 바람을 타고 둥실둥실 흐르는 경향이 있었다.

잦은 결함에도 전체적인 성능에 만족한 공군과 육군은 양산형 C-142B를 생산하기로 결정하였고, 양산형은 해군의 요구 사항을 제외하고 육군과 공군의 요구 사항만이 유지되었다. 해군의 요구 사항이 제외되면서 항공기 무게가 줄어들어 화물 적재 능력이 증가하였고, 동체 크기도 더 증가하게 되었으며, 부수적으로 엔진 출력 향상과 정비 시간 단축 등도 이루어졌다. 하지만 최종적으로 국방부는 구매에 반대하였다. 비용이 너무 비싸고 기술적으로도 완성도가 낮아 사고 위험성이 높다는 이유였다. 육군과 공군도 국방부의 의견에 어느 정도 동의하면서 구매 의사를 적극적으로 표현하지 않았다. 1968년 5월 마지막 기체는 NASA로 넘어가 1970년까지 계속 비행 시험을 하였다.

군의 구매가 불확실해지자 제작사는 XC-142를 응용하여 다운타우너Downtowner라는 이름의 민수용 수직 이착륙기를 구상하였다. 경제성을 담보하기 위해 엔진은 2개만 장착하고, 40~50명 수준의 승객을 태우고 시속 470킬로미터 속도로 순항하며, 화물은 약 4톤을 적재할 수 있도록 구상하였다. 하지만 이마저도 실현되지 못하고 XC-142 프로그램은 종결되고 말았다.

총 5대가 제작되었으나 현재 1대만이 남아서 라이트 패트슨 공군 박물관에 전시되어 있다.

제원

· 승무원	2명
· 적재 능력	32명의 무장 공수 병력 또는 환자 24명 또는 팔레트 4개
· 화물 무게	3336킬로그램
· 길이	17.71미터
· 날개폭	20.60미터
· 높이	7.95미터
· 순 중량	1만 270킬로그램
· 최대 이륙 중량	2만 227킬로그램(단거리 이착륙 시)
· 엔진	3080마력 제너럴 일렉트릭 T64-GE-1 터보 프롭 4대
· 최고 속도	시속 694킬로미터
· 순항 속도	시속 463킬로미터
· 항속 거리	6100킬로미터
· 상승 한도	7620미터

4-4 캐나데어Canadair CL-84 다이나버트Dynavert

캐나데어사의 CL-84는 틸트 윙 개념을 실험하기 위해 캐나다에서 제작한 실험기이다. CL-84 프로젝트가 진행될 당시 캐나데어사는 GDGeneral Dynamics, 제너럴 다이나믹스사의 자회사였으며, 비행기 이름은 GD사에서 다이나버트Dynavert라고 지정해 주었다. 캐나다 공군에서 지정한 명칭은 CX-131이었다.

1957년 정부와 군의 지원 아래 캐나데어사는 수직 이착륙기에 대한 연구를 시작하였다. 콘셉트는 틸트 윙으로 날개는 수평 0도에서부터 수직을 넘어 100도까지 틸팅이 가능하도록 하였다. 앞선 XC-142가 호버링 중 뒤에서 바람이 불 경우 항공기가 앞으로 이동하는 것을 방지하기 위해 날개를 100도로 기울어지도록 한 것과 같은 이유에서이다. 이 덕분에 CL-84는 후진 속도를 시속 56킬로미터까지 기록하였다. 이 항공기는 수평 꼬리 날개도 틸팅이 가능하도록 하여 주 날개가 회전하는 각도에 연동되어 함께 회전하도록 연결되었는데, 회전각은 수평 0도에서 30도까지이며, 각종 실험을 통해 설정된 최적 각도로 조절되었다. 동체 맨 후방에는 서로 반대로 회전하는 2중 프로펠러가 수평으로 장착되어 호버링 시 피치를 담당하였다.

엔진은 1500마력의 라이커밍 T53 터보 샤프트 엔진이 사용되었으며, 직경 4.3미터의 4엽 프로펠러가 장착되었다. 날개에 장착된 2개의 엔진은 서로 축으로 연결되어 양쪽 프로펠러에 같은 추력을 제공하였고, 하나의 엔진 결함에도 두 프로펠러가 작동하도록 하였다.

3-75 CL-84는 틸트 윙 수직 이착륙기로는 가장 성공적인 기체로 평가된다.

축 동력 중 일부는 후방으로 연결되어 꼬리 날개 부분에 설치된 2중 프로펠러를 회전시켰다. 호버링 중에는 프로펠러의 피치 조절을 통해 롤 기동을 하였으며, 롤 기동을 제외하면 양 엔진은 항상 같은 추력을 낼 수 있도록 자동화되었다. 호버링 중에는 주 날개의 플랩과 에일러론이 요우 기동을 담당하였다.

틸트되는 날개는 프로펠러의 공기 흐름 범위 안에 들어가서 양력을 최대화시켰고, 실속 방지를 위해 날개 길이 전체에 걸쳐 전연 고양력 장치Leading Edge Flap와 후연 고양력 장치Tailing Edge Flap가 장착되었다. 또 실험기의 위험성을 고려하여 사출 좌석이 설치되었는데, 사출을 시도하면 좌석은 조종석 상부로 튀어 오르도록 되어 있었다.

CL-84 시제기의 첫 비행은 1965년 5월 7일에 호버링 비행으로 시작하였다. 약 300회 이상의 시험 비행을 하던 중, 1967년 9월 12일에 프로펠러 베어링 문제로 추력을 상실하여 조종사는 사출하고 시제 1호기는 대파되었다. 캐나다 정부와 제작사는 대대적인 개량과 설계 보수를 통해 CL-84-1이라는 이름으로 시제 2호기를 제작하였다. 시제 2호기는 항공 전자 장비가 보강되었고 2중 비행 조종 체계를 갖추었으며, 동체는 1.6미터 길어지고, 엔진 추력도 100마력 증가하였다.

3-76 CL-84 2호기가 항공모함에서 이착륙 시험을 하고 있다.

특히 조종 컴퓨터는 놀라운 발전을 하여 조종사는 비행 중 날개 틸트 각도에 대해 알 필요도 없었고, 이를 알려주는 계기판도 없었다. 수직 이륙, 전진, 측풍, 호버링 상태, 후진 비행, 지면 효과가 있는 비행과 지면 효과가 없는 비행 상태까지 모든 것이 컴퓨터에 의해 읽혀졌고, 컴퓨터는 읽어 들인 데이터를 기반으로 엔진 추력, 프로펠러 각도, 날개 각도, 2차 조종면 움직임 등을 자동 조절하였다. 또 조종사가 의식 불명이 되어 모든 조종 장치에 힘이 들어가지 않을 경우에도 자동으로 수직 착륙할 수 있도록 프로그래밍되었다.

시제 2호기는 1970년 2월 19일 첫 비행을 하였다. 당시 베트남 전쟁을 치르던 미 해군은 CL-84-1에 많은 관심을 보였다. 이를 판매 기회로 본 캐나데어사는 시위 비행을 하여 백악관 잔디밭에 시제 2호기를 착륙시켰으며, 미 대륙을 횡단하여 에드워드 공군 기지와 미 해군의 경항공모함 '괌'호에까지 전개하는 성능을 보여주었다. 전개하는 동안 기체 결함은 거의 없었으며, 미 해군의 요청에 따라 항공모함 이착륙, 인원 수송, 정찰, 대잠수함 작전 등의 능력도 선보여 다재다능한 능력을 과시하였다. 기동 성능 면에서 60도 뱅크[60] 상

60 기체를 옆으로 기울인 상태에서 수평 선회.

3-77 항속 거리 연장을 위해 보조 연료 탱크 2개를 동체 하부에 장착하였다.

태에서 시속 370킬로미터를 유지할 수 있었고, 시속 165킬로미터에서 2G[61]의 기동이 가능하였으며, 시속 90킬로미터에서 회전 반경이 60미터에 불과하는 등 군이 원하는 놀라운 성능을 발휘하였다. 여기에 공격기로서 7.62밀리미터 미니건Mini-gun 장착도 검토되었다.

이런 다양한 성능에 캐나다, 미 해병과 해군, 그리고 영국 공군까지 관심을 가지게 되었고, 각 군에서 파견된 16명의 조종사들이 총 145시간에 걸쳐 성능 평가 비행을 하기도 하였다.

하지만 1973년 8월 8일 최대 추력에서 상승하던 중 프로펠러 기어 박스가 터지면서 비행기는 추락하고 조종사는 사출하는 사고가 발생하였다. 당시 사고 조사 결과 조종사가 과도한 추력을 사용한 것으로 평가되었으며, 일설에 따르면 그렇게 과도한 추력을 사용했던 이유는 상승률 최고 기록을 수립하기 위한 조종사의 과욕이 원인이었다고 한다. 그들의 목표는 F-4가 가진 분당 상승 고도 3000미터라는 기록을 깨는 것이었다.

캐나데어사는 곧바로 세 번째 기체를 제작하여 병력 수송, 야간 계기 비행 등의 성능을 선보이며 대량 판매의 꿈에 부풀었다. 그러나 그동안 40여 명의 고객 조종사들이 평가 비행을 하였음에도 정작 계

61 중력 가속도의 2배의 회전력을 받는 것을 말한다.

약까지 이어진 사례는 1건도 없었다.

당시 가장 큰 문제는 캐나다 제품이었다는 것이다. 미국은 전통적으로 자국에서 설계, 생산하는 군용기만을 사용하거나 라이센스 생산을 한 항공기만을 운영해 왔다. 더구나 베트남 전쟁이 종료되면서 미국의 군축이 시작되었고, 제트 항공기가 급성장하면서 프로펠러로 운용되는 틸트 윙에 대한 관심도 점점 줄어들어 결국 어떠한 계약도 성사되지 못하였으며, 심지어는 캐나다 공군에서조차 구매를 취소하였다.

3-78 캐나다 항공 박물관에 전시되어 있는 CL-84.

CL-84는 비록 양산에 들어가지는 못했지만, 지금도 틸트 윙 방식의 수직 이착륙기로서는 가장 완성도가 높은 기종으로 평가받고 있다.

총 4대의 CL-84가 생산되었으나 2대는 사고로 손실되고 현재는 2대만이 캐나다 항공 박물관에 전시되어 있다.

제원

· 승무원	2명
· 수송 인원	12명
· 길이	14.4미터
· 날개폭	10.5미터
· 높이	4.3미터
· 순 중량	3818킬로그램
· 최대 이륙 중량	6577킬로그램/STOL, 5710킬로그램/VTOL
· 엔진	1500마력 라이커밍 T53 터보 샤프트 엔진 2대
· 최고 속도	시속 517킬로미터
· 순항 속도	시속 484킬로미터
· 항속 거리	678킬로미터

4-5 팔스 에어Falx Air VLHTVery Light Hybrid Transport Aircraft

2008년 6월 26일 영국의 팔스사에서 공개한 초경량 하이브리드 항공기, 즉 VLHT 디자인은 2012년 현재 아직 실용화가 되지 않은 항공기이다. VLHT는 틸트 윙 개념을 적용한 시티 투 시티 수송 수단이며, 청정에너지를 이용하고, 보다 효율적으로 육지, 바다, 하늘을 누비는 개인 이동 수단으로 전례 없는 수송 수단의 혁명을 가져올 것으로 보인다.

1~2인승의 이 작은 항공기는 시간당 10리터의 연료를 소비하면서 전기 모터를 사용하여 소음을 해결하였고, 디자인도 스텔스 기능에 가까워 군용기로도 적합할 것으로 예상된다. 아직 실용기 개발이나 비행 승인은 없는 상태이다. 팔스사는 2013년경에 시제기를 내놓고 상용 비행을 할 계획을 세우고 있다. 무게 350킬로그램인 1인승이 주요 운영 기종이며, 405킬로그램인 2인승은 개인 면허 교육을 위한 훈련용으로 사용할 예정이다.

이 항공기에 직접 사용되는 동력은 전기이며, 1차적으로 충전식을 사용한다. 충전식 배터리가 가장 핵심적인 기술이나 정확히 어떤 모델의 배터리를 사용할 것인지 상세한 내용은 아직 발표되지 않았고, 다만 최신형 배터리를 사용한다는 발표뿐이다. 아마도 전기 자동차의 개발로 얻어지는 배터리의 기술 발전을 기대하는 듯하다. 그 외 태양열 충전과 100마력의 소형 제트 엔진 2대를 이용한 발전 시스템을 가지고 있다. 제트 엔진을 이용한 발전 시스템을 장착한 것은 태양 전지가 작동할 수 없는 야간이나 구름 낀 날씨, 그리고 전기를 구

3-79 VLHT의 비행에 직접 사용되는 동력은 전기이다.

할 수 없는 오지에 착륙할 경우에도 전기를 생산하여 배터리를 충전하기 위함이다. 물론 플러그를 꽂아 충전하는 것보다는 속도가 느리다. 또 이 발전 장치는 공중에서 전기 시스템이 꺼질 경우 최소한의 전기를 생산함으로써 전기 시스템으로 작동되는 조종면을 움직여 글라이더 비행을 가능하게 하고, 비상 착륙을 위한 지상 교신을 할 수 있게 해 준다. 자가 발전 시스템은 그야말로 비상용이다.

발전 시스템은 초경량 브러시리스Brush-Less 발전기로 소음과 발열을 최소화하여 스텔스 성능에도 매우 도움이 된다. 전기 모터로 작동되는 날개와 조종면[62]은 유압 액츄에이터, 기어 박스 등을 대신하여

62 이를 'Power Actuator'라 한다. 여기서 'Power'란 전기(Electric)를 의미한다.

구조를 간단히 하고 복잡한 유압 파이프를 모두 없애 버렸다. 유압 시스템의 제거는 기체 무게를 감소시키는 효과도 있다. 전기 모터는 약 110마력(55마력 2대)의 출력을 내면서 2개의 프로펠러를 회전시켜 수직 이륙하고, 호버링 상태에서 천천히 날개를 앞으로 회전시키면서 전진 비행으로 전환하게 된다. 충분한 속도가 되면 날개의 양력으로 비행한다.

항공 전자 장비는 2중 비행 조종 장치(대개 여객기는 3~4중 장치 사용), 자동 비행 회복 장치, 공중 충돌 경보 장치 등이 갖추어진다.

VLHT는 아직 상용화에는 조금 더 시간이 필요한 듯하지만 전 세계의 이목을 집중시키기에는 충분하였고, 미래 운송 체계에 혁신을 가져다주리라는 기대를 갖게 하기에도 충분하다. 아직 실용화 단계에 들지 않고, 가장 중요한 배터리 성능이 결정되지 않은 관계로 항속 거리나 속도 등의 상세한 제원은 밝힐 수가 없는 상태이다. 하지만 동급의 헬기보다 훨씬 높은 성능을 보일 것이라는 점에 대해서는 이견이 없다.

팔스사는 이 항공기가 레저용, 개인 수송 수단뿐만 아니라 경찰,

3-80 팔스의 VLHT는 미래에 다양한 용도로 사용할 수 있을 것이다.

군용, 정찰, 감시 등으로 활용 범위가 확대될 것이라 기대하면서 50여 가지 이상의 모델을 제시하고 있다. 최대 6명이 탑승할 수 있는 모델의 에어 택시Air Taxi에서부터 긴급 환자 수송용, 군용 등으로 유용하게 활용할 수 있다는 것이다.

반면 전문가들 사이에서는 아직 시기상조라는 시각도 많다. 일각에서는 성급하게 내놓은 꿈의 항공기 VLHT는 투자자를 찾기 위한 모델이라고 평가하고 있다. 사실 2012년 말 현재까지 배터리나 모터 등에 대한 구체적인 결정이 없고, 비행 안정성 인증을 받지 못하고 있는 상태이다. NASA에서도 유사한 성능의 항공 수단을 개발 추진하였으나, 현재의 기술로는 10여 분 밖에 비행할 수 없었다고 한다. 일부 NASA의 과학자들은 아마도 2020년 이후에나 실현 가능할 것으로 보고 있다.

세부 구조에 대한 설명은 다음과 같다.

1. **날개** 날개 중 일부가 수직-수평으로 90도 회전하여 수직 이착륙을 가능하게 해 준다. 대부분의 기사에서는 틸트 로터라고 소개되었으나 이 책의 분류 방식에 따르면 틸트 윙으로 보아야 한다. 날개는 모든 시스템이 고장 나도 글라이더 비행을 할 만큼 충분한 양력을 제공한다.
2. **배터리** 리튬 이온 배터리로 무게는 220파운드 정도일 것으로 예상된다. 무게 중심을 고려하여 꼬리 날개 붐에 장착하였다. 이륙 시 5분 동안 강력한 전원을 일시에 공급하여 수평 비행 자세까지 전환하는 데 충분한 동력을 제공한다.

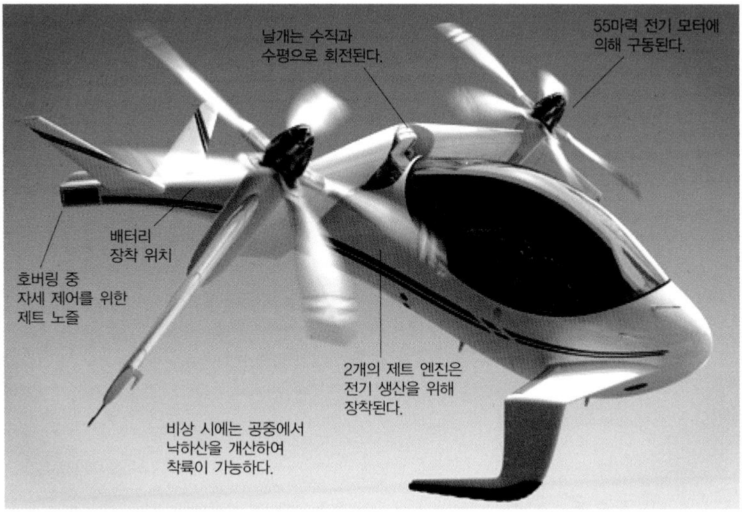

3-81 하이브리드 수직 이착륙 항공기의 실용화는 아직 시기상조라는 평가가 대부분이다.

3. 엔진 제트 엔진은 프로펠러를 직접 돌리지 않는다. 조종석 뒤편에 위치하면서 104마력의 출력으로 영구 자석을 회전시켜 전기를 생산한다. 비상시에는 직접 전기 동력을 조종면 액츄에이터에 공급하고, 조종석 계기에 전기를 공급하여 비상 착륙을 가능하게 한다. 시간당 최대 7.5리터 정도를 연소시키며, 동체 내에는 총 34리터의 연료를 적재한다.

4. 프로펠러(Rotor) 55마력 전기 모터에 의해 구동되며, 5엽으로 날개 끝에 각각 1개씩 장착되어 있다. 4개의 모터 컨트롤러가 장착되어 양쪽의 모터 출력을 균등하게 하고, 한쪽의 모터가 구동되지 않더라도 비상 착륙 시까지 하나의 모터로 2개의 로터를 구동할 수 있도록 한다.

5. 최종 비상 장치 2중의 비행 조종 체계, 글라이더 비행, 비상 전원 공급 장치 등을 갖추었으나 전투기도 마찬가지이듯이 조류

충돌, 기체 파손, 전선 충돌 등 비상 시스템이 무의미한 경우가 발생한다. 이러한 경우 기체 전체를 낙하산으로 내려오게 할 수 있다. 물론 착륙 장소가 어디냐에 따라 착륙 후 기체의 상태가 온전할지 결정되지만 최소한 인명 피해는 방지할 수 있다. 낙하산에는 로켓 장치가 장착되어 고도가 낮은 경우에도 신속하게 낙하산을 개산시켜 안전하게 착륙할 수 있다.

제원

· 길이	5.13미터
· 폭	2.2미터
· 순 중량	443킬로그램
· 최대 중량	550킬로그램
· 순항 속도	시속 290킬로미터(목표치)
· 최고 속도	시속 434킬로미터(목표치)
· 항속 거리	700킬로미터(목표치)
· 예상 가격	150만 달러

5 호버링과 전진 비행 시 같은 추력을 사용 – 틸트 로터/엔진(Tilt Rotor/Engine)

틸트 로터/엔진 방식은 고정익 날개 끝에 엔진과 로터를 장착하여 수직 이륙 시 헬기처럼 로터를 지면과 수평이 되게 회전시켜 이륙한 후, 로터와 엔진을 앞으로 숙여서 고정익 항공기처럼 전진 비행을 하는 개념이다. 현재 실전에서 운영 중인 V-22가 이 방식의 가장 대표적인 성공 사례이며, V-22의 전 단계 실험기인 XV-15도 틸트 로터/엔진 방식의 수직 이착륙기이다.

이미 1954년에 첫 비행을 한 트랜센덴틀 모델 1G[63]와, 1955년에 첫 비행을 한 벨사의 XV-3[64]를 틸트 샤프트/로터 방식으로 앞에서 소개한 바 있다. 그렇다면 틸트 샤프트/로터와 틸트 로터/엔진은 무슨 차이가 있을까? 용어를 가만히 살펴보면 로터는 추력을 직접 만들어 내므로 틸팅하는 것이 당연하지만, 엔진은 비행 방향에 따라 회전을 하는가, 하지 않는가의 차이가 있다. 어떤 분류 방식으로는 이 두 방식을 그냥 틸트 로터로 묶어 두기도 하는데, 학술적으로나 규정상 정해진 분류 방식은 없으므로 어떻게 분류하든 문제될 것은 없다. 앞서 설명한대로 이 책에서는 인터내셔널 파워 리프트 컨퍼런스에서 분류하는 기준에 따라 설명하고 있다.

초기형인 틸트 샤프트/로터는 엔진을 동체에 두고 날개와 길이가 같은 축을 이용하여 날개 끝에 있는 로터를 회전시켰다. 로터 회

63 1-1 참조.
64 1-2 참조.

전을 위해서는 긴 축을 회전시켜야 했는데, 당시 금속 기술로는 항공기를 들어 올릴 만큼의 토크Torque를 긴 형태의 축으로 프로펠러까지 전달하기에 그 강도가 충분하지 않았다. 그래서 비틀림에 의한 절단 방지를 위해 축을 몇 개의 짧은 길이로 나누어 중간 중간에 기어 박스로 연결하였으므로 구조가 복잡하고 무거워질 수밖에 없었다.

틸트 로터/엔진은 이러한 문제를 해결하기 위해 틸트 샤프트/로터에서 동체에 수용했던 엔진을 날개 끝에 장착하고, 동력 전달 축 없이 곧바로 엔진과 로터를 연결하여 전체를 회전시킨다. 물론 엔진과 로터의 사이에는 감속 기어 장치Reduction Gear Box가 있어서 로터 속도를 감소시키고, 동체에 필요한 유압이나 전기를 발생시킨다. 이 틸트 로터/엔진도 날개와 동체를 가로지르는 동력 전달 축(샤프트)이 있지만, 이것은 한 엔진이 멈추는 상황이 발생하였을 때 엔진의 동력을 서로 주고받기 위한 비상 장치로 통상적으로는 동력을 전달하지 않는다.

1950년대부터 1960년대까지 개발된 제트 엔진 기술은 초보 단계여서 수직 상태로 계속 작동이 가능한 엔진도 없었다. 엔진이 수직으로 세워진 상태에서 계속 작동하기 위해서는 베어링 장치, 윤활 장치, 연료 공급 장치, 작동유 전달 장치 등의 특별한 설계가 요구된다. 틸트 로터/엔진이 가능하게 된 데는 이러한 엔진 기술 발달도 한몫을 하였다.

3-82 미 해병대 MV-22 정비사들이 엔진을 세척하고 있다. 수직, 수평에서 모든 엔진 성능이 제한 없이 작동하려면 베어링을 포함하여 여러 분야의 기술이 필요하다.

3-83 틸트 로터/엔진의 수직 이륙.

로터 없이 엔진 추력으로 비행하는 벨 65[65]의 틸트 제트Tilt Jet도 이 부류에 포함되며 날개, 엔진, 프로펠러를 전부 틸팅하는 틸트 윙 개념과도 확연히 구분된다.

5-1 벨Bell XV-15

벨 XV-15는 NASA가 주도하여 개발하였다. 이 기종은 틸트 로터/엔진 방식을 이용한 수직 이착륙 실험기이며, V-22 오스프리를 탄생시키는 데 기반이 된 걸작이다.

XV-15 프로그램은 1971년에 NASA에서 진행되었다. 하지만 XV-15의 기원은 틸트 로터/샤프트 방식으로 성공했던 XV-3[66]에서부터 시작된다. XV-3는 미 육군과 공군의 주도하에 벨 모델 200으로 1955년에 개발되었다. XV-3 프로그램 종료 후인 1965년, 미 육군은 '복합 항공기 개발Composite Aircraft Program' 이라는 명칭의 제안서를 공개하였다. 이때 '복합' 이라는 의미는 당시 고정익 수송기였던 C-7과 헬리콥터 수송기인 CH-47을 모두 대체할 수 있는 복합 기능의 수직 이착륙기를 의미하는 것이었다. 이 제안에 벨사는 틸트 로터 방식을 사용하는 모델 266을 제시하여 축소 모델 풍동 실험 단계까지 갔으나, 1967년 육군은 예산 부족을 이유로 프로그램을 종료하였다. 하지만 벨사는 수직 이착륙기의 수요가 증가하리라 믿고 자체 연구를 계속하였다.

65 5-3 참조.
66 1-2 참조.

3-84 XV-15는 벨사에서 만든 틸트 샤프트/로터 방식의 XV-3에서 시작되었다. 1, 2호기가 NASA 연구소에 나란히 전시되어 있다.

벨사는 1968년 상용 틸트 로터/엔진 개발을 목표로 모델 300의 개발을 추진하였다. 엔진은 플랫 앤 휘트니Pratt & Whitney사의 PT-6를 장착하기로 하고, NASA의 도움을 받아 풍동 실험을 진행 중이었다.

1972년 NASA와 육군의 공중 기동 장비 연구소에서 공동으로 틸트 로터 연구기 개발 프로그램이 추진되었다. 이 연구는 단지 실험만을 목적으로 하고 실용기 개발 계획은 포함되지 않았기 때문에 예산이 매우 제한적이었고, 따라서 개발 제안서에는 상당 부분의 구조물을 다른 항공기에서 유용하도록 되어 있었다. 플라이 바이 와이어Fly-By-Wire[67] 시스템도 포함하지 않고, 복합 재료 사용도 요구하지 않았으며, 무게 증가도 제한치를 두지 않고, 성능도 매우 여유 있게 제시되었다. 다만 기체 2대를 제작할 것을 요구하였는데, 이는 수직 이착

67 조종간에서 조종면 유압 액츄에이터(Actuator)까지 컴퓨터와 조절된 전기 신호로 조종하는 방식.

륙기의 잦은 사고를 염두에 둔 것이었다.

벨사는 자체 추진하던 모델 300에 더욱 강력한 엔진인 라이커밍사 T-53을 장착하고 모델 301이라는 명칭을 부여하였다. 벨사가 T-53 터보 샤프트 엔진으로 교체한 이유는 이미 캐나데어사의 CL-84 틸트 윙 항공기[68]에서 엔진 성능이 검증되었기 때문이다. 수직 이착륙기는 새로운 항공기 개념이라 안전성이 무엇보다 중요했고, 따라서 검증된 엔진을 써야만 했다.

경쟁사인 보잉사의 모델 222 안은 XV-3와 유사하였는데, 엔진은 날개에 고정 상태로 장착되어 있고, 축을 통해 로터를 구동시키는 틸트 샤프트/로터 방식이었다.

1973년 벨 모델 301과 보잉 모델 222는 최종 경쟁에 들어갔으며, NASA는 두 방안을 놓고 검토한 끝에 엔진과 함께 틸트되는 벨사의 모델 301 방안이 우수한 것으로 판단하였다. 과거 틸트 샤프트/로터 개념의 XV-3에서 경험했던 동력 전달 축의 잦은 결함, 신뢰성, 소음 문제 때문에 벨사의 방안에 더 좋은 점수를 준 것이다. 최종 승자로 벨사의 모델 301이 선택되었고, 계약 규모는 약 50만 달러였다. 수직 이착륙기 시대에서 틸트 로터/엔진의 새로운 장이 열리는 순간이었다.

벨사 모델 301은 XV-15로 공식 명칭이 부여되어 NASA의 주도로 개발이 시작되었다. CL-84의 것을 그대로 사용한 랜딩기어는 XV-15가 가장 무거웠을 때를 기준으로 초당 3미터 속도로 강하하는 충격에 견딜 수 있었다. 수직 꼬리 날개는 H-테일인데, 2개의 프로펠러 후방에 수직 꼬리 날개를 하나씩 두어 러더의 성능을 높이기

68 4-4 참조.

3-85 XV-15는 이란 인질 사건과 맞물려 향후 V-22로 개발된다.

위한 것이었다. 동체 내에는 2개의 사출 좌석을 설치하였고, 조종석 후방 공간에는 대부분 실험 장비가 실려 있었다. 이들 실험 장비를 제거할 경우 9명이 탑승 가능한 공간이 생겼다.

엔진은 T53-L-13B를 개조한 LTC1K-4K 엔진이었다. 통상 1250마력의 출력을 내는 이 엔진은 1400마력을 내게 되면 작동 시간은 30분으로 제한되고, 1550마력에서는 10분, 1800마력에서는 2분간만 작동이 가능하였다. 1550마력은 통상 이륙에 사용되고, 1800마력은 하나의 엔진이 꺼져 나머지 한 엔진으로 최대 추력을 내어 비상 착륙하는 경우에 사용되었다. 두 엔진 사이에는 크로스 링크 샤프트가 있어서 하나의 엔진이 멈추어도 다른 엔진이 두 로터를 작동시킬 수 있다.

만일 비행 중 두 엔진이 모두 꺼지는 경우, 엔진 나셀은 자동으로 수직 후방 5도까지 세워지고, 직경 7.5미터의 3엽 블레이드 로터는 기어 박스와 연결을 차단하여 관성력으로 회전을 하면서 로터에 양력을 최대한 발생시킨다. 이를 헬기에서는 자전 강하라 하며, 헬리

3-86 로터 나셀 각도를 약 45도로 하고 천이 비행 중인 XV-15 2호기.

콥터에서 사용되는 비상 절차와 동일한 이 방법이 X-15에도 사용되었다. 엔진 나셀을 후방 5도 각도로 넘어가게 한 이유는 비행기의 전진 속도를 고려하여 자전 강하를 하는 경우 로터가 공기 흐름을 최대한으로 받게 하기 위함이었다. 이렇게 XV-15는 비상시 로터에서 발생시키는 자전 강하 양력과 고정익 날개에서 발생시키는 속도 양력을 이용하여 근처의 가까운 착륙지를 찾아 착륙하게 된다. 만일 아주 높은 고도에서 2개의 엔진 모두가 정지하게 되면 로터의 회전 관성력이 착륙하는 시간 동안 상당히 약화되어 지면에 근접할수록 강하 속도가 점점 빨라진다. 이럴 경우 조종사는 기체가 땅에 접지하기 직전에 바람의 힘으로 돌아가는 로터(Windmill 상태)의 피치 각도를 순간적으로 크게 하여 최종 착지 단계에서 기체 하강 속도를 줄일 수 있다.

조종사는 엔진 나셀과 로터를 2가지 방법으로 작동할 수 있으며, 2가지 방법은 2개의 버튼으로 선택할 수 있었다. 하나의 버튼은 수직 이착륙 시 사용하는데 조종사가 수직 이착륙용 버튼을 누를 경

3-87 NASA에서 지상 실험 중인 XV-15. 로터 회전면이 동체보다 높아 지상에서 테스트할 때는 동체가 별도의 스탠드에 올라가 있어야 했다.

우 엔진 나셀은 수직 상태에서 이륙하고, 다시 수평으로 전환되는 12초 동안 전 과정이 자동으로 작동한다. 조종사가 12초의 중간 작동 과정에서 다시 버튼을 누르면 누른 상태에서 나셀 틸팅이 멈추고, 또 다시 누르면 나셀 틸팅이 계속된다.

또 다른 하나의 버튼은 단거리 이륙을 할 때 또는 임무 형태에 따라 공중에서 속도 조절이 필요할 경우에 사용하는데, 조종사의 선택에 따라 엔진 나셀을 0, 60, 70, 90도의 정해진 각도로 선택할 수 있었다.

엔진 나셀은 전기 신호를 받아 유압 작동기의 힘으로 회전하는데, 엔진 고장으로 유압이 작동하지 않게 되면 조종사가 조종석 뒤로 가서 핸들을 돌려 수동으로 엔진 나셀을 회전시킬 수도 있도록 비상

3-88 실제 XV-15 1호기를 NASA의 풍동 실험실에서 테스트하고 있다.

절차화Emergency Procedure 되어 있었다.

기어 박스는 수직 이륙 모드에서 565RPM, 수평 비행 모드에서는 458RPM으로 로터를 회전시킬 수 있도록 하였다. 틸트 샤프트/프롭과 마찬가지로 호버링 시 추력 조절은 블레이드 각도 변환을 통해 이루어졌다. 호버링 중 기체 조종은 두 로터의 추력을 다르게 하여 롤 기동하고, 로터의 회전 평면각을 서로 다르게 하여 요우 기동을, 사이클릭 피치를 조절하여 피치 기동을 하였다. 단기간 연구를 목적으로 한 것임을 고려하여 비행시간은 1000시간, 기간은 5년 정도의 내구성을 가진 기체로 설계되었고, 조종석은 여압조차 되지 않았다.

XV-15 1호기는 텍사스 엘링턴 공장에서 1976년 10월 22일에 출고되었고, 첫 호버링 비행은 1977년 5월 3일에 있었다. 다음은 천이 비행이 문제였다. 천이 비행 전에 NASA 풍동 실험실에서 기체 전체를 풍동에 넣고 실험을 해야 하는데, 예산 부족으로 약 1년간 실험이 진전되지 못하다가 1978년 6월에서야 재개하였다. 2호기는 1978년 8월에 출고하고 1979년 4월 23일에 호버링을 하였다. 1979년 7월 24일에는 완전한 천이 비행에 성공하였다. 이러한 계속적인 성공 덕에 해군이 XV-15 프로그램에 관심을 가지기 시작하였고, 1979년과 1980년에 해군 예산이 투입되면서 다시 XV-15 프로그램은 활기를 띠기 시작하였다.

3-89 1981년 파리 에어쇼에 등장한 XV-15.

NASA는 2호기를 이용하여 XV-15에서 발생할 수 있는 모든 비상 상황을 가정한 안전성 테스트를 진행하였다. 1979년에는 시험 비행 도중 실제로 하나의 엔진이 정지하는 사고가 발생하였으나 비상 절차에 따라 다른 하나의 엔진으로 2개의 로터를 회전시키면서 안전하게 착륙할 수 있었다. XV-15는 헬기 로터의 특성인 사이클릭 피치 기능을 이용하여 후진 속도 시속 65킬로미터, 좌우 및 옆으로도 시속 65킬로미터를 기록하였다.

1980년 8월에는 군과 계약된 모든 비행이 종료되었으나 벨사 조종사에 의해 1년 더 NASA 비행센터에서 비행 시험을 한 후, 1호기는 1981년 9월에 벨사로 인계되었다. 계획된 프로그램 종료 이후에도 NASA는 2호기로 틸트 로터기의 비행 성능 개선 연구를, 벨사는 1호기로 틸트 로터기 상용화를 위한 시험 비행을 계속 수행하였다.

1980년 이란 인질 구출 작전 실패 사건[69]을 계기로 1981년부터는 수직 이착륙 수송기 소요[70]가 국가 차원에서 제기되기 시작하였다.

벨사는 당시까지 가장 성공적으로 평가되고 있던 XV-15가 군에서 요구하는 수직 이착륙 수송기로 채택되기를 바라면서 군과 정부를 대상으로 XV-15를 이용한 과감한 홍보를 시작하였다. 상용화 부분에도 상당한 홍보를 기울여 1981년에는 파리 에어쇼에 처음 출품하였고, 여러 에어쇼에서 비행 시범을 보여 미래 도심형 항공기의 가능성을 보여줌으로써 많은 관심을 집중 시켰다.

69 5-2 참조.
70 나중에 V-22로 탄생한다.

3-90 벨사는 수직 이착륙기를 홍보하기 위해 XV-15로 워싱턴 D.C.에서 시카고까지 비행하였다.

1982년 3월, 1호기는 동부 해안을 따라 6군데의 착륙 지점을 지정하고 8일간에 걸쳐 연속 비행하였다. 한번은 펜타곤미 국방부에 착륙을 하였으며, 워싱턴 D.C.를 가로질러 비행하기도 하였다. 총 4815킬로미터를 비행하면서 특별한 검사나 정비 없이 운영자의 단순 검사만으로도 안전성이 보장됨을 충분히 증명해 보였다.

3-91 XV-15는 상용화를 위해 많은 민간인을 초청하여 비행하였다.

또 1호기는 1982년 7월, 해상 임무 능력을 증명하기 위해 미국 대륙을 가로질러 샌디에이고 앞바다에 정박해 있던 해병대 상륙 항공모함 트리폴리호에 도착하였으

3-92 벨 XV-15의 민수용 발전형은 BA 609이다.

며, 트리폴리호에서 해병대와 해군에 총 44회의 이착륙 시범을 보여 주었다. 1983년에는 약간의 개조를 통해 해상 구조 임무, 공중 급유 능력도 시범 보였다.

벨은 이런 시범 비행 외에도 조종사들에게 XV-15를 직접 조종하도록 하여 XV-15의 우수한 성능을 경험하도록 하는 판매 전략을 세우고, 1990년까지 185명의 조종사를 탑승시키는 등 대대적인 홍보 활동을 펼쳤다. 여기에는 육해공군의 장성들과 상원의원, 국무위원, 민간 조종사들도 포함되었다. 미 연방 항공국FAA은 향후 틸트 로터 항공기의 민간 취항에 대비하여 직접 XV-15를 탑승하면서 항공법 충족 여부와 안전성을 확인하였다. XV-15 1호기는 V-22의 양산이 결정된 이후

3-93 미국 해안 경비대에서 사용 중인 이글아이 무인 정찰기.

3-94 수직 이착륙기 역사에 중요한 전환점을 제공한 XV-15. 스미소니언 박물관에 전시된 2호기.

에도 V-22의 홍보 목적으로 1992년까지 계속 비행하였다.

1990년대 초는 V-22의 예산 문제로 양산과 관련한 정책적인 충돌이 많이 발생한 시기였다. 1992년 8월에는 블레이드 각도 조절 장치에 이상이 생겨 XV-15가 전복되는 사고가 발생하였다. 다행히 조종사는 무사하였으나 복구하기에는 너무 비용이 많이 들 정도로 기체가 손상되었다. 결국 기체의 기수 부분만 회수하여 향후 상용화될 틸트 로터의 시뮬레이터와 조종사 교육용으로 사용하게 되었다.

NASA에 남았던 XV-15 2호기는 주로 로터 시스템 연구에 사용되었는데, 1991년에 사고를 겪었고, 같은 시기에 예산까지 고갈되면서 부분적으로 분해된 상태로 NASA 창고에 보관하게 되었다. 벨사는 V-22의 양산과 상용 틸트 로터 항공기 성공을 위해 자사 비용으로 2호기를 복구하기로 정부와 계약을 맺고, 재생 과정을 거쳐 1995년 3월에 재비행에 성공하였다.

재탄생한 2호기는 틸트 로터 상용화를 위한 소음 감소 연구에 집중적으로 사용되다가 2003년 9월부터는 스미소니언 박물관에서 전시되고 있다. XV-15의 우수한 성능과 벨사의 노력 덕분에 XV-15는 벨-보잉 합작 군용기인 V-22(1988년 출고)를 탄생시켰고, 민수용으로는 벨-아구스타 합작의 BA 609를 탄생시켜 수직 이착륙기로서 상용화에 가장 먼저 성공하였다.

또 틸트 로터는 수직 이착륙 무인기로도 범위를 넓혀가고 있다. 특히 가장 실용화된 기종으로는 미 해군과 해안 경비대[Cost Guard]에서 사용하는 이글아이[Eagle Eye][71]로 위험 지역의 감시, 정찰 등의 임무를 수행하고 있다.

XV-15는 다른 대부분의 실험기처럼 실험만 하고 사라져 버린 실험기가 아니라 수직 이착륙 전투기로 가장 성공한 해리어에 비견되는 수직 이착륙 수송기로, 항공 역사에 중요한 역할을 한 실험기로 기록되었다.

71 벨사에서 개발하였으며, 1992년에 첫 비행을 하였다.

제원

· 승무원	2명
· 길이	12.83미터
· 날개폭	17.42미터
· 높이	3.86미터
· 순 중량	4574킬로그램
· 최대 이륙 중량	6000킬로그램
· 엔진	1550마력 라이커밍 LTC1K-4K 터보 샤프트 2대
· 로터 직경	7.62미터
· 최고 속도	시속 557킬로미터
· 항속 거리	825킬로미터
· 순항 고도(고정익 모드)	8840미터
· 호버링 한도(헬기 모드)	2635미터

5-2 벨-보잉Bell-Boeing V-22 오스프리Osprey

벨-보잉 V-22 오스프리는 미군에서 사용하는 다목적 임무기로 틸트 로터/엔진 방식이며, 수직 이착륙과 단거리 이착륙이 가능한 최초의 실용 항공기이다.

V-22는 1981년에 미 국방부로부터 소요가 제기되어 전군 합동 지원 수직 이착륙기 실험인 JVX[72] 계획을 통해 착수되었다. 벨 헬리콥터사와 보잉 헬리콥터사가 1983년에 공동 개발자로 지정되어 개발한 결과 1989년에 첫 비행을 하였고, 수년간 지속적인 개량을 거쳐 까다롭고 어려운 군 요구 사항을 충족시킨 최초의 양산 틸트 로터/엔진 항공기로 탄생하였다.

미 해병은 2000년부터 V-22 승무원 교육을 실시하였고, 2007년부터는 실전에 투입하였다. 미 해병은 운영 중인 CH-46 씨 나이트Sea Knight를 완전 대체하고자 하였으며, 공군형은 2009년부터 공급되기 시작하였다. V-22는 곧장 아프간 전쟁과 이라크 전쟁에 투입되어 운용 중이다.

72 Joint-service Vertical Take-off/Landing Experimental.

3-95 V-22는 아프가니스탄 전장에 투입되어 진가를 발휘하고 있다.

V-22 개발 이전에는 물론 XV-15라는 틸트 로터/엔진 방식의 성공적인 실험기가 있었다. 대부분의 수직 이착륙기가 실험 단계에서 중단되고 실용기로 발전하지 못했던 것에 비해 XV-15는 V-22 실용기 단계까지 완성되었다. V-22라는 실용기로 등장하게 된 배경에는 1980년 미국의 치욕적인 군사 작전 실패가 있었다.

1980년 이란에서는 친미 정권이었던 팔레비 왕정이 무너지고 호메이니가 주도하는 강경파가 혁명으로 집권하였다. 이란은 반미로 돌아섰고, 이란에 있던 미 대사관 직원이 인질로 억류되는 사건이 발생하였다. 미국은 국가 정책상 인질 협상을 벌이지 않고 군사 작전을 감행하는 정책을 폈다.

인질을 구출하기 위해서는 대사관 마당이나 옥상에 착륙할 수 있는 수직 이착륙기가 필수였다. 당시 미군이 쓸 수 있는 무기 체계 중 수직 이착륙이 가능한 것은 헬기뿐이었는데 헬기로는 작전 거리나 탑재 용량 제한, 속도 면에서 성공할 수 없었다.

헬기의 부족한 항속 거리를 극복하기 위해 미군은 이란 내 사막

3-96 이란 인질 구출 사건의 사고 현장(왼쪽). C-130과 CH-53이 충돌하여 전소하였다. 작전 실패 후 구출 작전을 다시 계획하면서 C-130을 특별 제작하기도 하였다(오른쪽).

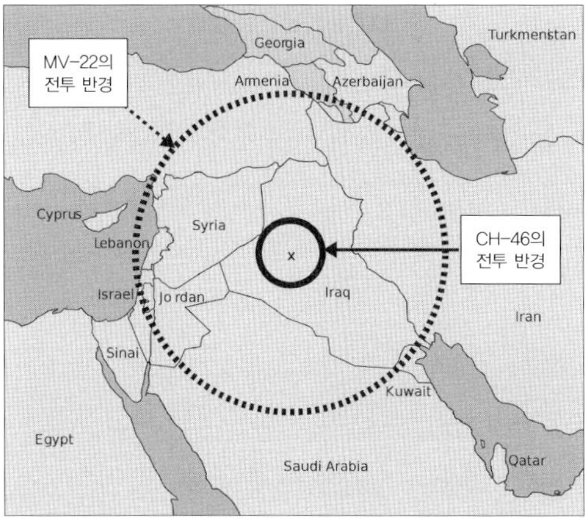

3-97 MV-22의 전투 반경은 기존 헬기에 비해 획기적으로 증가하였다.

의 외진 곳을 지정하여 데저트 원Desert One이라고 이름 붙이고, 이 지역을 미국의 특공대가 사전 확보한 후 데저트 원을 관통하는 일반 도로를 활주로로 사용하여 C-130과 CH-53을 주축으로 하는 중간 보급 기지를 구축하였다. 하지만 데저트 원에서 헬기와 수송기가 충돌하면서 상당한 인명 피해가 발생하였고, 작전은 완전한 실패로 끝나버렸다.

당시 인질 구출을 위해 미국은 수조 원의 비용을 소모하였으나 속도와 항속 거리에 제한적인 헬기의 한계와 모래 바람, 주변국의 비행장 사용 불허 등이 겹치면서 군사 강국의 이름에 먹칠을 하였다.

미국은 테러 및 인질 사건에 대해 절대 협상은 하지 않는다는 정책을 스스로 포기할 수밖에 없었고, 결국 이란과 협상을 해야만 했다. 협상 와중에도 미국은 군사력을 동원하여 인질을 구출하려는 계획을 세우고, C-130에 JATO[73]용 로켓 엔진을 달아 수직 이착륙 버전으로 개조하기도 하였다.

1981년 1월, 이란 인질 사건은 협상으로 종료되고 인질이 석방됨으로써 일단락되었지만 미 국방부는 이 작전의 실패를 경험삼아 수직 이착륙이 가능하면서 수송기의 속도와 수송 능력을 가진 군용기의 필요성을 제기하였고, 육군 주도로 JVX 프로그램을 시작하였다.

여기에 1983년에는 해군과 해병이 참가하였으며 곧이어 공군까

73 Jet Assistant Take Off.

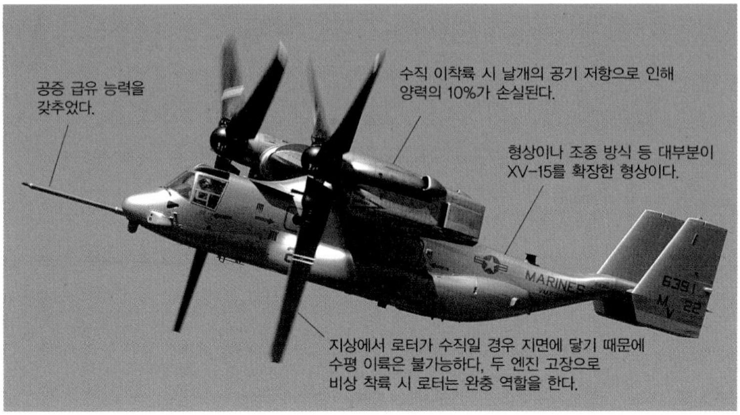

3-98 수평 비행 모드로 비행 중인 V-22.

지 참가하면서 미 해군, 해병, 육군, 공군이 모두 참가하는 대규모 사업이 시작되었다. 여기에 참여한 업체는 프랑스의 에어로스파티얼Aerospatiale, 미국의 벨 헬리콥터Bell Helicopter, 보잉 버톨Boeing Vertol, 그루만Grumman, 록히드 웨스트랜드Lockheed, Westland 들이었다. 하지만 너무 많은 업체의 참가로 비용 낭비를 우려한 국방부는 업체 연합팀 구성을 제의하였다. 이 중 벨-보잉 연합팀이 가장 먼저 1983년 2월에 XV-15 수직 이착륙 실험기의 확장형으로 개발안을 제출하였다. 1983년 4월, 국방부는 벨-보잉팀을 주 계약자로 선정하였다.

JVX는 1985년 1월에 V-22 오스프리Osprey로 공식 명칭이 부여되면서 6대의 시제기 생산에 착수하였다. 벨-보잉은 두 회사 간 생산 협상에 들어가 벨 헬리콥터는 날개, 엔진 나셀, 로터 구동 장치, 꼬리 날개, 후방 램프를 생산하기로 하고, 롤스로이스는 엔진 납품, 보잉은 동체와 칵핏, 항공 전자 장비, 조종 계통을 제작하고 최종 조립 또한 담당하기로 하였다. 공군은 수송기 명칭을 CV-22로 부여하였으나, 해병은 CV라는 공군 명칭이 항공모함의 머리글자인 CV와 혼동될 수 있다는 이유로 MV-22라는 명칭을 부여하였다. 공군의 CV는 'Cargo수송기', 'Vertical수직 이착륙기'이라는 의미이며, 해병대의 MV는 'Miscellaneous다용도기'와 'Vertical'을 의미한다. 풀 스케일 Full-scale[74] 개발은 1986년에 시작되었고, 3월에는 17억 달러의 V-22 개발 계획이 미 해군과 체결되었다.

1988년 5월, 전 세계의 주목을 받으며 V-22가 첫 출고되었다. 하지만 계획대로 순조롭게 풀리지 않았다. 먼저 육군이 예산 긴요도를 거론하며 자기들이 원하지 않는 수송기도 헬기도 아닌 이 항공기에서 손을 떼겠다고 선언하였고, 예산이 계속 증가하자 1989년 상원에서는 JVX 계획 취소 여부를 놓고 논쟁하다가 투표를 하기에 이르렀다. 다행히 2표 차로 간신히 살아남기는 했지만 향후 V-22 개발이 '돈 먹는 공룡'으로 계속 간다면 언제든지 취소될 가능성은 충분했다.

74 실제 크기의 모형 실험기로 주로 구조 해석, 풍동 실험, 제작 방법 연구 등에 사용된다.

이를 계기로 국방부는 계획 취소를 우려하였고, 결국 국방부 장관 딕 체니는 1989년부터 1992년까지 예산을 동결하였다. 이후 여러 연구를 통해 V-22 외의 다른 대체 방안을 모색하였으나 모든 결론은 현재로서 V-22의 지속 개발만이 유일한 방법이고 성능이나 비용, 미래 전장 요구 사항 면에서 V-22만 한 방안이 없다는 것으로 나왔고, 이에 정부나 의회 모두 동의함으로써 결국 클린턴

3-99 V-22 개발 당시, 미국은 향후 국지전 위주로 전쟁을 수행할 것으로 예측하였으며, V-22 외에는 달리 마땅한 수송 수단이 없는 실정이었다.

3-100 해병대 상륙 항공모함 USS 낫소에서 날개를 완전히 접은 V-22와 이륙하는 V-22.

정부에 들어와 V-22 개발을 지속하기로 결정하였다.

1985년에 계약한 6대의 MV-22 시제기는 1989년 3월에 헬기 모드로 첫 비행을 하였고, 9월에는 수송기 모드로 첫 비행을 하였다. 1990년에는 3, 4호기가 해상에 정박한 해군 항공모함에서 이착륙 시험을 하였다. 그러나 1991년과 1992년에는 4, 5호기가 지상 충돌로 손실되는 사고가 있었다.

사고 조사 결과에 따라 1993년 4월까지 MV-22의 개조가 이루어져 총중량이 감소되고, 운영 비용도 절감되었다. 개량된 V-22는 V-22B로 명명되었고, 잔여 4대의 시제기는 모두 B타입으로 재탄생하였다. 이후 1997년까지 안전 보강을 목적으로 시험 비행을 지속하면서 설계 개량을 계속하였다. 미국 항공기 제작 역사상 시제기 비행 이후 이렇게 긴 양산 이전의 시험 단계를 거친 적은 없었다.

3-101 아프가니스탄에 파견된 공군용 V-22는 자체 보호용으로 이미 기관총을 탑재하고 있다.

1997년, 해군 시험소에서 V-22B의 최종 시험 단계에 들어갔다. 1997년 4월에는 4대의 추가 생산 계약이 맺어졌고, 4대 중 시제 1호기는 1997년 5월에 인도되었다. 하지만 성능 개량이 끝난 것은 아니었다. 통상 안전 목적의 개조는 어떠한 기종이든 비행기가 도태될 때까지 계속된다. 2000년에 보잉은 적 지역에서 구조 작전 중 사용할 GAU-19 게틀링Gatling 기관포를 V-22에 장착한다고 발표하였다. 하지만 안전성의 문제를 들어 해병대가 반대함으로써 계획이 취소되었다.

2000년에는 MV-22의 추락으로 총 19명의 해병대원이 사망하는 2건의 치명적인 사고가 발생하였고, 사고 원인이 된 근본 문제를 설계에 반영하는 5년 동안 비행이 중지되었다. 2005년 6월에 다시 비행이 재개되어 전반적인 적재 능력, 고도, 속도, 사막 운용성, 해상 수송, 안전성 등에서 모두 만족스럽다는 평가를 받았다.

V-22 개발과 관련한 기나긴 여정과 논란의 원인은 안전 문제와 비용이었다. 안전 문제는 개량을 통해 대부분 해결되었으나 아직 불씨는 여전히 남아 있었으며, 예산은 1986년 25억 달러에서 1988년에는 300억 달러, 2008년에는 500억 달러를 훌쩍 넘어 버렸다. 500억 달러는 이미 개발에 사용한 비용 270억 달러와 앞으로의 구매 비용 270억 달러를 포함한 금액이었다. 2001년에는 해병대 정비 부서에서 정비 서류를 조작하여 V-22가 매우 안정적이고 정비성이 용이하다는 거짓 문서를 만들어 V-22를 조기에 대량 확보하려던 해병대

중령이 입건되는 불명예 사건까지 발생하였다.

헬기는 엔진이 정지해도 자전 강하 기능을 통해 착륙이 가능하나 V-22는 헬기의 장점을 살린 기종임에도 자전 강하 기능이 없었다. 국방부 시험팀은 490미터 이하의 고도에서 비상 착륙을 해야 하는 경우가 발생하면 승무원의 생존 확률이 거의 없다는 발표를 하였다. 하지만 조종사는 고정익 모드로 변환하여 C-130처럼 활공 비행으로 안전한 착륙이 가능하다는 반론을 펼쳤다. 2개의 엔진에서 모두 동력을 받지 못하는 경우 엔진과 로터는 고정익 모드로 앞을 향하게 하며, 활주로 착륙 시에는 로터가 활주로에 부딪쳐 마모되면서 동체 충격을 완화해 주도록 비상 절차가 만들어져 있다.

그리고 헬기의 쌍발 엔진과 마찬가지로 2개의 엔진은 서로 축으로 연결되어 하나의 엔진에서 문제가 발생하더라도 나머지 엔진으로 두 로터를 회전시키면서 가까운 비행장에 안전하게 착륙하는 것이 가능하도록 설계되었다. 즉 2개의 엔진이 모두 꺼질 확률은 매우 낮다는 주장이다.

V-22의 고유한 형상에서 오는 볼텍스Voltex 문제는 조종사가 볼텍스를 유발하는 상황이 발생하지 않도록 비행 교범을 개정하여 교육하고, 상황 훈련을 통하여 위험 상황에 대처할 수 있다고 군은 주장하였다. 볼텍스는 유체[75]에서 발생하는 급격한 회전 흐름을 말하는데, 볼텍스를 의도적으로 발생시켜 항공 역

75 유체(流體, Fluid)란 흐르는 물체를 뜻하는 것으로 물이나 공기를 말한다.

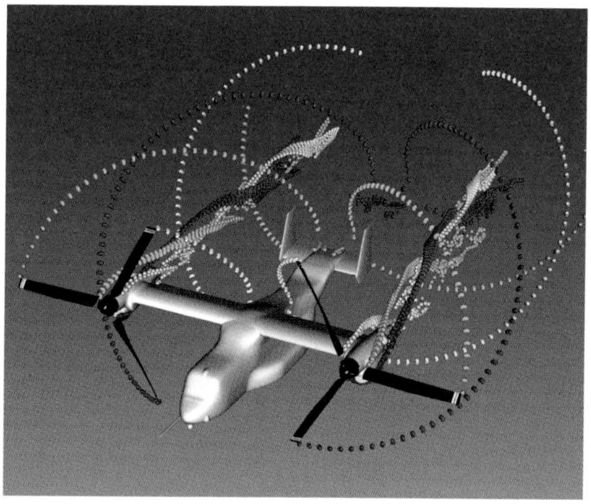

3-102 V-22에 발생하는 볼텍스를 가시화한 것.

3-103 동체보다 훨씬 아래까지 내려오는 로터 블레이드는 엔진 동력 없이 비상 착륙할 때 수직으로 세울 경우 동체 손상을 최소화하는 충격 완충 역할을 한다.

3-104 연료 절감을 위해 로터를 45도 각으로 단거리 이륙을 할 수 있다.

학적으로 도움이 되도록 하는 경우도 있지만, 원하지 않게 발생하는 경우에는 기체를 진동시키거나 조종면 작동을 어렵게 하여 사고로 이어지기도 한다.

2007년 10월 이라크에서 첫 전투 임무에 MV-22가 투입되었다. 각종 매체에서는 V-22에 대해 불완전함, 사고투성이, 돈덩어리로 비난했으나 해병대는 적극적인 언론 대응으로 기사의 부정확성과 극단적인 표현을 공격하고 정확한 데이터를 제출하여 새로운 시대를 열어갈 MV-22에 대해 적극 옹호하면서 이를 극복하였다. 안전을 이유로 예산을 깎으려는 정부와 첨단 장비를 확보하려는 군의 변호가 한동안 지속되었고, 양산 중인 현재도 안전에 대한 논란은 계속되고 있다.

2005년 9월 국방부는 V-22의 생산을 완전히 승인하였다. 그리고 그동안 장기간 생산이 지연된 상황을 고려하여 연간 11대를 생산하려던 것을 2012년부터 연간 24대에서 시작하여 최종 48대까지 확대시키기로 하였다. 즉 국방부는 예산을 증가시킴과 동시에 V-22에 대한 적극적인 지지 의사를 표명한 것이다. 이렇게 되면 총 458대가 생산되는데, 360대가 해병대, 48대가 해군, 50대가 공군으로 배정된다.

3-105 V-22 개량을 위해 레이더 반사 면적을 측정하고 있다.

대당 평균 가격은 개발비를 포함하여 1억 1000만 달러이다. 한화로는 대당 1200억 정도이며, F-15K[76]의 1000억보다 비싼 가격이다. 2008년 운영 결과에 따르면 대당 운영비는 6700만 달러였다. 하지만 국방부는 더 많은 대수가 운영되면 운영비가 많이 줄어들 것으로 예상하고 있다.

벨-보잉팀은 이미 V-22B를 생산하기 시작한지가 오래되어 많은 항공 전자 장비들이 노후하였음을 인정하고, GPS와 인공위성 통신을 이용한 링크-16 네트워크Network[77] 체계를 갖춘 새로운 버전의 설계를 완성하였으며, 점진적으로 이미 운영 중인 V-22B에도 소급하여 개조하고 있다.

설계 관점에서 보면 V-22 오스프리는 세계 최초의 실용 양산형 틸트 로터 항공기이다. 각 로터는 3개의 블레이드로 되어 있고, 날개 끝에 회전형 엔진 나셀이 장착되어 있다. FAA미 연방 항공국는 이 항공기에 파워 리프트 에어크래프트Powered Lift Aircraft라는 새로운 분류 명칭을 부여하였다.

수직 이륙 시에는 로터를 위로 올려서 헬기처럼 이륙하고, 수평 비행 시에는 로터를 앞으로 숙여서 프로펠러 항공기처럼 비행한다.

76 한국 공군이 2005년부터 도입한 F-15E의 발전형.

77 전술 데이터 링크 시스템으로 항공기, 함정, 전차, 인공위성 등에서 획득한 정보를 중앙 통제 체계에서 종합하고, 지휘 체계와 전투 체계 간 영상, 이미지, 레이더 표적 정보 등을 공유하는 일종의 전투용 인터넷 체계이다.

3-106 V-22는 로터뿐만 아니라 날개도 90도로 돌려 동체와 나란하게 하여 수송기에 적재할 수 있다.

수평에서 수직, 수직에서 수평으로 로터를 전환하는 데는 약 12초가 소요되고, 전 과정은 컴퓨터에 의해 제어된다. 단거리 이착륙, 즉 STOL로 이륙할 때는 로터 각도를 45도로 하여 이륙한다. 대형 수송기에 실을 수 있도록 날개는 동체와 나란하게 접을 수 있고, 로터도 90초 만에 완전히 접을 수 있다.

2개의 로터는 중앙의 기어 박스로 동력을 집중시킴으로써 만일 하나의 엔진에 문제가 생겨도 나머지 엔진이 양쪽 로터 모두를 구동시켜 준다. 전체 비행의 약 75퍼센트는 수송기같이 로터가 전방으로 향한 상태에서 진행된다. 이러한 비행 패턴은 기체의 피로도를 낮추고, 속도를 증가시켜 주며, 장거리 비행을 가능하게 하고, 연료 절감 효과를 가져온다. 수직 이착륙을 할 때는 헬기보다 10퍼센트의 연료를 더 사용하는데, 이는 로터의 공기 흐름이 날개에 방해를 받아 생기는 비효율성 때문이다.

V-22는 현대에 생산된 대부분의 항공기와 같이 MFD[78], CDU[79], FLIR 이미저리imagery[80] 등 선진형 항법 장비를 갖춘 글래스 칵핏Glass Cockpit[81]을 구비하였고, 3중 채널안전 보강 개념의 3중 중복 구조의 자동 비행 시스템과 수평 비행을 하다가 수직 착륙 모드로 전환할 때 50피트 상공까지는 완전히 컴퓨터가 조종해 주는 자동 비행 체계도 갖추었다. V-22에 사용되는 글래스 칵핏은 CH-46에 개조 방식으로 적용되어 CH-46X로 명명되었고, CH-46X 도태 시까지 사용될 예정이다.

3-107 BAe 시스템에 의해 제안된 해병대용 V-22의 배면에 FLIR와 기관포 설치 방안.

V-22는 플라이 바이 와이어Fly-By-Wire 3중 채널로 조종되고, 수직 이륙과 착륙은 모두 컴퓨터가 엔진 낫셀 각도를 판단하여 헬기 모드 또는 수송기 모드 등으로 스스로 조종한다. 엔진 낫셀은 수직을 넘어 최대 97.5도까지 세워지는데, 최대로 나셀을 세울 경우 고속 후진이 가능하다.

또 무장도 가능하여 기본적인 기관총을 후방 램프(화물칸 문)에 장착할 수 있도록 설계되었는데, 단지 램프가 열릴 때만 사용 가능하다. 기관총은 적지에서 아군을 구출할 경우에 공중 엄호를 위해 사용한다. 향후 버전에는 기수에 기총을 포드Pod 형태로 탑재하여 공격 헬기처럼 사용할 계획도 가지고 있으며 현재 구체적인 설계 단계에 있다. 수직 하방으로도 사격이 가능하도록 하는 방안도 구상되고 있는데 컬러 TV를 통해 조종사의 조준 사격이 가능하도록 하였으며,

78 Multi-Function Display, 다기능 시현 장치.
79 Central Display Unit, 중앙 시현 장치.
80 Forward Looking Infra Red, 적외선 전방 감시 장치.
81 컬러화된 LCD 디지털 계기 시스템을 갖춘 조종석으로, 센서에서 수집된 정보가 비행 컴퓨터를 통해 전자적인 방식으로 계기에 표시된다.

3-108 V-22는 실험기에서 양산 단계로 이어진 몇 안 되는 수직 이착륙 실용기이다.

일부 아프가니스탄에 투입된 기체에 개조 사용 중이다. 물론 TV는 야간에도 사용 가능한 FLIR 개념이다. 일종의 미니 AC-130[82]으로 운용될 가능성이 크다고 관계자들은 보고 있다. 미 해군은 현재 V-22의 속도인 시속 460킬로미터를 시속 500킬로미터로 업그레이드해 줄 것을 요구하고 있으며, 최대 호버링 한도도 3000미터에서 4300미터로 향상된 성능을 갖출 것을 요구하고 있다.

V-22는 매우 독특하고 성공적인 수직 이착륙 수송기이지만 수직 이착륙기의 약점을 여전히 가지고 있다. V-22가 운반 가능한 하중은 여전히 헬기에 뒤진다. V-22는 외부에 화물을 매단 상태로 약 6147킬로그램을 운반할 수 있는데, 같은 규모의 텐덤 로터Tandem Rotor[83]를 사용하는 CH-47 치누크 헬기는 1만 1794킬로그램을 운반할 수 있다. 사실 V-22의 용도는 주로 병력 수송에 집중되어 있다.

육군은 V-22를 넘어 전투 지역에 20톤~30톤급의 중장비를 운반할 능력을 가진 수직 이착륙기를 요구하고 있으며, 이를 확보하기

82 C-130에 기관포 및 대포를 적재하여 지상 공격 임무를 수행하는 특수 목적 기종.
83 메인 로터가 2개 장착된 헬리콥터.

3-109 4개의 틸트 로터를 사용하는 QTR 수직 이착륙 항공기를 개발하기 위해 미 육군은 조인트 헤비 리프트 프로그램을 추진하고 있다.

위해 육군 주도로 조인트 헤비 리프트 프로그램Joint Heavy Lift Program을 추진하고 있다. 육군의 요구 사항은 V-22의 확장형이라 볼 수 있으며 QTR, 즉 'Quad Tilt Rotor'라 부른다. 'Quad Tilt Rotor'란 4개의 틸트 로터를 사용한다는 의미이다.

제원

· 승무원	4명(정조종사, 부조종사, 적재사(Load Master), 정비사)
· 수용 능력	의자 24명, 최대 32명, 내부 9070킬로그램, 외부 6800킬로그램 (Sling으로 연결하여 이동 시)
· 길이	17.5미터
· 로터 직경	11.6미터
· 날개폭	14미터
· 높이	엔진 낫셀을 세울 경우 6.73미터, 수직 꼬리 날개까지 5.5미터
· 순 중량	1만 5032킬로그램
· 운영 중량	2만 1500킬로그램
· 최대 이륙 중량	2만 7400킬로그램
· 엔진	6150마력 롤스로이스 앨리슨 T406/AE 1107C 터보 샤프트 2대
· 최고 속도	시속 463킬로미터
· 순항 속도	시속 446킬로미터
· 항속 거리	1627킬로미터(일반 임무 시)
· 최대 항속 거리	3590킬로미터(Ferry 임무 시)
· 전투 해동 반경	685킬로미터
· 상승 한도	7920미터(고정익 모드에서)
· 상승율	초속 11.8미터

5–3 벨Bell 65 ATVAir Test Vehicle

벨65 AVT는 틸트 제트Tilt Jet 방식을 이용한 수직 이착륙 실험기이다.

1950년 수직 이착륙기의 개발 열기가 한창일 때, 미 항공국은 VTOL 전투기 연구 개발 계획을 발표하였고, 이에 록히드Lockheed사는 XFV–1 살몬Salmon[84]을, 컨베어Convair사는 XFY–1 포고Pogo[85]를 응찰하였다. 이 두 기종은 테일 시터Tail Sitter 방식으로 우주선처럼 기체를 수직으로 세워서 마치 로켓을 발사하듯 이륙한다. 이 방식은 이륙에는 별 문제가 없으나 기체를 착륙시킬 때면 마치 자동차가 후진할 때 운전자가 완전히 고개를 뒤로 돌려서 후방을 보듯이 조종사가 착륙지를 보기 위해 고개를 180도 뒤로 돌려야 했기 때문에 착륙이 무척 어려웠다. 수직 이착륙 분야에서 테일 시터 방식이 채택되지 않은 이유의 상당 부분이 착륙 문제 때문이기도 하였다. 결국 1952년 제안되

84 8–2 참조.
85 8–3 참조.

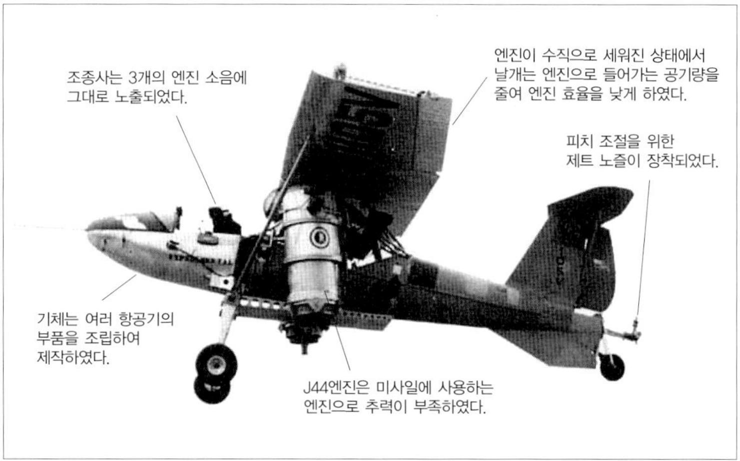

3–110 ATV는 수직 이착륙 전투기는 기체가 수평인 상태에서 이착륙하여야 한다는 개념에서 출발하였다.

었던 XFV-1, XFY-1 두 방식 모두 운용에 적합하지 못하다는 결론이 나자, 벨사는 전투기만큼은 기존 방식대로 기체를 수평으로 한 상태에서 수직 이착륙해야 한다고 판단하여 틸트 엔진 방식을 이용한 수직 이착륙 전투기를 제안하였고, 결국 미 항공국과 계약을 맺게 되었다.

3-111 벨 65 ATV 시험 비행 전의 사진. 랜딩기어는 스키드 방식이었다.

벨사는 틸트 엔진 방식의 성공을 자신하면서 실험기에 그치지 않고 실용기 제작까지 염두에 두고 있었다. 기체 명칭은 벨 모델 65로 붙이고, 시제기 제작에 드는 비용을 절감하기 위해 대부분의 부품은 기존 항공기의 것을 차용하여 제작하였다. 동체는 슈바이처 글라이더Schweizer Glider에서, 날개는 세스나Cessna 170에서, 랜딩기어는 벨 모델 47에서 가져와 조립하였다. 글라이더 조종석을 사용하다 보니 조종석은 지붕조차 없었다.

엔진은 추력 490킬로그램의 페어차일드Fairchild J44 터보 제트 2대를 동체 외부, 좌우 날개 하부에 각각 장착하였다. J44는 무인 타겟, 순항 미사일에 사용되는 소형 엔진이다. 두 엔진 사이에는 터보메카사의 팔로스트Turbomeca Palouste 소형 엔진을 장착하여 자세 제어용 제트를 파이프를 통해 날개 양 끝과 꼬리 날개 쪽으로 분사하였다. 터보메카 팔로스트 엔진은 프랑스제 엔진으로, 주로 항공기 시동 장비에 사용되는 낮은 추력의 엔진이었다. 엔진은 수직 이착륙 또는 호버링 시에 수직으로 세워지며, 순항 시에는 수평이 된다. 하지만 두 엔진 추력을 모두 합쳐도 950킬로그램의 추력뿐이었으며, ATV 운

3–112 1954년 12월 엔진 사고로 항공기가 심하게 손상되었다.

용 중량[86]도 거의 900킬로그램이었다. 이 수치로 보면 거의 여유 추력이 없는 것이다. 더구나 수직 이륙 시 지면에 반사되어 다시 공기 흡입구로 들어오는 핫 가스Hot Gas와 날개가 공기 흡입구 효율을 방해하면서 중량 대 추력비[87]가 1보다 낮아져 사실상 지면 효과 없이 수직 이륙은 불가능하였다.

여러 항공기의 부품을 이용하여 만든 덕분에 모델 65는 제작 착수 8개월만인 1953년 12월에 완성되었고, 1954년 11월에 첫 비행을 하였다. 그로부터 한 달 후, 시험 비행 중 엔진이 터지면서 추락하여 항공기는 상당한 손상을 입었으나 조종사는 무사히 탈출하였다.

사고 후 모델 65는 대대적인 수리를 거쳐 기체가 보강되었다. 부족했던 자세 제어용 제트 추력이 보강되고, 수직 이착륙만 고려하여 설계된 기존 헬리콥터 방식의 스키드Skid 착륙 장치는 바퀴를 장착하여 수평 이착륙도 가능하게 하였다. 수평 이착륙이 가능해진 후 1955년에는 처음으로 수평 이착륙 비행에 성공하였다. 하지만 별다른 성과를 거두지 못하고 ATV 프로그램은 종료되었다. 시험 비행 중에 한 번도 천이 비행을 하지 못했고 오로지 수평 이착륙과 수직 이착륙만 수행되어 사실상 천이 비행 능력은 검증하지 못하였다.

장착된 두 엔진을 합쳐서 950킬로그램에 불과한 엔진 추력으로는 날개가 양력을 얻을 만큼 충분한 속도를 내기 전까지 항공기 중량을 버틸 수 없었다. 다시 말해 계산상으로 천이 비행이 불가능하였다.

86 항공기 기본 무게에 연료, 조종사 탑승 무게 등이 추가된 것.
87 추력을 중량으로 나눈 값으로, 중량 대 추력비가 최소 1이 넘어야 수직 이륙이 가능하다.

또 엔진이 조종사 바로 옆 외부에 장착되어 조종사는 엔진의 엄청난 소음을 버티면서 비행을 해야 했다.

벨사는 당시 모델 65의 단점을 보완하여 벡터드 트러스트Vectored Thrust 방식의 X-14[88] 수직 이착륙 실험기(1957년 첫 비행, 벨 모델 68)를 진행하고 있었는데, X-14가 미 공군으로부터 더 관심을 받았고, 벨사 자체적으로도 X-14가 모델 65보다 더 효율적이라고 판단하여 연구 중이던 모델 65를 스스로 포기하고 1955년 봄에 공식적으로 프로그램을 종료하였다. 총비행시간은 4.5시간에 불과했고 총 30회의 비행을 하였다. 비록 X-14와는 추력 방식이 다르지만, 제트 엔진을 이용한 자세 제어 방식은 X-14에도 채택되었으며, 시험 비행 데이터는 XF-109 수직 이착륙기 개발에 많은 도움이 되었다.

3-113 사고 이후 거의 새롭게 제작된 ATV. 바퀴로 된 랜딩기어를 필요에 따라 장착하여 수평 이륙이 가능하였다.

3-114 라이트 패트슨 기지에 전시된 벨 모델 65 ATV.

현재 이 기체는 라이트 패트슨 기지에 보관 중이다.

88 7-1 참조.

제원

· 승무원	1명
· 엔진	790킬로그램 페어차일드 J44 터보 제트 엔진 2대
· 이륙 중량	907킬로그램
· 날개폭	7.93미터
· 길이	6.4미터
· 높이	2.35미터

6 호버링과 전진 비행 시 같은 추력을 사용 – 디플렉티드 슬립스트림(Deflected Slipstream)

디플렉티드 슬립스트림후류 전환 방식이란 독특한 형태의 날개 구조물을 이용하여 프로펠러에서 생성된 수평 방향 후류를 수직 아래 90도 방향으로 흐르도록 유도하여 수직 상승력을 만들어 낸다는 개념이다. 수평 비행 시에는 날개 구조물인 플랩을 다시 접음으로서 통상적인 비행이 가능하였다. 플랩이라는 고양력 장치는 1차 세계 대전을 거치면서 발달하였으며, 이후 기본적인 날개 구조물이 되었다.

1950년대에 NASA는 날개의 플랩 개념을 응용한 수직 이착륙 방법을 연구하기 시작하였으며, 날개에 부착된 대형 플랩 장치Large Cord Flap를 이용한 수직 이착륙 방식을 디플렉티드 슬립스트림 이착륙 방식이라 하였다.

날개 플랩은 층층 구조로 되어 위로 접어 올릴 경우 단순한 날개 모양이 되지만 2중 플랩을 이용하여 아래로 길게 늘어뜨리면 4분의 1 원의 형태가 된다. 수평으로 들어온 프로펠러 후류는 날개 아랫면을 따라 동체 아래로 방향을 바꾸어 나가면서 수직 상승 추력을 형성한다. 항공기가 공중에 뜨면 서서히 날개 플랩을 다시 끌어들이는데, 날개 아랫면의 추력은 점점 후방으로 향하게 되어 수평 추력으로 작용한다.

당시 NASA는 디플렉티드 슬립스트림 구조의 풍동 실험을 통해

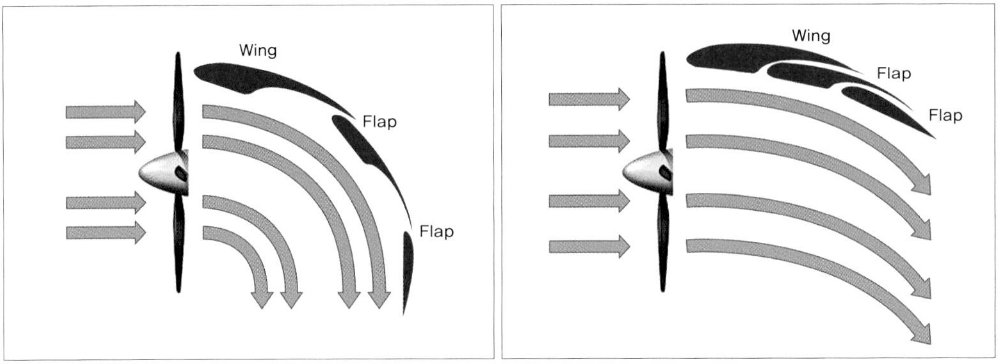

3-115 수직 이착륙 시 날개와 공기 흐름(왼쪽), 수평 비행 시 날개와 공기 흐름(오른쪽).

얻어진 결과에 매우 흥분하였다. 당시 수직 이착륙을 위해서는 상당한 비용과 복잡한 기체 구조, 엔진 추력, 위험성, 조종사의 특별한 비행 능력이 요구되었기 때문에 만일 디플렉티드 슬립스트림이 성공한다면 누구나 쉽게 수직 이착륙기를 만들 수 있고, 기체의 안정성도 높아지며, 헬기와 같은 회전익기 비행 경험이 없는 보통의 조종사도 조종이 가능하여 항공 분야에 일대 혁신을 가져올 것이라고 기대하였다. 하지만 기대와는 달리 디플렉티드 슬립스트림을 이용한 기체는 총 3종만이 제작되었으며, 그중 비행용으로는 2개 기종만 생산되었고, 2개 기종 중 1개 기종만 비행에 성공하였다. 그나마 비행을 통해 얻은 것은 기대 이하의 극히 한정적인 결과뿐이었다.

당시 민간과 NASA의 연구 결과는 다음과 같다.

1. 날개와 플랩 등을 이용하여 프로펠러의 공기 흐름을 90도 방향으로 전환하여 아래로 향하게 할 수 있으며, 아래로 향한 공기 흐름은 항공기를 들어 올릴 만큼의 추력을 만들어 낸다.
2. 공기 흐름을 수직 하방으로 전환할 경우, 회전 운동에 의한

에너지 손실과 마찰로 인한 에너지 손실을 제외하고도 최대 프로펠러 출력에서 약 80퍼센트 정도를 수직 추력으로 활용할 수 있다.

3. 지상에서 이륙 시에는 지면 효과 덕분에 공기 흐름 각도를 약 75도 정도로만 전환하여도 프로펠러 추력의 88퍼센트를 활용할 수 있다.

4. 호버링 후 비행체가 전진하게 되면 약 10퍼센트 정도의 수직 추력이 감소한다(70퍼센트가 수직 추력으로 활용 가능).

5. 날개 끝단에는 반원 형태의 공기를 가두는 추가적인 판Plate이 반드시 필요하다.

6. 날개 뒤쪽 마지막 플랩은 수직 추력 효율에 아무런 역할을 하지 못한다.

7. 날개의 폭(날개 좌우 길이 방향)은 프로펠러의 전체 직경과 같을 때 가장 효율이 높다.

8. 날개의 코드 길이[89]는 프로펠러의 직경과 같을 때 최대 효율을 얻을 수 있다.

89 날개 전연과 후연 끝의 길이, 즉 날개 앞뒤 길이를 말한다.

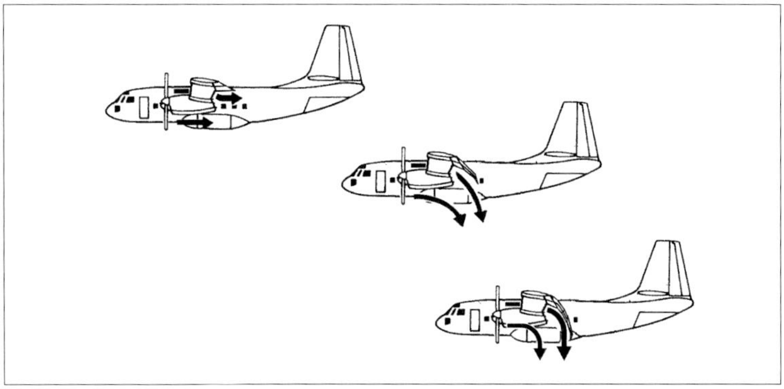

3-116 디플렉티드 슬립스트림을 이용한 수직 이착륙 수송기 구상.

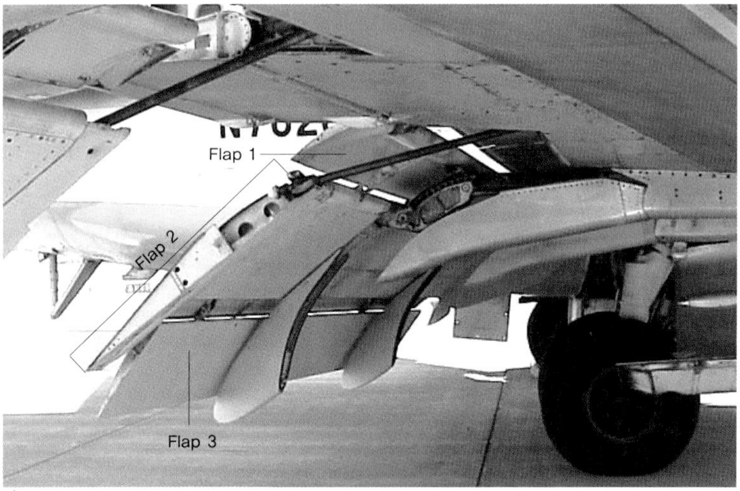

3-117 대형 여객기에 사용되는 날개 후미 고양력 장치인 플랩도 디플렉티드 슬립스트림 연구의 연장선에 있다. 사진의 항공기는 날개 뒤로 3중 플랩 구조를 가지고 있다.

이러한 연구 결과를 바탕으로 디플렉티드 슬립스트림 원리를 이용한 시제기 3종이 1950년 후반부터 1960년대 전반 사이에 제작되었다.

로버슨Roberson VTOL, 리안Ryan 모델 92 VX-3 버티플랜Vertiplane, 페어차일드Fairchild M-224 VZ-5 플레저링Fledgling이다. 비록 디플렉티드 슬립스트림 개념의 수직 이착륙기가 성공적인 결론에 도달하지는 못하였지만, 그 분야에서 연구되었던 대형 플랩은 현재 대부분의 여객

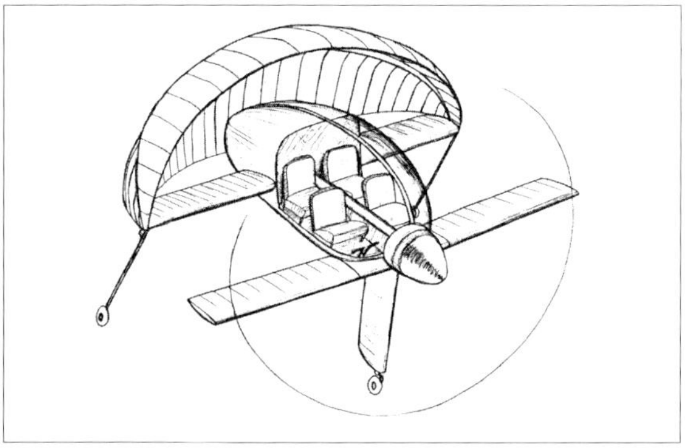

3-118 디플렉티드 슬립스트림을 이용한 아크 윙의 개념도와 모형.

기에 사용되고 있는 파울러 플랩Fowler Flap, 다단계 고양력 장치으로 발전하였다.

한 항공 연구가는 디플렉티드 슬립스트림을 이용하여 아크 윙Arc Wing 개념의 단거리 이착륙 항공기 구상을 내놓기도 하였다. 아크 윙 항공기는 4인승으로 전방 프로펠러 후류를 후방에 있는 4분의 1 구면체를 통해 아래 방향으로 전환하여 수직 추력을 얻는 방식이다. 일정 고도와 속도가 생기면 4분의 1 구형의 디플렉트 장치는 접혀지고, 이후 통상적 비행 방법인 날개 양력으로 비행하게 된다. 하지만 이 실험도 풍동 실험 단계에서 그치고 말았다.

6-1 로버슨Robertson VTOL

디플렉티드 슬립스트림 방식을 이용하여 로버슨 항공사에서 1957년 1월에 제작한 기체로 명칭은 부여되지 않았다. 엔진은 340 마력의 라이커밍사 GSO-480 왕복 엔진을 장착하였다. 날개 좌우 길이가 앞뒷전이 긴 라지 코드Large Cord[90]형 날개를 적용하였고, 전연 플랩도 장착하였다. 항공기 자세 제어를 위한 별도의 장치는 없었으며 프로펠러 피치와 플랩을 이용하였다고 하나 이에 대한 자세한 기록은 없다. 이 기체는 단지 줄에 매단 상태로 지상에서 업다운Up-Down 비행만 실험적으로 시행하였고, 이후 어떠한 실험도 한 적이 없다. 일부에서는 수직 이착륙기 범주에 넣지 않기도 하며, 상세한 자료도 공개된 바가 없다.

90 'Cord'란 날개 꼴 모양의 앞, 뒤 끝을 연결하는 선을 말하는데 'Large Cord'란 날개 앞뒤 길이가 긴 것을 말한다. 예를 들어 델타익의 코드는 매우 크며, U-2, 글로벌호크와 같은 글라이더 기능의 날개 코드는 짧다.

3-119 로버슨 VTOL.

6-2 리안Ryan 모델 92, VZ-3RY 버티플레인Vertiplane

리안 VZ-3(제작사 모델명 92)는 디플렉티드 슬립스트림 방식을 이용한 수직 이착륙 실험기로 제작되었으며, 이 방식으로 제작된 실험기 중 실제 비행한 유일한 항공기이다.

프로젝트는 1957년에 리안사와 미 육군의 계약으로 시작되었다. VZ-3의 날개는 날개의 앞과 뒤까지 길이가 매우 긴 라지 코드에 2중 플랩Double Fowler Flap[91]을 장착한 형태였으며, 추력 장치로는 1000마력의 T53-L-1 터보 프롭 엔진 2대에 직경 2.79미터 3엽 프로펠러를 장착하였다.

다른 수직 이착륙기와 마찬가지로 호버링과 저속에서 기체 조종은 엔진의 제트 일부를 꼬리 날개 쪽으로 보내 피치와 요우 컨트롤에 사용하였고, 프로펠러의 피치 각도 조절을 통해 롤 컨트롤을 하였다.

시험기 제작의 주 목적은 디플렉티드 슬립스트림 방식으로 안정

91 디플렉티드 슬립스트림을 설명하는 내용 그림 참조. 플랩이 주 날개에 들어가거나 빠져나올 수 있도록 만들어진 형태를 말한다. 다른 형태로는 스플리트 플랩(Split Flap), 플레인 플랩(Plain Flap), 슬로티드 플랩(Slotted Flap) 등이 있다.

3-120 플랩을 완전히 내리고 단거리 이륙하는 VZ-3.

적인 수직 이착륙이 가능한지, 그리고 구조적으로나 비행 성능으로나 안전성이 보장되는지를 검증하고, 기체의 조종성과 항공기 움직임의 상관관계도 검증하는 것이었다.

1959년 1월 21일, 리안사 모델 92는 첫 비행에 성공하였고, 약 1년간 리안사에서 시험 비행과 기체 개량을 지속하다가 1960년 2월에 NASA로 인도되어 VZ-3RY로 명칭을 바꾸었다. 당시 리안사 조종사는 NASA 조종사들에게 불규칙적인 비행 성능을 설명하고, 이런 상황이 발생하면 사출이 최선책이라고 조언해 주었다. NASA는 리안사의 조언을 참고하여 풍동 실험 과정 중 저속에서 기수가 숙여지는 문제를 확인하고 대책도 마련하였으나 실제 비행에서는 문제가 개선되지 않아 결국 조종사가 비상 탈출하는 사건이 발생하였다. 저속에서 기수 업다운을 조절해 주어야 하는 제트 노즐Jet Nozzle 추력이 약하여 기수가 들리면서 뒤집어져 버린 것이다. 다행히 저속, 저고도에서 사고가 발생하여 조종사도 무사하였고, 기체의 손상도 적었다.

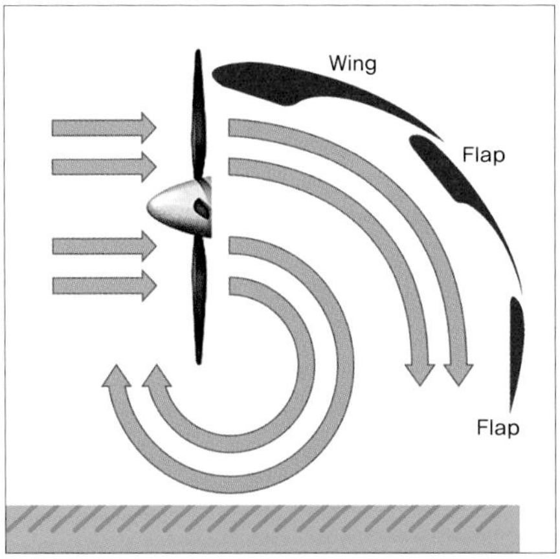

3-121 역지면 효과가 발생하는 과정. 날개 하부 공기 중 일부가 프로펠러 앞으로 다시 들어가면서 날개 아래 압력이 빠져나가는 현상이다.

VZ-3RY는 수리 후 비행을 계속하였다. 이 시험기는 호버링 후 착륙 직전 지면 효과가 적용되는 순간에 동체가 앞으로 숙여지는 다이빙 모먼트Diving Moment 현상이 발생하였다. 이 문제는 날개에 전연 플랩Leading Edge Flap을 더하여 날개 앞쪽 양력을 높이면서 해결하였다. 다음에 발생한 문제는 역지면 효과이다. 지면 효과는 항공기가 날개 길이 정도의 높이로 지면에 접근하면 공기의 점성, 마찰 등의 영향으로 인해 공기 쿠션이 생기는 현상으로 양력에 도움이 되는 현상인데, 역지면 효과는 지면에 가까이 가면서 오히려 양력이 줄어드는 현상을 말한다.

역지면 효과 현상은 약 시속 35킬로미터 이하 영역, 지면 약 5미터 높이에서 주로 발생하였다.

3-122 시험 비행 중인 VZ-3. 디플렉티드 슬립스트림을 이용한 비행기 중 유일하게 비행하였다.

날개 후방 플랩을 완전히 내린 상태로 착륙하면 프로펠러와 날개 사이에 공기가 빠져나가지 않고 쌓이게 되므로 당연히 지면 효과에 따라 양력이 증가해야 하지만 VZ-3에서 발생한 역지면 효과는 그림 3-121에서 설명한 공기 흐름에 의한 것으로 밝혀졌다. 날개 아래에 갇힌 공기는 프로펠러 아래를 통과해 전면으로 나아가고 다시 프로펠러로 들어가는 순환이 생기는데, 이 순환이 지면 부근에서 공기를 소용돌이치게 만들고, 소용돌이치는 공기는 프로펠러 효율을 낮추게 되므로 그 결과 날개와 프로펠러 사이에 갇힌 공기 압력이 주변보다 낮아져 착륙 중에 순간적으로 기체가 내려앉아 버리는 것이다. 다행히 역지면 효과가 발생하기 전에 프로펠러의 소음이 증가하는 현상이 확인되어 어느 정도 조종사에게 경고가 가능하였다. 또 이러한 민감한 상황에서 측풍이라도 불면 양쪽 날개의 양력 차이가 급격히 커져 항공기가 미끄러지거나 원하지 않는 롤링에 들어가는 경향도 확인되었다.

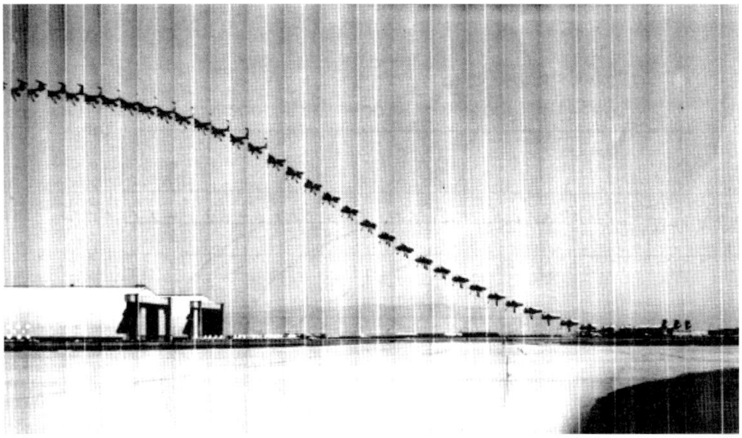

3-123 NASA에서 실험한 VZ-3RY의 단거리 이륙 연속 사진.

따라서 수차례의 비행 시험을 거친 후, NASA는 디플렉티드 슬립스트림 구조는 수직 이착륙보다 단거리 이착륙에 더 효과적이라는 결론을 내렸다. 전진하는 비행기의 속도가 날개 하부에 쌓인 공기를 앞으로 나오지 못하게 함으로서 역지면 효과를 상당히 감소시켜 주었고, 속도가 빠를수록 역지면 효과는 더욱 감소하였다. 날개 뒤쪽의 커다란 플랩은 착륙 시 항공기 속도를 낮추는 데 매우 유용하게 사용되었다.

VZ-3RY의 비행 결과를 바탕으로 NASA는 디플렉티드 슬립스트림 구조의 수직 이착륙기 개발을 포기하게 되었다. 단지 그 구조에 적용된 더블 슬롯 플랩Double Slotted Flap 등의 개념은 이착륙 거리를 줄여주는 데 매우 효과적이어서 현재 여객기, 수송기 등 대형기에는 필수적으로 적용되고 있다. VZ-3RY 버티플랜은 1961년까지 NASA에서 V/STOL 실험기로 운영하였다.

6-3 페어차일드Fairchild M-224-1, VZ-5FA 플레저링Fledgling

미 육군의 수송연구사령부TRECOM[92]는 1950년대 말 자체적으로 예산을 투입하여 풍동 실험기를 설치하고, 디플렉티드 슬립스트림을 이용한 또 다른 항공기 개발을 추진하였다. 페어차일드사에서 제작한 이 기체는 리안사 VZ-3RY와 유사한 형태였다. 단지 높은 추력을 위해 4개의 엔진을 장착하고 T-테일을 설치하였다. 날개에는 GE사 YT58-GE-2, 1024마력 엔진 4대를 장착하였다. 날개폭은 10미터, 날개 뒷전의 플랩은 VZ-3RY와 유사하였다. 기체의 롤 조종은 프로펠러 피치 조절을 통해 이루어졌고, 기체의 피치 조절은 수평 꼬리 날개 상부에 별도로 장착된 2개의 프로펠러를 사용하였다. 캐노피는 완전히 개방형으로 되어 있었으며, 조종사가 앉는 위치와 4개의 프로펠러가 돌아가는 선이 일치하여 프로펠러가 떨어져

92 US Army Transportation Research and Engineering Command.

3-124 VZ-5는 마치 전갈이 꼬리를 들고 있는 듯한 형상이다.

나가는 경우에는 조종사에게 치명적일 수 있었다. 더구나 밀폐형 조종석과 같은 보호 구조물도 없어 더욱 위험한 상황이었다. 4개의 터빈 엔진과 프로펠러는 소음이 심해 조종사를 괴롭히기 딱 좋은 위치에 있었다.

총중량은 약 1800킬로그램으로 VZ-3보다는 약 500킬로그램이 더 무거웠다. 육군은 실물 크기로 제작한 후 NASA의 도움을 받아 풀 스케일Full Scale 풍동 실험을 하였다. 풍동 실험 결과 NASA가 내린 결론은 대부분의 비행 특성은 VZ-3와 유사하며, 몇 가지는 더 좋지 않다는 것이었다. NASA는 이 기종이 수직 이착륙 단계에서 안정성이 매우 떨어지며, 이를 수정하기 위한 여러 가지 방안을 모색하였으나 개선이 불가능하다는 결론에 도달했다고 육군에 통보하였다. 하지만 VZ-5의 지상 시험은 계속되어 동체를 지상에 결박시킨 상태에서 이륙 시험을 하였다.

지면 효과가 작용했음에도 최고 추력을 사용하여 도달한 이 기종의 고도는 약 3.5미터에 불과하였다. 엔진이 낼 수 있는 최대 추력

3-125 지상에서 결박 상태로 호버링 테스트 중인 VZ-5.

3-126 페어차일드 VZ-5가 단거리 이륙을 위한 자세를 취하고 있다. 하지만 실제 비행에 성공하지 못하였다.

은 1810킬로그램으로 VZ-5의 순 중량인 1614킬로그램보다 약간 더 높았을 뿐이다. 연료를 채우고 조종사가 탑승하면 거의 이륙이 불가능하였다. 무게 중심도 너무 뒤쪽에 위치하여 NASA는 개조를 하더라도 무게 중심을 앞으로 보낼 수 있는 방법이 없다고 하였다. 결국 약 300킬로그램 가량의 무게 추를 조종석 부분에 장착하여 무게 중심을 맞추었는데, 이렇게 되면 사실상 수직 이착륙 기능을 거의 포기하는 단계까지 온 것이다.

날개 형상에 있어서도 플랩을 내린 상태에서 실속이 쉽게 발생하였다. 날개 표면의 공기 흐름을 조정하는 각종 부속 장치와 구조물들이 역학적인 고려 없이 설계되었기 때문이다. 1959년 말 결박 상태의 비행이 몇 번 시도되었고, 날개 장착 위치를 바꾸어 무게 중심 문제를 해결할 수 있다고 판단하였으나 이러한 개조가 효율적이지 못하고 여전히 안전성에는 문제가 있다는 NASA의 조언에 결국 비행은 하지 못하였다.

7 호버링과 전진 비행 시 같은 추력을 사용 – 벡터드 트러스트(Vectored Thrust)

벡터드 트러스트추력선 변환 방식[93] 또는 트러스트 벡터 컨트롤TVC, Thrust Vector Control은 제트 또는 로켓 엔진의 추력 방향을 바꾸어 항공기의 자세를 변화시키고 진행 방향을 전환하는 기술을 말한다. 벡터드 트러스트를 이용한 조종 방식은 우주선에서 기본적으로 채택된 방식이다. 우주 발사체인 로켓의 경우 날개가 없어 조종면을 이용한 자세 제어가 불가능하므로 자세 제어에 추력선 변환 장치가 사용된다. 항공기 중 추력선 변환의 대표 기종인 해리어도 호버링 중에는 우주선과 동일한 방식으로 자세를 제어한다.

벡터드 트러스트 방식의 수직 이착륙기 중 가장 성공적인 기종인 해리어기는 개발 이후[94] 40여 년이 지난 지금도 현역에서 활동 중인 세계적인 걸작으로 꼽히고 있다. 해리어기는 벡터드 트러스트 방식을 통해 수직 이착륙뿐만 아니라 전투에서도 기존의 전투기에서는 상상할 수 없던 기동력을 보여 주어 각종 영화에서 단골로 등장하기도 하였다.

벡터드 트러스트는 엔진 배기 노즐의 방향을 전환시키거나 베인을 통해 엔진의 추력 방향을 전환시킨다. 기존 항공기처럼 비행 속도와 날개 양력을 이용한 이륙이 아니라 로켓처럼 순수하게 엔진 추력만으로 수직 상승을 해야 하므로 엔진 추력이 통상 이착륙하는 항공기에 비해 매우 강력해야 한다. 이러한 엔진 추력 요구 사항으로 인해

93 트러스트 벡터링(Thrust Vectoring)이라고도 한다.
94 양산형 해리어는 1967년에 첫 비행을 하였다.

3-127 해리어는 벡터드 트러스트를 이용한 대표적인 실전 수직 이착륙 전투기로 40여 년을 운영해 왔다.

연료와 무장을 가득 적재한 상태에서는 현재의 해리어조차도 이륙이 불가능하다. 좀 더 많은 연료와 무장을 탑재하고 이륙하기 위해 동체 구조를 단순화하거나 가벼운 복합 재료를 사용함으로써 제작 비용 상승을 동반하기도 하며, 항공기 수명을 단축시키는 결과를 가져오기도 한다. 그래서 해리어의 경우 적재량을 늘이는 대신 단거리 이륙을 주로 하고, 연료와 폭탄을 모두 사용하여 가벼워진 상태에서는 수직 착륙을 무난하게 한다. 이를 'STOVL(Short Take Off and Vertical Landing)' 즉 '단거리 이륙, 수직 착륙'이라 한다.

엔진 노즐 방향을 변환시켜 수직 이륙이라는 이득을 얻는 반면, 이 때문에 군용 전투기에서 파워의 핵심인 엔진의 후기 연소기를 사용할 수 없다는 것도 이 방식의 커다란 단점이다. 후기 연소기는 대부분의 전투기에서 연료와 폭탄을 가득 채운 무거운 기체를 좀 더 안전하고 신속하게 이륙시키는 데 필요한 엔진 추력 보강 시스템이다. 하지만 현재의 기술로는 수직 이착륙 시 엔진 배기 노즐이 90도 굴절된 상태에서 후기 연소기를 사용하도록 설계할 경우 굴곡 부분이 열에 견딜 수 없다. 또 수직 이착륙으로 인한 연료 소비가 과다한데, 후기 연소기로 인한 연료 소모까지 겹치면 작전 반경이 심각하게 감소한다. 하지만 엔진 추력 증가 및 후기 연소기 사용은 기술적인 문제이지 이론적인 불가능 사항은 아니므로 가까운 미래에 해결이 될 것으로 보고 있다.

미 해병대용 해리어인 AV-8은 연료 소모와 항속 거리 문제를 해결하기 위해 연료를 조금만 채운 상태로 단거리 이륙을 한 후 공중 급유를 통해 연료를 채우는 방식을 사용하고, 영국과 스페인은 스키 점프Ski Jump식 활주로를 이용한다. 뜨거운 엔진의 배기가스가 활주로

3-128 벡터드 트러스트 방식의 해리어 이착륙 방식.

에 직접 분사되면서 생기는 활주로 손상도 이 기종의 부수적인 단점이다.

영국과 미 해군, 해병대는 기존 해리어의 단점을 보완한 새로운 개념의 수직 이착륙기인 F-35B를 탄생시켰다.

폭넓은 개념의 벡터드 트러스트는 수직 이착륙 기술만을 말하는 것은 아니며 엔진 추력 방향을 조절하여 공중 기동력을 높이는 방식도 포함하는데, X-31, F-22, Su-35 등에서도 적용되었다(사진 참조). 이 책에서는 수직 이착륙을 위한 벡터드 트러스트만을 살펴본다.

3-129 X-31의 엔진 배기 노즐 부분에 베인이 장착되어 엔진 추력 방향을 조절한다. X-31은 벡터드 트러스트 방식을 이용해 고기동성 항공기를 연구하는 실험기였다.

3-130 벡터드 트러스트 2D 노즐을 이용하여 F-16의 고기동 능력을 연구하기도 하였다.

3-131 F-15에도 벡터드 트러스트 2D 노즐을 장착하여 단거리 이착륙 및 고기동 능력 가능성을 연구하였다.

3-132 상하 또는 좌우로만 노즐이 움직이는 경우를 2D 노즐이라고 한다. 사진은 F-22에 사용되는 F119 엔진이다.

7-1 벨Bell X-14

벨사는 1954년에 첫 시험 비행을 했던 틸트 엔진 개념의 벨 65 ATV[95]로 수직 이착륙 실험에 성공하지 못하였다. 이에 벨사는 새로운 개념의 벡터드 트러스트 방식을 적용한 제트 수직 이착륙기를 구상하였으며, 개발 이전부터 미 공군은 '제트 추진 수직 이착륙기'라는 점에서 높은 관심을 가지고 계약을 적극 추진하였다.

미 공군과 계약을 맺은 벨사는 자사 모델명이었던 모델 68을 공군으로부터 지정받은 X-14로 변경하고 1955년 본격적인 개발에 착수하였다. 당시 공군은 수직 이착륙기를 간절히 원했지만 대부분이 프로펠러나 로터 방식이어서 제트 엔진을 이용한 수직 이착륙기에 큰 관심을 보였고, X-14 실험기가 성공할 경우 제트 엔진을 장착한 수직 이착륙 전투기로의 발전을 기대하였다.

벨사의 설계팀들은 프로그램이 시작되자마자 3개월 후 기체 조립을 시작한다는 목표를 세우고 설계에 착수하였고, 신속한 항공기

95 5-3 참조.

3-133 X-14는 제트 엔진을 이용한 수직 이착륙기로 공군의 관심을 끌었다.

설계와 제작을 위해 기존 항공기 부품을 조립하는 형태로 제작하였다. 날개와 랜딩기어는 비치크래프트Beechcraft 모델 35 보난자Bonanza의 것을 사용하였고, 꼬리 날개 부분은 비치크래프트 T-34A 멘터Mentor의 것을 가져왔다.

캐노피가 없는 오픈 칵핏Open Cockpit을 채택하고, 무게 감소를 위해 알루미늄을 많이 사용하였다. 엔진은 추력 707킬로그램의 암스트롱 바이퍼Viper 엔진 2개를 동체와 나란한 수평 방향으로 장착하였다. 추력선 변환 장치Thrust Diverter는 엔진 배기구 바로 뒤에 설치하여 수직 이착륙 시 추력이 지면을 향하도록 하였다. 2개의 엔진과 추력선 변환 장치로 X-14는 엔진의 회전Engine Tilting 없이 수직 이착륙이 가능하였다. 안전 고도에 도달하면 서서히 추력선 변환 장치를 이용하여 추력을 후방으로 조금씩 회전시키면서 전진 비행을 하였고, 전진 속도가 충분해지면 날개 양력을 이용하여 비행하였다. 수직 이착륙, 호버링, 저속에서 기체 조정은 엔진 압축 공기를 날개 끝과 꼬리 날개 쪽으로 분사시켜 조절하였다.

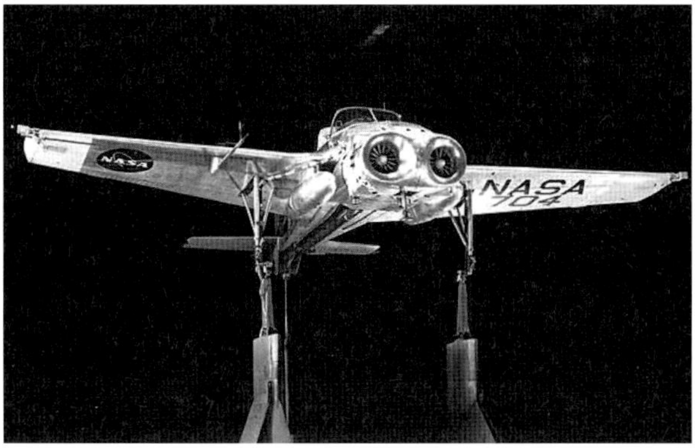

3-134 NASA 풍동 실험 중인 X-14.

1956년 10월에 기체가 완성되어 지상에서 엔진 노즐 작동 시험을 하였으며, 지상 작동 시험 중 엔진 노즐 효율을 최적화하기 위해 랜딩기어 높이가 60센티미터 늘어나게 되었다. X-14는개발 18개월이 지난 1957년 2월, 벨사 비행장에서 첫 호버링 비행

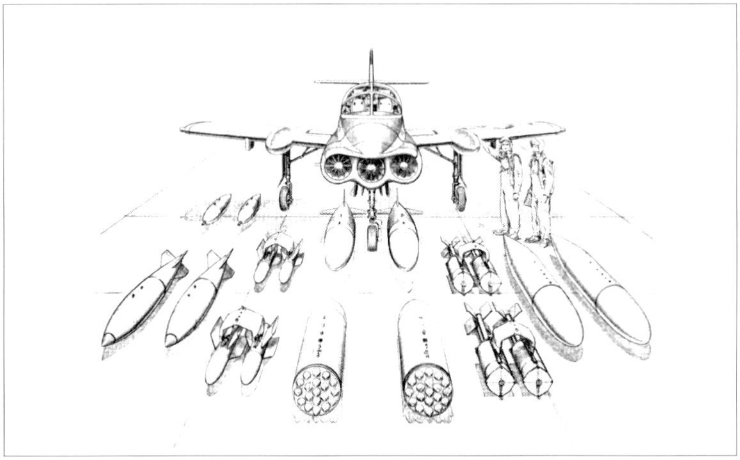

3-135 미 공군의 수직 이착륙 제트기를 활용한 전투기 구상도.

에 성공하였고, 1958년 5월에는 수직 이착륙, 천이 비행, 수직 착륙 전체를 완벽하게 수행하였다.

이후 공군과 NASA에서 시험 비행이 진행되었다. NASA는 시험 비행에서 엔진 추력 부족이 안전에 심각한 문제를 일으킬 수 있음을 지적하고, 총추력이 1215킬로그램인 제너럴 일렉트릭 J85-GE-5[96]로 교환하여 추력을 사실상 2배로 증가시켰다.

1961년, 엔진을 교환한 X-14는 X-14A로 명칭이 변경되었고, NASA의 수직 이착륙기 비행 특성, 조종 특성 연구에 11년간 사용되었다. 1971년에 엔진은 더 보강된 1368킬로그램 추력의 J85-GE-19로 교체되었고, 비행 통제 프로그램이 내장된 컴퓨터(초기형 Fly By Wire)가 장착되면서 X-14A는 X-14B로 이름을 바꾸었다. 이후 X-14B는 1981년까지 운영을 하였으며, 여러 VTOL 항공기 시험 비행 조종사들의 훈련용으로도 사용이 되었다. 심지어는 아폴로 우주 비행사들의 달 착륙선 연습에도 X-14B가 투입되었다.

96 T-38에 장착한 엔진.

3-136 1999년 육군 박물관 창고에 있던 X-14를 개인이 수집하여 복원 중이다.

1981년 3월, 비행 조종 계통의 결함으로 하드랜딩하는 사고가 발생하여 X-14B의 연료 탱크와 꼬리 날개가 화재로 파손되었다. 이후 수리 복구는 계획하지 않고 NASA 창고에 보관되다가 1989년 미 육군 박물관으로 보내졌으나 창고에 보관되었다. 1999년에 개인 수집가가 이를 구매, 복원하여 지방 무기 박물관에 전시 중이다.

제원
_ X-14A 기준

· 승무원	1명
· 길이	7.62미터
· 날개폭	10.36미터
· 높이	2.40미터
· 운영 중량	1437킬로그램
· 최대 이륙 중량	1936킬로그램
· 엔진	1215킬로그램 추력 제너럴 일렉트릭 J85-GE-5 2대
· 최고 속도	시속 277킬로미터
· 항속 거리	482킬로미터
· 상승 한도	6096미터
· 추력 대 중량비	1:0.9

7-2 호커Hawker P.1127, 해리어Harrier

해리어 점프 젯Harrier Jump Jet, 또는 해리어로 불리는 이 전투기는 수직 이착륙이 가능한 현존하는 유일한 실용 전투기로 영국에서 가장 히트한 세기의 걸작 중 하나이다. 물론 F-35B가 등장하면 실용 수직 이착륙 전투기의 첫 번째 자리는 F-35B에게 넘어가겠지만 해리어는 40여 년 이상을 수직 이착륙기의 왕좌에 군림하며 수직 이착륙기의 대명사로 자리를 굳건하게 지켜왔다.

해리어기에는 4개의 기본 버전이 있다. 4종의 해리어는 최초 버전인 호커 시들리 해리어Hawker Siddeley Harrier, BAe 씨 해리어BAe-Sea Harrier, 보잉 합작 AV-8B 해리어 II, BAe 해리어 II이다. 미국은 해리어를 자체 명칭 부여 방법에 따라 AV-8이라 부른다. A는 'Attacker', 즉 공격기를 뜻하며, V는 'Vertical', 즉 수직 이착륙기라는 의미이다. 해

3-137 해리어 탄생을 낳은 P.1127 모델.

리어는 맥도넬 더글러스사가 라이센스 계약을 맺어 미국 내에서도 생산되었는데, 현재는 맥도넬 더글러스를 합병한 보잉사에서 관리하고 있다.

■ 원형기 Hawker P.1127

1957년 브리스틀 엔진(나중에 롤스로이스가 됨)사에서 수직 이착륙에 적합한 '방향 전환 노즐 방식'의 팬 제트 엔진Directable Fan Jet을 개발하자 이에 고무된 호커 에어크래프트Hawker Aircraft사는 NATO[97]가 제의하는 경량급 전술, 지원 전투기 성능을 갖춘 항공기 설계를 구상하였다. 하지만 재정 부족으로 개발이 지연되자 NATO에서 예산을 지원받아 1960년에 처음으로 시제기 P.1127을 생산하였고, 1960년 10월 21일 첫 수직 이착륙에 성공하였다.

하지만 P.1127이 채택한 단일 엔진 수직 이착륙기로는 NATO에서 원했던 '2개 엔진' 성능 요구 사항을 충족시키지 못하였고, 당시 이미 개발되어 미 공군과 해군에서 운용 중인 F-4에 비해 훨씬 부족하였다. 또, 당시 개발되던 전투기에는 적지에 대한 신속한 공격과 이탈을 위해 초음속 비행 성능이 필수적으로 요구되었는데 P.1127은 초음속 비행이 불가능하였다.

NATO는 소련 중심의 동구 유럽의 선제공격에도 공중 전력을 유지할 수 있는 P.1127의 수직 이착륙 성능에 매우 높은 점수를 주면서도 초음속 성능에 대해서는 아쉬움이 남아 호커사에 초음속 비행 성능을 갖추도록 재설계를 요구하였다. 호커사는 P.1127 모델을 개량하여 초음속 비행이 가능한 P.1150 모델, P.1154 모델 등을 제

97 North Atlantic Treaty Organization의 약자로 북대서양 조약 기구를 말한다. 1949년 당시 소련이 동부 유럽으로 팽창하는 것을 막기 위해 창설한 군사적 연합 기구이다. 이에 대응하는 소련의 군사 연합 기구는 바르샤바 조약 기구가 있었다.

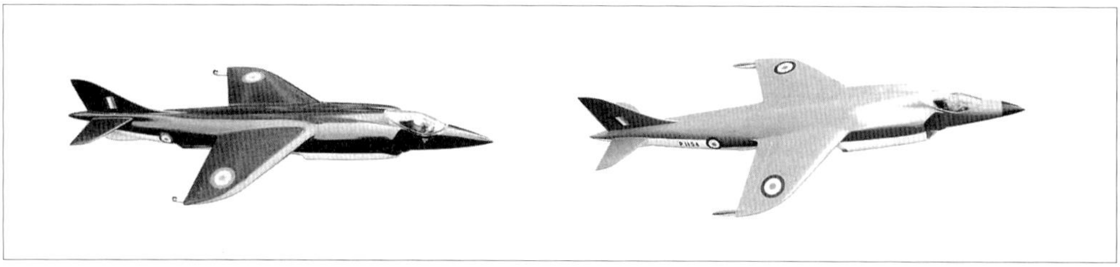

3-138 P.1127의 초음속 모델인 P.1150(왼쪽)과 P.1154(오른쪽).

시하였고, NATO는 이 중 P.1154 모델에 다소 흥미를 갖게 되었으며, 1965년까지 호커사에 추가적인 개발비를 지원하였다. 당시 P.1154 모델은 마하 1.75로 예상되었다.

P.1154 모델은 총 9대의 시제기가 제작되었고 NATO의 여러 국가와 미국이 참여하여 평가를 하였는데, 결국 초기 모델인 P.1127 모델이 낙점되었다. P.1154는 PCB(Plenum Chamber Burning)라고 하는 기존 제트 엔진의 에프터버너(Afterburner)와 유사한 기능으로 초음속 비행이 가능하였으나 연료 소모가 너무 높다는 것이 문제였다. 거기에 정치적 이유도 개입되어 엄청난 개발비를 이유로 영국 정부에서는 P.1154 계획을 취소시켜 버렸으며, 그 대안으로 이미 개발이 완료된 P.1127을 생산하고, 부족한 고성능 전투기는 미국으로부터 F-4를 도입하기로 결정하였다.

■ 수직 이착륙 평가기 캐스트럴 FGA.1

해리어기는 시제기(Prototype) 이후 평가기(Evaluation Aircraft)라는 개념의 항공기인 캐스트럴(Kestrel) FGA.1을 총 9대 제작하였다. 물론 P.1127 시험기들의 비행 데이터를 기초로 개량된 형상이었다. 첫 비행은 1964년 3월에 있었다. 이 비행기는 P.1127 모델보다 주 날개의 후퇴각이

3-139 캐스트럴 FGA.1. 미 공군 표식이 도장되어 있다. 미 공군에서는 XV-6로 명명되었다.

3-140 스페인 해군의 1세대 해리어. 1세대 해리어의 가장 두드러지는 외형적 특징은 랜딩기어가 날개 끝에 장착되어 있다는 점이다. 2세대 해리어는 랜딩기어가 날개 중앙에 장착되어 있다.

더 컸고, 꼬리 날개도 더 컸다. 엔진 크기가 증가함에 따라 동체의 길이도 연장되었다.

미국과 독일의 관심 속에 캐스트럴 FGA.1 시험 평가 대대가 창설되고, 미국과 독일의 시험 비행 조종사들도 참여하게 되었다. 1965년 11월에 캐스트럴 FGA.1의 평가는 종료되었다. 평가 기간 중 1대가 사고로 손실되었고, 남은 8대중 6대는 미국으로 옮겨져서 미 해군과 공군에 의해 XV-6A 캐스트럴 프로그램으로 시험 비행이 계속되었다. 영국 내에서도 남은 2대로 자동 이착륙 체계 연구에 활용하고, 페가수스 엔진 시험기로 사용하였다.

■ 양산형 해리어

호커 시들리 해리어Hawker Siddeley Harrier GR.1은 캐스트럴의 발전형으로 첫 번째 양산형 모델이며, 1967년 12월 28일 첫 비행을 하였다. 미 해병대는 GR.1에 추력이 보강된 롤스로이스 페가수스 Mk

3-141 공중 급유 중인 미 해병대 AV-8 해리어 II. 왼쪽 공기 흡입구 아래에 레이저 유도 정밀 공격 장치인 라이트닝 포드가 장착되어 있다.

103엔진을 장착하고, 30밀리 기관포, AIM-9[98]등의 공대공 무기를 보강하여 맥도넬Mcdonnell Douglas사를 통해 AV-8A를 생산하였다. BAe 씨 해리어Sea Harrier는 해군용 V/STOL 제트 전투기 버전으로 호커 시들리 해리어를 기반으로 정찰, 공격 임무를 부여한 전투기이다. 양산형 해리어의 첫 버전들은 1980년에 영국 해군에 첫 배치된 후, 1993년 한 번의 업그레이드를 거쳤으며, 2006년 이후에는 더 이상 운용되지 않는다. 인도에 판매된 씨 해리어는 아직도 인도 항공모함에서 운용 중이다. 이 해리어들을 1세대 해리어라고 부른다.

■ AV-8B 해리어 II

AV-8B 해리어 II는 기존의 1세대 해리어에 20세기 후반 전쟁 양상의 변화를 반영하고 발달된 항공 전자 장비를 도입한 기체이다. 1세대 해리어는 경공격 임무를 주로 하고, 작은 항공모함이나 대형 구축함 등에서 운용하도록 설계되었다. 하지만 해리어 II는 비록 형태는 해리어 1세대에서 가져온 것이지만 내부적으로는 완전히 새롭게 설계되었다.

사실상 해리어 초기 버전은 독특한 성능을 가졌음에도 사용자들을 그리 만족시키지 못했다. 수직 이착륙기라는 고유한 특성 때문에 작전 반경과 무장 적재 능력이 극히 제한적이었기 때문이다. 그래서 성능 개량 중 항공 전자 장비 개량은 기본이었으며, 반드시 작전 반경 확장과 무장 탑재 능력 향상이 뒤따라야만 했다.

1970년대 초 미 해병대와 영국은 개량형 해리어 공동 개발에 의견 일치를 보고, 우선 프로그램 명칭을 '개량형 해리어Advanced Harrier 개

98 미군이 사용하는 표준 공대공 미사일로 열 추적 방식을 사용한다.

발 계획'으로 하였다. 미 해병대는 자체적으로 AV-16이라 이름 붙였는데, 16이라는 숫자는 작전 반경과 무장 탑재 능력을 AV-8의 2배로 증대시킨다는 의미를 담고 있었다. 하지만 영국은 비용 문제로 프로젝트에서 탈퇴하였고, 미 해병대 단독으로 프로그램을 추진하여 1976년에 미 국방부 승인을 받고 1978년에 개량형 YAV-8B를 최초 비행시켰다.

1세대와 비교하여 2세대의 주요 개조 내용은 기체 무게를 줄이기 위해 날개를 포함한 동체의 많은 부분에 복합 소재를 사용하였고, 날개를 얇고 더 크게 하여 무장 능력을 높였다는 것이다. 공기 흡입구 개량, 엔진 노즐 개량을 통해 엔진 추력을 약 10퍼센트 증가시켜 엔진 추력은 1만 645킬로그램으로 증가하였다. 무장을 탑재할 수 있는 파일런Pylon은 4개에서 7군데로 늘어나고, 날개에 장착된 랜딩기어는 날개 끝에서 날개 중앙으로 옮겨졌다. 날개에는 고양력 장치인 스트레이커straker가 설치되어 저속 성능과 회전 성능이 향상되었다. 가장 관심을 모았던 무장 적재 능력과 작전 반경 부분에서 최대 이륙 중량은 단거리 이륙 기준으로 1만 1800킬로그램에서 1만 4100킬로그램으로 약 2.5톤이 증가하였으며, 작전 반경은 370킬로미터에서 556킬로미터로 약 50퍼센트 증가하였

3-142 위 사진이 1세대이고, 아래 사진이 해리어 II이다. 해리어 II는 날개와 동체 연결 부분에 스트레이커가 장착되고, 랜딩기어가 날개 중앙으로 옮겨졌으며, 무장을 달 수 있는 파일런이 늘어났고, 날개가 더 커졌다.

3-143 해리어기는 간단히 개조한 상선에서도 이착륙이 가능하다. 포클랜드 전쟁 때 이미 영국이 적용한 바 있다.

다. 하지만 속도는 시속 1180킬로미터에서 시속 1070킬로미터로 감소하였는데, 어차피 음속을 넘지 못하는 상황에서 속도는 중요치 않았다.

해리어 II가 시험 비행에 성공하자 1980년 영국 BAe사도 다시 프로그램에 참여하게 되었고, 영국 공군은 미국이 개발한 해리어 II에서 항공 전자 장비만 달리한 채 엔진과 기체는 미 해병대용과 동일하게 채택하였다.

그 이후 해리어는 개량을 거듭하여 야간 작전이 가능하도록 성능이 향상되었고, 저고도 침투 능력, 레이저 정밀 유도 무기 운용 능력, 레이더 향상과 AIM-120 AMRAAM 미사일[99] 운용 능력 등을 갖추면서 해리어 II 플러스Plus로 불리게 되었다. 해리어 II 플러스는 현재 미 해병대, 스페인 해군, 이탈리아 해군에서 채택하여 운용 중이며, 영국 해군과 공군은 GR7, GR9 버전으로 운영 중이다.

해리어는 고정익 항공기로 수직 이착륙을 한다는 것만으로 많은

99 Advanced Medium-Range Air-to-Air Missile. 선진형 중거리 공대공 미사일로 한국 공군은 F-16 블록(Block) 52와 F-15K에만 사용 가능하다. AIM-120D는 레이더 유도로 사거리가 약 70킬로미터이다.

3-144 아틀란틱 컨베이어 갑판에 있는 해리어가 주변의 컨테이너에 가려져 외부에서 보기에는 일반 상선으로 보인다.

국가와 항공 마니아들의 주목을 받았다. 특히 항공모함을 갖고 싶으나 비용 면이나 규모 면에서 능력이 되지 않는 중소 국가들은 상선을 약간만 개조하면 해리어를 함상에서 운용할 수 있고, 굳이 미국과 같은 거대한 항공모함 없이도 해상 항공 전력을 가질 수 있다는 장점 때문에 고무되었다. 따라서 이탈리아, 스페인, 태국, 인도 등의 국가에서도 해리어를 구매하였다. 거대 국가이면서 항공모함을 보유하지 못했던 중국도 해리어에 관심을 가지고 접근하였으나 월남전에 중국이 참전한 것을 이유로 미국이 반대하면서 해리어의 중국 판매는 무산되고 말았다. 해리어는 1969년부터 2003년까지 총 824대가 생산되었다.

■ 수직 이착륙 원리

해리어기의 수직 이착륙 성능은 해리어기의 성능이라기보다는 페가수스 엔진의 성능이다.

페가수스 엔진은 분류상 팬 제트 엔진에 해당한다. 일반적으로 제트 엔진은 하나의 축에 하나의 압축기Compressor, 하나의 터빈Turbine을 사용한다(용어 설명, 엔진 종류 참조). 팬 제트 엔진은 제트 엔진을 더욱 효율적으로 만든 것인데 2개의 압축기와 2개의 터빈이 있다.

팬 엔진에 들어온 공기는 팬(②), 저압 압축기LPC : Low Press Compressor(③)와 고압 압축기HPC : High Press Compressor(④)를 거치면서 압축이 되고, 압축된 공기는 연소실Combustor(⑤)에서 연료와 혼합되어 연소되면서 팽

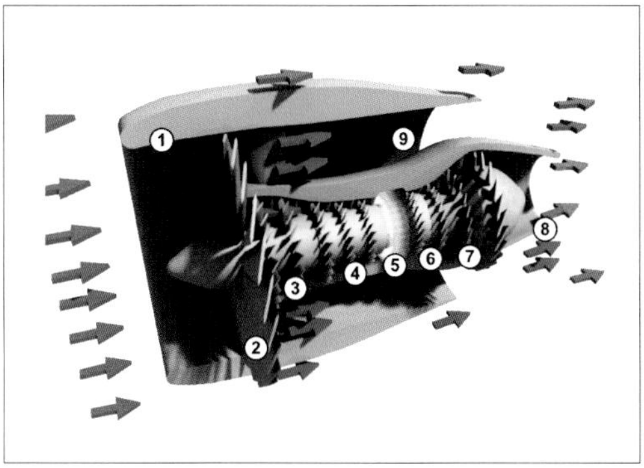

3-145 전형적인 터보 팬 엔진

창력을 만들어 낸다. 연소실에서 팽창된 공기는 고압 터빈과 저압 터빈을 통과하면서 터빈을 회전시키고, 터빈은 앞쪽에 위치한 팬, 저압 압축기, 고압 압축기를 축 연결을 통해 회전시킨다.

페가수스 엔진은 팬(②)을 통과한 공기(⑨)와 노즐(⑧))을 통과한 배기가스를 4개의 배출구를 통해 배출시키면서 방향을 바꾸고, 원하는 방향의 추력을 얻게 한다.

페가수스 엔진 단면도에서 연소되지 않은 팬을 통과한 공기는 청색으로 표시되어 있고, 연소실과 터빈을 거친 뜨거운 가스는 붉은색으로 표시되어 있다.

4개의 노즐은 회전이 가능하여 0도에서 98도까지 움직인다. 직

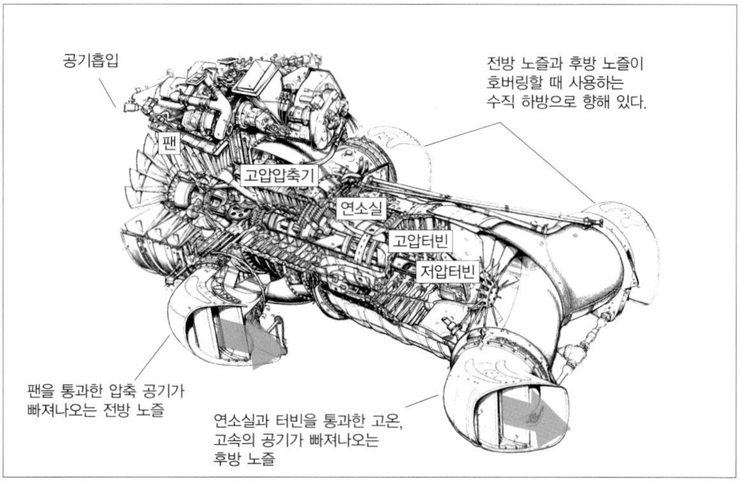

3-146 해리어를 만들어 낸 페가수스 엔진.

3-147 해리어는 대부분의 전투기가 가지고 있는 커다란 엔진 배기구가 보이지 않는다.

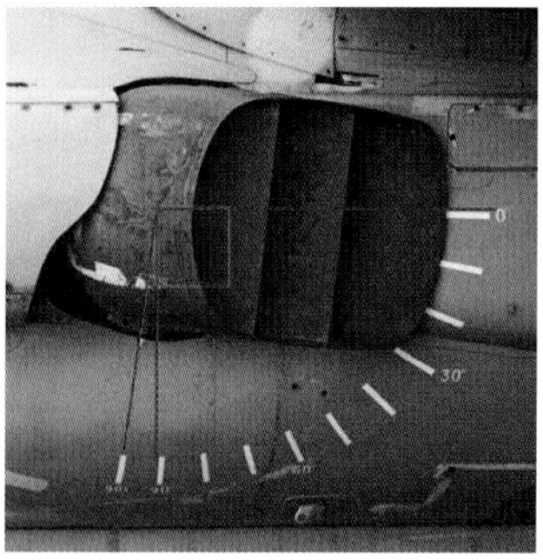

3-148 노즐은 0도에서 하방 98도까지 작동한다(왼쪽). 기체 우측 2개의 노즐이 후방을 향해 있다(오른쪽).

하방에서 8도 더 전방으로 움직이게 하는 것은 비행 상태에서 호버링 상태로 전환할 때 기체를 공중에서 빨리 멈추기 위한 일종의 브레이크 역할을 하기 위함이다. 호버링 중 기체 균형을 유지하기 위한 자세 제어용 노즐은 기수 부분과 날개 끝, 꼬리 날개 부분에 위치해 있다. 4개의 추력용 노즐과 날개에 장착된 자세 제어용 노즐을 이용하여 해리어는 후진뿐만 아니라 공중 제자리 회전도 가능하다.

제트 엔진은 흡입되는 공기량과 배기가스 추진 속도를 이용하여

3-149 날개 끝의 자세 제어용 제트 노즐.

3-150 호버링 중에는 공기 흡입구 주변의 보조 공기 흡입구가 모두 열린다.

추력을 생산한다. 많은 공기를 흡입하고, 빠른 제트 분사 속도를 만들어 낼수록 전투기 속도는 증가한다. 하지만 호버링 중인 해리어기는 전진 속도가 없어서 흡입 공기량이 다른 전투기에 비해 매우 부족하다. 해리어기의 공기 흡입구Intake가 타 전투기에 비해 대형으로 만들어진 것도 바로 호버링 중 공기 흡입량을 늘이기 위해서이다. 심지어 호버링 중 흡입구 측면 보조 공기 흡입구를 통해 더 많은 공기를 흡입한다. 하지만 대형 공기 흡입구는 공기 흡입에는 도움이 될지 모르나 저항이 커지므로 초음속 비행에는 적합하지 않다. 대형 공기 흡입구와 더불어 후기 연소기를 사용할 수 없는 것, 동체에 에어리어룰Area Rule[100]이 적용되지 않은 것 등이 해리어가 초음속 비행을 하지 못하는 주요한 이유이다.

해리어는 수직 착륙할 때 지상에서 발생하는 먼지나 수증기가 엔진으로 다시 빨려 들어가 잦은 사고가 발생한다. 또 노즐에서 나온 뜨거운 공기가 다시 엔진에 빨려 들어가면 산소가 부족해져 엔진이

100 1950년대 초, NASA의 위트콤이라는 연구원이 제시한 이론으로 날개-동체 결합의 형상이 최소 항력을 갖기 위해서는 공기 흐름의 수직 방향으로 단면적 분포가 최소 항력 형상이 되어야 한다는 이론이다. 1952년 F-102에 최초 적용하였다.

꺼질 수도 있고, 흡입되는 공기량이 줄어들어 엔진 추력이 급격하게 떨어질 수 있다. 이 문제는 틸트 엔진 방식의 벨 ATV 65에서 이미 경험한 바가 있으며, 최신 기술로 제작된 X-32에도 피할 수 없는 현상으로 받아들여지고 있다.

해리어 조종사는 공기 흡입구로 다시 들어가는 뜨거운 공기의 양을 최소화하기 위해 바람 방향을 이용하여 착륙한다(그림 3-152 참조).

3-151 지면에 반사되어 다시 엔진으로 흡입되는 뜨거운 공기는 엔진 추력을 저하시키는 중대한 문제를 야기한다.

대부분의 수직 이착륙기는 수직 이착륙 모드에서 엔진을 최대 파워로 유지해야 하는 가혹한 조건에 놓이기 때문에 수직 이착륙을 대개 5분 이내에 완료하여야 한다. 항공기 속도가 없는 상태로 저고도에서 엔진에 흡입되는 공기는 고공에서 비행하는 것에 비해 비교적 온도가 높은 상태이다. 최대 파워와 높은 공기 온도 상태에서 5분 이상 엔진을 작동하게 되면 과열 상태Overheat로 만들어 엔진 수명을 단축시키거나 심한 경우 고장을 유발하기도 한다.

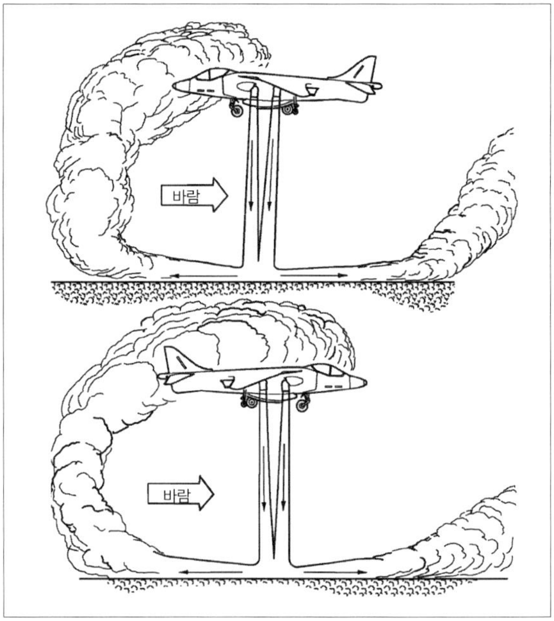

3-152 이착륙할 때 바람을 등지게 되면 엔진에서 나온 뜨거운 공기가 다시 흡입구로 들어가는 것을 최소화할 수 있다.

수직 이착륙의 또 다른 해결 과제는 조종 문제이다. 해리어는 조종이 어려워 조종사는 장시간의 조종 경험을 갖추어야 하며, 조작 원리를 이해하여야 한다. 해리어가 수평 이착륙을 하고 수평 비행을 할 때는 통상의 비행기 조종과 같다. 하지만 수직 이착륙과 단거리 이륙을 할 때는 에일러론, 플랩, 러더 등조종면의 역할이 무의미해진다. 전진 속도가 없으므로 조종면으로 공기가 흐르지 않게 되고, 이는 아무리 조종면을 조작해도 항공기가 움직이지 않는다는 의미이다. 자동차가 달리지 않는 상태에서는 핸들을 돌린다고 해도 자동차가 회전하지 않는 것과 같다. 해리어 조종사는 수직 이착륙, 단거리 이착륙 시 오히려 전투기보다는 헬기 비행 원리를 이해해야 한다. 그래서 실질적으로 대부분의 해리어 조종사들은 헬기 조종 경력을 보유하고 있으며, 타 기종보다 많은 기종 적응 훈련 시간을 요구받는다.

해리어의 최초 실전 기록은 1982년 아르헨티나와 영국이 말비나스 섬영국명 포클랜드의 영유권을 놓고 벌인 포클랜드 전쟁이다. 이때 투

3-153 **포클랜드 전쟁에 참가한 영국의 씨 해리어.**

입된 해리어는 공군형 GR.3와 해군형 씨 해리어이다.

씨 해리어는 공군형 GR.3를 해군용으로 개조한 형태로 근본적으로는 동일한 항공기이다. 이 전쟁에서 영국은 42대의 GR.3와 씨 해리어를 출격시켜 아르헨티나 항공기미라지 III, A-4 등 21대를 격추하였다. 이때 사용된 공대공 미사일은 미 공군이 공급한 최신형 AIM-9이었다. 하지만 해리어기의 가장 취약점 중 하나인 작전 반경 부족으로 인해 사실상 아르헨티나 본국에서 이륙하는 모든 항공기를 제압하지는 못하였고, 덕분에 아르헨티나는 C-130 항공기를 이용하여 본국에서 말비나스 섬으로 군수 물자를 계속 공수할 수 있었다. 28대의 씨 해리어로 밤낮 없이 체공하면서 아르헨티나 항공기를 감시

3-154 스페인과 인도 해군은 해리어기의 수직 이착륙 시 탑재량, 전투 행동 반경, 체공 시간 등의 불리한 점을 극복하고자 스키 점프대를 이용한 단거리 이륙 방식을 활용하고 있다.

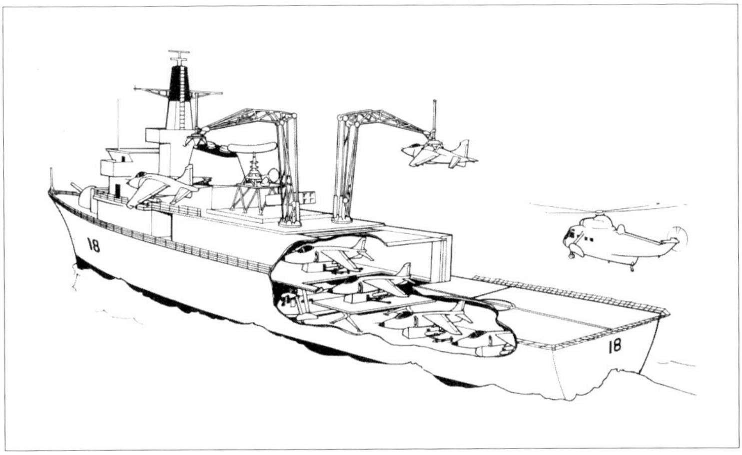

3-155 소형 구축함에 크레인을 사용하여 해리어기를 운용하는 스카이훅 구상.

하는 것은 사실상 불가능하였던 것이다. 공군에서 운용하던 GR.3는 근접 지원을 주 임무로 하였는데, 지상 포화와 사고 등으로 4대를 잃었다. 포클랜드 전쟁은 해리어기의 우수성을 증명하는 계기가 되었고, 그로 인해 세계의 주목을 받게 되었다.

해리어 II는 1990년 걸프 전쟁과 2003년 이라크 전쟁에서 미 해병대 지원을 위해 사용되었고, 최근에는 2011년 3월 리비아 민주화 혁명을 지지하기 위한 "오딧세이의 새벽 작전Operation Odyssey Dawn"에 미 해병대 전력으로 참가하였다.

포클랜드 전쟁 이후 해리어의 수직 이착륙 장점을 살린 저렴한 미니 항공모함 개념이 등장하였다. 물론 상선을 이용한 이착륙 방식도 있었지만 새롭게 등장한 것은 소형 구축함에 크레인을 장착하여 해리어기를 운용하는 스카이훅Skyhook이다. 크레인을 이용하여 해리어를 발진시키고, 다시 크레인을 이용하여 해리어를 회수하고 격납고에 넣는다. 이 방식은 조종이 어렵고 연료가 많이 드는 수직 이착륙

3-156 1980년대 초 해리어 후속기로 구상되었던 P.1214 모델. 전진익에 F-16 전방 동체를 많이 닮았다.

과정을 줄일 수 있으며, 소형의 구축함에서도 전투기를 이용할 수 있다는 장점이 있었으나 기술적인 어려움과 더불어 구축함에서 해리어를 지원하기 위한 정비 공간, 폭탄 보관 공간, 연료 공간 등을 확보하는 것 또한 엄청난 비용이 드는 것으로 결론이 나 실현되지 못하였다. 하지만 가까운 장래에 크레인을 이용한 항공모함이 등장할 것으로 보고 있다.

영국은 1980년대 초 포클랜드 전쟁을 치르고 미 해병대와 해리어 II 생산 계약을 맺은 이후, 해리어 II를 이어갈 새로운 수직 이착륙기를 연구하면서 수직 이착륙기 주도권을 이어가고자 하였다. 그 결과 등장한 것이 P.1214 모델과 이를 발전시킨 P.1216 모델이었다.

P.1214 모델은 다분히 F-16 전방 동체 형상을 하고 있으며, 당시 한창 연구 붐이 일었던 전진익기 형태를 취하였다. 하지만 수직 이착륙 성능에 대해서는 알려진 바가 없다. P.1214 모델은 전진익기에 대한 검증되지 않은 불안감 때문에 이내 후퇴익 형상의 P.1216 모델로 바뀌었다. P.1216은 구체적인 도면까지 공개되어 확실한 수

3-157 P.1214의 개량된 설계 방안인 P.1216 모델. 하나의 페가수스 엔진을 이용한 수직 이착륙 모델이며, 여전히 동체는 F-16의 모습이 보인다.

직 이착륙 능력을 가지고 있었던 것으로 확인되며, 전방 동체는 여전히 F-16을 닮아 있었다. 하지만 도면 설계 단계에서 프로그램은 종료되었고, 영국이 미국의 JSF 프로그램[101]에 참가하게 되면서 수직 이착륙기의 주도권은 미국으로 넘어갔다.

101 Joint Strike Fighter. F-35를 탄생시킨 프로그램이다.

제원
_ AV-8B, 해리어 2세대 기준

· 승무원	1명(훈련용은 2명)
· 길이	14.12미터
· 날개폭	9.25미터
· 높이	3.55미터
· 순 중량	6340킬로그램
· 운용 중량	1만 410킬로그램
· 최대 이륙 중량	일반 이착륙 시 1만 4100킬로그램, 수직 이착륙 시 9415킬로그램
· 엔진	1만 645킬로그램 추력 롤스로이스 F402-RR-408 (Mk 107) 벡터드 트러스트 터보 팬
· 최고 속도	마하 0.89(시속 1070킬로미터) 해면 고도 기준
· 항속 거리	2200킬로미터
· 전투 행동 반경	556킬로미터
· 상승율	분당 4485미터

7-3 야코블레프Yakovlev YAK-36 프리핸드Freehand

YAK-36은 이 책에서 소개하는 각국의 수직 이착륙기 중 처음으로 소개되는 소련 항공기이다. 1950년대 초, 서구 진영에서는 수직 이착륙이 가능한 여러 가지 형태의 전투기가 연구되고 있었다. 당시 냉전 시대에는 미국 중심의 서방 세계가 무기를 개발하면 소련이 무조건 이에 상응하는 무기 체계를 곧이어 개발하는 방식이었다. 그래서 1950년대부터 소련은 경제 논리에는 상관하지 않고 모든 기술을 동원하여 수직 이착륙 전투기 연구에 들어갔다.

러시아의 야코블레프사는 수직 이착륙기 분야에서는 독보적이다. F-35를 생산하는 록히드사가 수직 이착륙기로 XFV-1[102], XV-4[103], 그리고 X-35를 생산했던 것처럼 야코블레프사도 YAK-36, YAK-38[104], YAK-41[105] 3기종을 생산한 수직 이착륙기 분야의 권위 있는 제작사이다.

야코블레프사는 1960년 판보로 에어쇼를 계기로 수직 이착륙기에 관심을 가지게 되었다. 소련의 항공기 설계자로 야코블레프사를 창립한 알렉산더 야코블레프Alexander Yakovlev는 당시 에어쇼에 출품된 쇼트Short SC.1[106]을 보고 자체적으로 수직 이착륙기를 개발할 필요성을 느꼈으며, 소련으로 돌아와서는 정부의 지원을 받아 제트 엔진 수직 이착륙기 연구팀을 구성하게 되었다. 소련은 영국의 롤스로이스 기술자로부터 기술 지원을 받아 영국의 플라잉 베드스테드Flying Bedstead와 유사한 "터보렛Turbolet"을 제작하였다. 터보렛에 장착한 엔진은 미그Mig-19에서 사용하던 엔진을 수직형으로 개조한 것이었으며, 추력은

102 8-2 참조.
103 12-1 참조.
104 10-6 참조.
105 YAK-141과 동일 기종. 10-7 참조.
106 9-1 참조.

3-158 영국 롤스로이스의 플라잉 베드스테드.

2350킬로그램이였다. 자세 제어를 위해 엔진 압축기에서 나온 압축 공기를 4개의 자세 제어용 노즐로 분사하였다. 영국의 베드스테드와 다른 점은 조종석으로 영국 방식은 조종사가 개방된 좌석에 앉았는데, 소련의 터보렛은 밀폐형 칵핏을 사용하였다. 첫 비행은 1961년경으로 추정된다.

터보렛을 성공시킨 소련은 2350킬로그램 추력의 수직 이륙 전용 소형 엔진 RD-36을 개발하였고, 기존 전투기 미그-21, 미그-23, Su-15의 전방 동체에 장착하여 단거리 이착륙 능력을 검증하였다. 하지만 이들 엔진과 결합한 시험기들은 성능상의 불만족으로 더 이상 진전을 보지 못하였다.

야코블레프사는 그동안 단거리 이착륙으로 쌓은 기술을 바탕으로 진정한 수직 이착륙기를 제작하고자 YAK-30을 개조, 수직 이착륙용 엔진을 추가 장착하는 방식을 고려하였다. 하지만, 영국이 P.1127[107] 비행에 성공하자 이에 고무되어 해리어와 동일한 추력 방식인 벡터드 트러스트 방식의 YAK-V계획으로 전환하여 추진하였다. 그러나 당시 소련에서는 팬 제트 엔진이 개발되지 않아 P.1127의 페가수스 엔진처럼 4군데(고압 압축기에서 2개, 저압 터빈 이후 2개)에서 추력을 뽑아낼 수가 없었다. 그래서 그 대안으로 제트 엔진의 배기구에서 하나 또는 두 개의 벡터링 노즐Vectoring Nozzle을 설치하는 방식을 채택하였다. 실제 이 방법은 YAK-38, YAK-41 등 소련의 모든

107 1960년 10월 첫 비행, 해리어기의 시발점이 되었다. 7-2 참조.

수직 이착륙 방식에 적용되었다.

엔진은 미그-23 개발에 사용하던 R27-300 엔진의 배기 노즐 부분을 개조하여 수직 이착륙형으로 만든 R27V-300 엔진 2대를 장착하였다. 노즐 부분을 개조하면서 후기 연소기 기능은 사용할 수 없게 되었다. 배기 노즐은 유압 작동기로 회전할 수 있었으며, 회전하는 각도는 수평 0도에서 95도까지 가능하였다.

3-159 소련의 터보렛 비행. 중앙에 커다란 엔진이 수직으로 서 있는 것이 보인다.

YAK-38은 추력 노즐을 기체 무게 중심에 배치하기 위하여 엔진을 조종석 아래에 배치할 수밖에 없었다. 그리고 기수부와 꼬리 날개에는 피치 제어용 노즐을, 날개 양쪽 끝에는 롤 제어용 노즐을 설치하였다. 조종석 하부에 엔진 2개를 설치하고 배기 노즐을 무게 중심에 위치시키다 보니 전방 동체 형태가 다른 전투기에 비해 매우 두껍게 제작되었다. 기수 부분의 모양은 거의 X-14와 흡사하였다.

3-160 YAK-36에 사용된 R27V-300.

엔진이 전방에 위치하다 보니 무게 중심이 전반적으로 전방에 쏠렸고, 호버링 중 무게 중심을 보정하기 위해 전방 동체 앞부분에 흡사 공기압 측정 장치Pitot Tube나 공중 급유 프로브처럼 길게 나온 자세 제어용 노즐이 필요하게 되었다.

3-161 YAK-36은 소련에서 제작한 최초의 제트 수직 이착륙기이다.

타이어가 1개인 전방 랜딩기어, 타이어가 2개인 후방 랜딩기어, 그라고 날개 끝에 장착된 랜딩기어 형태는 해리어의 랜딩기어와 동일한 방식이다. 하지만 공기 흡입구는 해리어와 다르게 기수 부분에 설치되었다. 워낙 엔진이 동체 전방에 위치하다 보니 공기 흡입구의 위치는 선택의 여지가 없었다. 짧은 날개는 동체의 중앙에 위치하고, 후퇴각을 주었으며, 해리어와 같이 랜딩기어 사용을 용이하게 하기 위해 아래 처짐각하반각을 주었다. 주 추력 노즐은 해리어와 같이 유압으로 작동되어 아래로, 또는 뒤로 방향을 전환할 수 있어 수직 이착륙, 수평 비행을 조절할 수 있었다.

그런데 이 기종 역시 해리어를 비롯한 대부분의 수직 이착륙기와 마찬가지로 수직 이착륙 시 배기구를 빠져나온 뜨거운 공기가 다시 공기 흡입구로 들어가 엔진 추력을 급격하게 저하시키는 현상이 발생하였다. 그래서 공기 흡입구 아래에 커다란 펜스를 설치하여 엔진 배기가스 재흡입을 해결하고자 하였다.

2개의 엔진 사용 역시 또 다른 문제를 불러왔다. 수직 이착륙 중 하나의 엔진이 꺼지면 항공기가 좌우 균형을 상실하고 뒤집혀 버리는 것이다. 소련은 이 문제의 해결이 기술적으로 불가능함을 인지하고, 만일 수평 이착륙 상태에서 불안한 요인이 발견되면 자동으로 사출 좌석이 작동하도록 하는 대안을 마련했다. 즉 조종사는 살리고 기체는 포기한다는 것이다. 수직 이착륙에서 불안한 요인이란 강하 속도가 일정 속도 이상이거나 기체의 좌우 및 전후 기울기가 일정 수준 이상이 될 경우를 말한다. 이러한 현상은 엔진 하나 또는 둘이 꺼졌음을 의미하는 것이다. 사출 좌석은 제로-제로 사출 좌석으로, 고도 '0', 속도 '0'에서도 안전한 사출이 가능하였다.

3-162 YAK-36은 2개의 제트 엔진과 2개의 노즐로 수직 이륙한다.

동체에는 총 4개의 자세 제어용 노즐이 있었다. 전후방에 하나씩 있는 것은 피치를 제어하며, 날개 양쪽 끝에 하나씩 있는 것은 롤을 제어하였다. 하지만 저속에서 요우잉에 대해서는 알려진 바가 없다. 단지 영국의 캐스트럴이나 해리어가 후방 노즐의 각도를 변화시켜 요우잉을 하였으니 아마도 비슷한 방법을 사용했을 것으로 예상하고 있다.

기체는 총 3대가 제작되었다. 36호기는 정적 시험용(지상 시험 및 구조 시험)으로, 37호기와 38호기는 비행용으로 제작되었다. 안전을 위해 초기 시험 비행은 고정된 장치에서 수직 이착륙만을 검증했는

3-163 YAK-36 실 운용기. 날개에 비유도성 로켓 발사대가 장착되어 있고 후방 랜딩기어 뒤에 벤트럴 핀 2개가 부착되어 있다.

데, YAK-36은 1963년에 동체를 케이블로 연결한 상태에서 처음으로 비행을 하였다. 수평 이착륙 시험은 1964년 7월에 있었다. 수평 이착륙 시험이 있은 후 YAK-36은 공기 흡입구가 넓어지고 엔진 노즐 형상이 개선되는 등 일부 개조되었다. 그리고 꼬리날개 부분에 벤트럴 핀Ventral Fin 2개가 장착되었다. 완전한 수직 이착륙과 천이 비행 시험은 1966년에 38호기로 이루어졌다. 서방의 리안 X-13[108]이 제트 엔진으로 수직, 수평, 천이 비행을 모두 성공했던 1956년 이후 약 10년이 지나서야 소련은 완전한 수직 이착륙에 성공한 것이다.

1966년 37호기와 38호기는 소련의 브레즈네프 서기장 앞에서 역사적인 소련 최초의 수직 이착륙기 시범을 선보였고, 1967년에는 소련 내 에어쇼에서 공개되어 서방에 알려지기도 하였다. NATO에서는 YAK-36에 NATO명[109] "프리핸드Freehand"라는 명칭을 부여하였다.

비록 시험용으로 제작되었지만 날개 아래에는 로켓을 발사할 수 있는 무장 장착대가 있었고, 실제로 UB-16 로켓 라운처를 장착한 상태로 공개되기도 하였다.

서방에 공개한 후 개발자인 야코블레프는 군이 일정 수의 YAK-36을 구매하여 운영해 줄 것을 요청하였다. 그 이유는 일정 수의 수직 이착륙기가 일상 작전을 하여야만 수직 이착륙의 문제점도 파악하게 되고, 향후 항공모함에서 운영할 발전적인 수직 이착륙기

108 8-4 참조.

109 소련, 중국 등에서 개발된 무기 체계를 미국, 영국, 캐나다 등에서 자국의 기준에 맞추어 이해하기 쉽도록 영어 명칭을 다시 부여하는 것이다. 예를 들어 전투기에는 이름 앞에 F(Fighter)로 시작하게 하며, 폭격기는 B(Bomber)로, 헬리콥터는 H(Helicopter)로 시작하도록 이름을 붙인다.

3-164 비록 서방 세계보다 수직 이착륙 제트 전투기 개발에 10여 년이 늦었지만 소련으로서는 의미 있는 출발이었다.

개발도 가능하다고 판단했기 때문이다. 실험기 수준의 YAK-36 2대만으로는 운영 데이터를 모을 수 없고, 새로운 양산형 수직 이착륙기 개발에는 밝혀지지 않은 많은 위험이 잠재해 있어 이를 해결하지 않고는 향후 개발될 수직 이착륙기에 큰 위험이 따른다고 설명하였다. 또 수직 이착륙을 위한 조종사 양성을 위해서라도 추가 생산이 필요하다고 강조하였다. 당연히 항공기 설계자다운 판단이었다. 1967년 12월, 이를 수락한 소련 군은 수직 이착륙기 부대 운영과 9대의 추가 생산을 승인하였다. 그리고 소련 군은 차기 개발할 수직 이착륙기의 성능을 함께 제시하였다. 이 새로운 군의 성능 제안은 향후 YAK-38로 탄생하게 된다.

제원

· 승무원	1명
· 길이	17미터
· 날개폭	10.5미터
· 높이	4.5미터
· 엔진	5900킬로그램 추력 투만스키 R27V-300 2대
· 최대 이륙 중량	1만 300킬로그램
· 최고 속도	시속 1000킬로미터
· 상승 한도	1만 2000미터

7-4 보잉Boeing X-32

보잉의 X-32는 미 공군과 해군, 해병, 영국 공군 등 많은 투자 국가들이 공동 개발하는 JSF 프로그램에서 X-35의 경쟁 기종으로 마지막 단계까지 경합을 벌였으나 최종 경합에서 X-35에 패하였고, 승자인 X-35는 F-35로 등장하게 되었다.

1993년 미국의 국방 선진 기술 연구소[110]는 향후 F-16, F-18 그리고 수직 이착륙기인 해리어 등을 모두 대체할 수 있는 경량급 통합 전투기 개발 계획, 즉 JSF를 발표하였다.

영국의 BAe를 포함한 굴지의 항공기 제작 회사들이 JSF 기본 개념[111] 설계에 응찰하였고 1996년 11월, 다음 단계인 시제기 제작 단계에서는 보잉과 록히드 마틴이 선정되었다. 군은 두 회사에게 통상 이착륙 전투기와 수직-단거리 이착륙 전투기를 동시 개발할 것을 요구하였다.

이전 무기 체계 개발과 달리 군은 각 회사에 7억 5천만 달러의 고정된 개발 비용을 제공하고 회사 자체 비용을 절대 사용하지 말 것을 요구하였다. 이러한 정부의 의도는 설계 비용과 개발비를 낮추고 효율적인 제작 기술로 비용 절감 효과를 노리기 위함이었다. 무한정 상승하는 무기 개발비를 막아 보겠다는 의도였으며, 세계 무기 시장을 선점하여 주도하려는 과열 경쟁으로 인해 경쟁에서 패배한 회사가 도산하는 이전의 사례를 참고하여 미국의 주요 무기 개발 회사들이 지속적인 경쟁을 할 수 있도록 보호하려는 의도도 있었다. 여기에는 소프트웨어 개발비, 항공 전자 장비, 임무 컴퓨터[112] 등의 개발비

110 DARPA: Defense Advanced Research Projects Agency.
111 Drafting Concept Aircraft Design.
112 항공기 전체를 통제하는 주 컴퓨터로 하부에 무장 컴퓨터, 엔진 통제 컴퓨터, 네트워크용 컴퓨터, 디스플레이용 컴퓨터, 비행 조종 컴퓨터, 통신 항법 컴퓨터, 레이더용 컴퓨터 등을 거느린다.

3-165 수직 이착륙 단계의 X-32. 동체 중앙 하부에 리프트 노즐이 보인다.

까지 포함되었다.

3-166 X-32의 날개 구조물 외피. 일체형으로 제작하여 제작 단가를 낮추었다.

X-32 형태의 특징 중 하나는 F-8 크루세이더Crusader 및 A-7 코어세어Corsair와 유사하게 기수 하부에 설치된 커다란 공기 흡입구인데, 이 촌스러운 형태 때문에 JSF의 '선진 기술 적용'이라는 미래 지향적인 목표를 무색하게 만들었다. 선진 기술이 적용된 항공기치고는 생긴 모양이 너무 촌스러웠다는 것이다. 이 때문에 붙여진 별명은 '패대기친 개구리'였고, 좋지 않은 비유로 '르윈스키의 입[113]'이라고 불리기도 했다.

X-32는 테이퍼 형태의 날개폭이 9.15미터, 날개 앞전Leading Edge 부분의 후퇴각은 55도였고, 내부에는 2만 파운드의 연료를 적재할 수 있었다. 날개는 제작비와 조립 비용 절감에 노력한 결과 일체형으로 제작되었으며(F-4, F-5, F-16, F-15, 등 대부분의 전투기는 동체를 중심

113 르윈스키는 미국의 빌 클린턴 대통령(1993~1997 재임)과 스캔들을 일으킨 여성으로, 큰 입이 특징이다. 스캔들 이후 책을 발간하여 돈을 벌어들임과 동시에 많은 비난을 받아 좋지 않은 비유에 사용한다.

3-167 X-32는 공기 흡입구 모양이 세련되지 못하여 기체 별명이 '패대기친 개구리', '르윈스키의 입'이었다.

으로 좌우 분리형임), 수평 꼬리 날개를 없애 무게를 줄이고 저항을 감소시켰다.

1개의 엔진은 조종석 바로 후방에 설치되어 무게 중심을 앞쪽으로 쏠리게 만들었는데, 역학적인 이득에 대해서는 정확히 알려진 바가 없다. 단지 수직 이착륙 시 무게 중심이 뒤로 쏠린 것보다는 훨씬 적은 추력으로도 이륙이 가능하다는 장점이 있는 것으로 확인되었다. 경쟁사인 록히드 마틴사는 이미 개발된 F-22의 형상을 거의 빌려옴으로써 개발 비용 중 상당 부분을 절감하였다.

그런데 시제기 2대의 제작에 착수한 지 8개월이 경과한 시점에 공군은 갑자기 JSF의 기동 및 적재 용량 요구 사항을 변경하였다. 보잉은 미 공군의 변경된 요구 사항을 검토한 결과, 이를 충족시키려면 X-32에 수평 꼬리 날개를 설치해야 하는데 다시 설계 원점으로 돌아가기에는 너무 늦었다고 판단하였다. JSF의 선점을 위해 경쟁사인 록히드 마틴사보다 모든 일정을 빠르게 진행해 왔던 보잉은 현재 처

3-168 수평 꼬리 날개가 추가된 X-32 상상도.

한 상황을 군에 설명하였고, 군도 보잉이 양산 단계에서 충분히 군 요구 사항을 충족시킬 수 있으리라는 판단을 내리고 변경된 요구 사항을 면제하고 프로그램을 계속 진행하게 하였다. 하지만 록히드 마틴사 X-35는 군의 변경된 요구 조건을 적용할 만한 제작 단계여서 기체를 수정할 여유를 갖고 있었다.

통상 이착륙 방식으로 제작된 X-32A 타입의 첫 비행은 2000년 9월 에드워드 공군 기지에서 진행되었으며, 단거리 이착륙 방식으로 제작된 X-32B 타입의 비행은 2001년 3월에 진행되었다. 2001년 7월까지 두 회사의 기체는 미 공군의 평가를 받았으며, 10월에 미 공군이 록히드 마틴 X-35를 JSF 프로그램의 최종 계약자로 공표함으로써 X-32는 패하고 말았다. X-35가 승리한 가장 큰 이유는 수직 이착륙 기능에서 X-32는 기존 해리어와 거의 동일한 방식을 사용한데 반해, X-35는 리프팅 팬Lifting Fan이라는 새로운 보조 동력 개념을 적용하여 연료 효율을 높이고 항속 거리도 증가시켰으며,

3-169 X-32는 해리어를 라이센스 생산했던 맥도넬사에서 설계하여 해리어 방식을 이어받았다.

3-170 X-32 최종 조립 과정 중 PW F135 엔진이 장착 대기 중에 있다. 벡터링이 가능한 노즐 2개가 명확히 보인다. 멀리 벽에는 이전 맥도넬 더글러스사의 전설적인 팬텀 웍스 설계팀 깃발이 걸려 있다.

높은 안정성을 유지했기 때문이었다. 특히 기존 해리어 방식을 사용하는 X-32는 수직 이착륙 시나, 호버링 시 엔진 배기가스가 지면에서 반사된 후 다시 공기 흡입구로 들어가 엔진 추력을 떨어뜨리는 현상 때문에 안전성에 치명적인 결함을 보였다.

X-32의 수직 이륙 방식은 해리어 방식과 거의 유사하였다. 맥도넬 더글러스사는 해리어를 AV-8으로 라이센스 생산하였고, 다시 맥도넬 더글러스사는 보잉으로 합병되었으므로, 보잉이 X-32를 설계할 때 해리어 기술을 많이 적용한 것으로 보인다.

X-32는 수직 이륙을 할 때, 추력을 동체 중앙 하부에 있는 2개의 주 추력 노즐Main Lift Nozzle을 통해 배출하면서 항공기 무게의 대부분을 지탱한다. 이때 기체 가장 후미에 있는 엔진 배기 노즐이 닫히고 3개의 후방 피치-요우 노즐Pitch-Yaw Nozzle이 열린다. 피치 노즐은 기수 부분에 2개가 더 있다. 날개 양쪽에는 롤 노즐이 위치한다. 수평 비행으로 전환하기 위해서는 점차 엔진의 배기 노즐을 열고 전진 속도를 증가시키면서 수직 이륙 노즐Lift Nozzle을 닫는다. 해리어는 수직 이착륙을 할 때 메인 노즐을 4개 사용하고, X-32는 메인 노즐을 2개 사

3-171 수직 이착륙 시험 중인 X-32B. 강력한 엔진 수직 추력으로 저 멀리 건물 이미지가 일그러져 보인다.

용하는 셈이다.

메인 노즐을 통해 나오는 가스는 이미 연소되어 고온이며, 산소가 거의 없는 핫 가스Hot Gas이다. 지면 가까이에서는 이 핫 가스가 사방으로 퍼지면서 다시 동체 하부에 있는 공기 흡입구로 빨려 들어갈 수밖에 없다. 뜨거운 공기는 밀도가 낮고 산소가 부족하여 엔진의 압축 효율을 낮추고, 심할 경우 역류Backfire 현상[114], 또는 엔진 정지를 유발시킨다. 실제 시험 과정에서도 이러한 문제가 확인되었다. 하지만 X-35에서는 엔진 핫 가스가 동체 맨 후방에서만 나오므로 다시 엔진으로 들어갈 위험이 적고, 공기 흡입구도 양쪽 동체 사이드에 있어서 X-32보다 훨씬 안정적이었다.

2005년 JSF 프로그램에서 패한 X-32 기체 중 공군형 A 타입은 미 공군 박물관(오하이오 주 라이트 패트슨 기지)으로 보내졌고, 해군형 B 타입은 메릴랜드 해군 항공 박물관에 전시되어 있다.

114 엔진 압축기 성능이 저하되어 압축 공기를 엔진 뒤로 밀어내지 못하면 엔진 뒤에서부터 엔진 앞으로 압력이 역류하게 된다. 이러한 현상이 발생하면 엔진은 상당한 손상을 입고, 조종사는 엔진을 꺼야 한다.

제원

· 승무원	1명
· 길이	15.47미터
· 날개폭	10.97미터
· 높이	5.28미터
· 최대 이륙 중량	1만 7200킬로그램
· 엔진	플랫 앤 휘트니 F135 터보 팬 엔진
· 일반 추력	1만 2684킬로그램
· 최대 추력	1만 8480킬로그램
· 최고 속도	마하 1.6(시속 1931킬로미터)
· 미 공군 임무 기준 항속 거리	1575킬로미터
· 미 해군 임무 기준 항속 거리	1390킬로미터

7-5 듀퐁DuPont DP-2

듀퐁 에어로스페이스DuPont Aerospace사의 DP-2는 벡터드 트러스트 방식의 기체로 제트 엔진을 이용한 수직 이착륙 대형 수송기 개발 실험을 위해 1980년대 초에 제작되었다. 당시에는 이미 수직 이착륙 수송기인 틸트 로터 방식의 V-22 개발 계획이 구체화되고 있는 중이었다. 군이 제출한 성능 요구 사항은 '헬기보다 빠른 수직 이착륙기'로 명시되었지만, 요구 사항에 따라 제작된 V-22는 대형 로터를 회전하는 방식을 사용했기 때문에 여전히 속도에 한계가 있었다. 듀퐁사는 로터나 프로펠러의 한계를 벗어나 해리어기 같은 제트 벡터드 트러스트 기술을 적용한 수송기 개발을 목표로 하였다. 속도는 천음속 영역인 마하 0.8까지 가능하도록 하고, 수송 능력도 V-22보다 유사하거나 능가하도록 구상하였다.

듀퐁사는 1980년대 초, 이러한 항공기 개발안을 구상하고 1987년 군에 개발을 제안하였다. 군 내부에서는 이미 V-22를 개발하고 있는 상황이라 듀퐁사의 제안에 대해 많은 실효성 논란이 일었다. V-22의 예산 초과도 버거운 상태에서 유사 목적의 듀퐁사 제안을 구체화한다는 것은 쉽지 않았다. 하지만 군에서 고민하는 동안 1997년 국회에서 먼저 예산 승인이 떨어져 1998년부터 해군과 계약이 이루어졌다.

원하지도 않게 DP-2 개발 프로그램을 떠맡게 된 해군은 2001년 공식 성명을 통해 "지금까지의 실험과 기술 실현 가능성을 고려한 결과 DP-2 예산이 턱없이 부족하고, 이미 대부분의 예산

3-172 DP-2의 축소 모형인 DP-1 실험기.

을 소비한 상태이므로 DP-2 완성까지 진행은 불가하다. 따라서 DP-2의 2분의 1 축소 모델을 제작하여 기능을 검증하는 단계까지만 진행하는 축소 프로그램을 수행하는 것이 위험을 줄이고 예산 문제도 해결하는 방법이다. DP-2의 축소 모델도 사람이 타고 시험 비행하는 것은 매우 위험하다고 판단되므로 무인 상태로 실험을 하는 것이 적절하다고 판단된다."라고 발표하면서 이 프로그램을 항공기 개발 프로그램에서 시스템 연구 개발로 등급을 낮추었다.

해군의 방침에 따라 먼저 DP-2의 53퍼센트 크기로 DP-1이 제작되었다. 엔진은 전방 동체 하부에 장착되고, X-14[115]처럼 2개의 커다란 공기 흡입구가 동체 전면에 마치 돼지 코처럼 뚫려 있었다. 형태는 경비행기와 거의 동일하며, 창문과 출입문이 있는 유인기 형태로 제작되었으나 실험은 무인기 형태로 진행되었다. 2007년 10월에 항공기 결박 상태에서 45초의 호버링 비행에 성공하였다.

DP-1는 수직 이착륙에 동체의 중앙 하부에 위치한 추력 방향

115 7-1 참조.

조절 다단계 베인Thrust Deflecting Cascade Vane을 활용하였다. 기존 수직 이착륙기는 호버링 상태나 수직 이착륙 상태에서 항공기 조종을 위해 제트 노즐(또는 압축 공기 노즐)을 날개 끝, 꼬리 부분, 기수 부분에 설치한 데 반해 이 추력 방향 조절 다단계 베인은 2개의 엔진에서 나오는 제트 기류를 2개의 노즐에서 제어하면서 모든 피치, 롤, 요우 컨트롤이 가능하였다. 물론 날개 끝에 설치한 노즐보다 무게 중심 간의 거리가 짧아 모멘트가 적고, 기동력도 상대적으로 낮다는 단점이 있으나 이 기체가 애초 수송기 개념으로 시작된 점을 고려하면 낮은 기동력은 중요한 요소가 아니었다. 그리고 컴퓨터 제어로 어려운 조종 부분을 해결하고, 자세 제어를 위한 기체 구조를 매우 간단하게 하였다. 또 복합 소재를 다량으로 사용하여 기체를 가볍게 하고, 효율이 높은 여객기 엔진을 사용하여 비용을 절감했을 뿐만 아니라 장거리 운송도 가능하였으며, 배기가스로 인한 지면 열 손상이 거의 없었다. 이러한 장점 덕분에 군용 항공모함을 비롯하여 대형 선박에도 이착륙할 수 있는 기체 생산이 가능할 것이라 판단되었다.

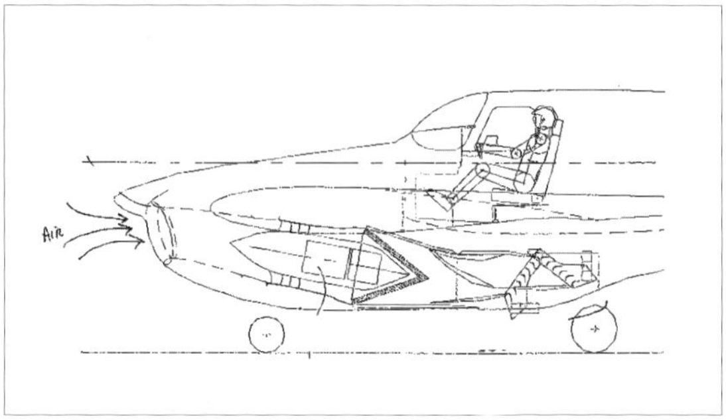

3-173 DP-1의 다단계 베인 노즐을 설명하고 있으나 상세한 구조는 알려진 것이 없다.

우수한 성능으로 군을 만족시켜 V-22의 틈새를 파고들 것이라는 듀퐁사의 기대와는 달리 2007년 8월에 DP-2 개발 예산 집행이 갑자기 중단되고, 해군은 프로그램을 종결한다고 발표하였다. DP-2 프로그램은 20여 년의 세월을 끌고 왔고, 예산은 6300만 달러를 사용하였다. 심지어는 2003년부터 2007년까지 심각한 실험 실패가 4건이

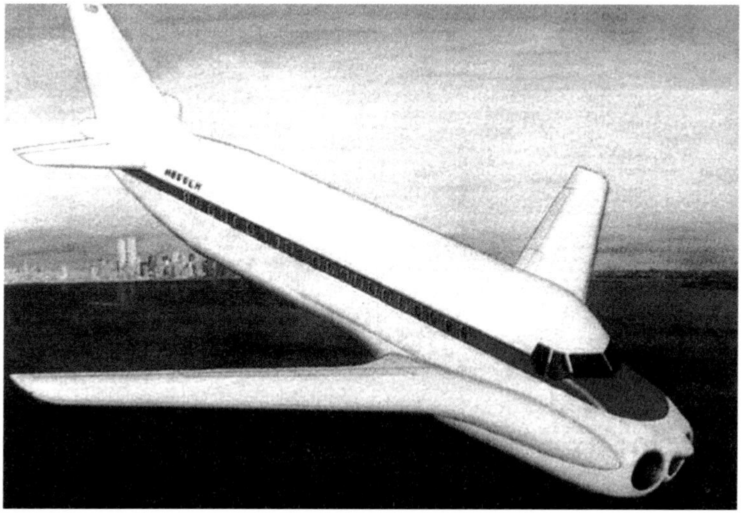

3-174 DP-2의 개념도.

나 발생하였다. 국회는 V-22와 같은 예산 낭비라는 비난을 피하고 싶었다. 대부분의 항공 종사자는 DP-2가 몇몇 의원의 지역 표를 얻기 위한 선심성 정책으로 진행되었다고 평가하고 있다. 결국 DP-1 검증기 단계에서 프로그램은 종결되었고, DP-2는 시제기도 생산하지 못했다.

제원

· 탑승 인원	30~44명
· 동체 길이	18.6미터
· 날개폭	16.2미터
· 높이	5.7미터
· 엔진	2대의 터보 팬 엔진
· 최고 속도	마하 0.95
· 항속 거리	9500킬로미터

호버링과 전진 비행 시 같은 추력을 사용 – 테일시터(Tailsitter) 8

테일시터는 항공기가 수직으로 세워진 자세로 이착륙을 하는 것을 말한다. 영문으로 'Tailsitter'라 함은 꼬리 날개로 앉았음을 의미하며, 꼬리 날개 부분을 땅에 닿게 하여 수직으로 세운 상태에서 마치 로켓을 발사하는 방식과 같이 이륙과 착륙을 한다. 테일시터 방식은 활주로 자체가 필요 없으며, 단거리 이착륙 개념도 없고, 오로지 수직 이착륙 개념뿐이다.

테일시터 방식이 가장 먼저 구체화된 것은 독일이 2차 세계 대전 중 비행장이 없는 국경 근방에서 적의 항공 전력을 차단하는 방법

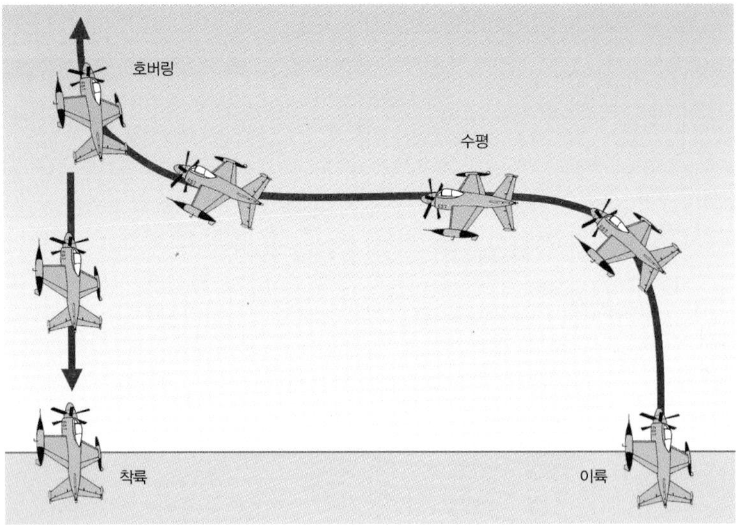

3-175 테일시터 이착륙 방식.

으로 트리엡플루겔을 구상하면서부터였다. 트리엡플루겔은 풍동 실험 단계까지 진행되었으나, 많은 독일의 진보된 항공기 설계와 마찬가지로 2차 세계 대전이 종결되면서 프로그램도 함께 사라져 실용기로 제작되지 못하였다.

2차 세계 대전 이후 태평양 전쟁에 승리한 미국은 해상 항공력의 전략적 가치를 중요하게 여기고 대형 항공모함이 아닌 일반 군함이나 상선에서 발진 가능한 수직 이착륙 전투기를 고안하면서 테일시터 방식의 컨베어 XFY-1 포고, 록히드 XFV-1 살몬, 리안 X-14 버티젯 실험기를 제작하기 시작하였다.

비록 당시에는 테일시터 방식이 조종사가 지면을 확인하기 어려워 착륙이 매우 어렵고 위험하다는 문제 때문에 실용화되지 못하였지만, 테일시터의 고유한 장점에 미련을 두었던 해군은 1970년대 후반에 F-16을 테일시터 방식으로 개발하려는 실험을 진행하기도 하였다.

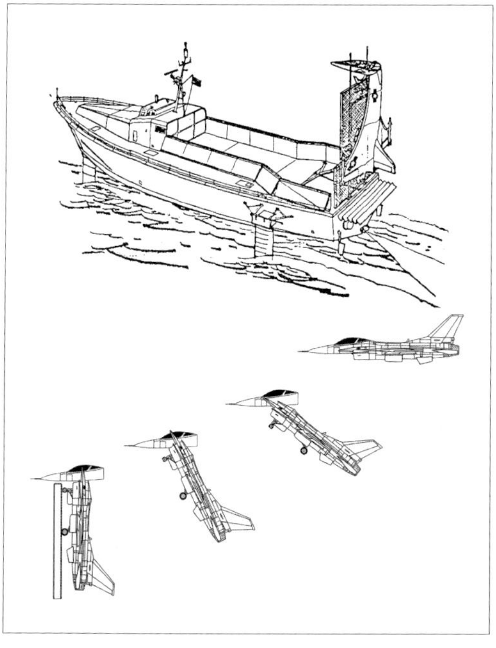
3-176 해군에서 구상하였던 F-16의 테일시터 방식 착륙 방법.

이전에 개발되었던 테일시터의 최대 단점은 수직 이착륙 시 조종사가 착륙 지점을 확인하기 어렵다는 것이었는데, F-16 테일시터는 이를 보완하기 위해 수직 이착륙 시 기수 부분이 90도로 꺾이게 하여 조종사는 항상 수평 상태를 유지할 수 있도록 하였다. F-16 테일시터는 풍동 실험 단계까지 진행되었지만 해리어기의 실용화와 F-35의 개발에 밀려서 더 이상 진전을 보지 못하였다.

현재 테일시터 방식은 우주선에 적용되고 있는데, 1990년 후반부터 시작된 '로터리 로켓 로톤 스페이스크래프트Rotary Rocket Roton Spacecraft 프로젝트'가 그것이다. 우주선은 2단 이상의 로켓이나 보조 로켓을 사용하여 이륙하는데 무인 우주선은 귀환하지 않지만, 유인 우주선의 경우에는 귀환 시 매우 위험한 지구 재진입 단계를 거쳐야만 했다. 하지만 로터리 로켓 로톤 스페이스크래프트는 로켓 1단만으로 이륙하고, 지구 귀환 시에는 헬기처럼 로터를 회전시켜 테일시터 방식으로 전 세계 어느 지역에나 착륙하는 매우 비용이 저렴한 우주 발사 시스템이다. 이 발사체는 저궤도, 저중량의 위성을 발사하거나 소수의 인원이 우주여행을 하는 데 사용될 예정이다.

3-177 로톤 스페이스크래프트 프로젝트.

8-1 포케울프Focke-Wulf 트리엡플루겔Triebfluegel

포케울프의 트리엡플루겔은 'Powered-by-Wings Fighter', 즉 날개 추진 전투기라는 의미로 2차 세계 대전이 끝나 가던 1944년 말에 독일에서 구상되었던 테일시터 방식의 수직 이착륙 요격 전투기였다. 하지만 실제 항공기로 제작되지는 않았다.

2차 세계 대전 말, 연합군 폭격기는 독일의 군수 공장을 계속 폭격하였다. 비행장에서 이륙한 독일의 요격기가 도착할 때쯤이면 이미 연합군 폭격기는 주요 목표를 파괴하고 난 뒤였고, 심지어 적기를

3-178 회전 프로펠러로 비행하는 트리엡플루겔은 비록 실제 제작은 되지 않았지만 XFV-1, XFY-1의 탄생에 영향을 미쳤다.

추적할 수도 없을 만큼 시간적 공백이 발생하였다. 독일은 연합군 폭격기를 현장에서 저지하기 위해 군수 공장의 작은 공간에서도 이륙이 가능하고, 전선 근방 지역이나 국경 근방의 숲, 계곡 등에서도 이착륙이 가능한 요격기 개발을 추진하였다. 이러한 운영 목표를 갖고 테일시터 방식으로 탄생한 트리엡플루겔은 설계 개발 후 풍동 실험 단계까지 이르렀으나, 종전과 더불어 시제기 제작 단계까지는 도달하지 못하였다. 하지만 독일의 항공 기술을 가져간 미국은 테일시터 방식을 적용하여 수직 이착륙 전투기 개발을 지속하였다.

이 기체의 설계 방식은 매우 독특하여 날개가 없으며, 동체 중앙에 위치한 프로펠러가 추력과 양력을 만들어 내었다. 수직 이착륙 상태에서는 헬기의 로터처럼 양력을 제공하며, 수평으로 비행할 때는 거대한 프로펠러처럼 회전하여 추력을 만들어 낸다.

3엽의 로터 블레이드는 동체 중앙의 베어링으로 지지되는 링에 부착되어 동체를 중심으로 자유롭게 회전하고, 각 블레이드 끝단에는 램 제트 엔진이 장착되어 회전력을 만들어 내었다. 로터 블레이드의 초기 회전은 300킬로그램급 발터Walter 로켓 엔진으로 시작하며, 시속 300킬로미터 이상의 회전 속도가 생기면 램 제트가 작동하고 로켓은 꺼지게 된다. 시동 단계에서 로켓으로 로터를 가속시키는 이유는 주 동력인 램 제트가 속도가 있는 상태에서만 작동하므로 램 제트 작동 속도까지는 로켓이 가속을 시켜 주어야 하기 때문이다.[116] 램 제트 엔진은 직경이 70센티미터이고, 약 840킬로그램의 추력을 만들어 낸다.

3-179 랜딩기어는 총 5개로 중앙의 주 랜딩기어 1개가 대부분의 충격을 흡수하고, 각 꼬리 날개에 부착된 작은 바퀴 4개가 동체 균형을 유지하면서 장착되었다.

로터 블레이드의 회전 각도는 가변으로 피치 조절을 통해 속도를 조절할 수 있었다. 대개 하나의 메인 로터를 사용하는 헬리콥터나 하나의 프로펠러를 사용하는 항공기에서는 동체에 회전 반작용Anti-Torque이 발생하는데, 트리엡플루겔의 경우 자유 회전Free-Spinning 방식을 사용하므로 반작용을 상쇄시킬 별도의 장치가 필요하지 않았다. 연료는 동체에 수용하고 중앙 동체와 프로펠러 연결 링 사이의 파이프를 통해 엔진에 연료를 공급하도록 하였다.

후방 동체의 십자 형태 꼬리 날개에는 각각 보조 날개 장치가 장착되어 플랩, 에일러론, 러더, 엘리베이터 역할을 하였다. 고속으로 회전하는 로터와 동체의 작은 마찰로 인해 동체도 약간 회전할 수 있었는데, 이들 보조 날개 장치들이 움직이면서 동체 회전을 방지하는

116 램 제트 엔진은 일반 제트 엔진에 있는 공기 압축기가 없고, 항공기 전진 속도로 만들어지는 공기 압축 효과를 이용한다.

3-180 국경 근방의 활주로가 없는 계곡에서도 운영 가능하며, 은폐나 엄폐 기능이 우수하고, 가장 빠르게 적에게 대항할 수 있었다.

역할을 하였다.

동체 중심선 꼬리 부분에는 커다란 스프링 장치의 바퀴가 장착되어 주 착륙 장치 역할을 하였으며, 4개의 십자형 꼬리 날개에 다시 작은 바퀴가 달려 있어 기체가 지상에서 안정적으로 서 있을 수 있는 다리 역할을 하였다. 비행 중에는 이들 바퀴에 작용하는 공기 저항을 최소화하도록 조개 모양의 커버가 바퀴를 감싸도록 하였다.

이륙 시 로터의 각도를 높여 추력을 최대화하고, 어느 정도 고도에 도달하면 꼬리 날개의 조종면을 이용하여 기체를 서서히 눕히면서 전진 방향으로 전환한다. 트리엡플루겔은 비행 중 약간 기수가 들린 상태로 수평 비행을 한다. 주 날개가 없어 양력이 없기 때문에 마치 헬기가 전진 비행을 위해서는 로터 디스크를 약간 앞으로 숙여야만 하는 것과 같은 원리다. 이 때문에 기관포도 동체 중심선에서 약간 아래 방향으로 장착되어 있다. 착륙을 위해서는 단지 속도를 줄이면 자동적으로 꼬리 날개 부분이 아래로 내려오게 되어 있었다. 꼬리 날개 부분이 아래로 내려오면 동체가 서서히 수직 방향으로 바뀌므로 자동적으로 수직력만 남게 되고, 계속 속도를 줄이면 동체는 지상에 착륙할 수 있었다. 착륙 시에는 테일시터 방식의 고유 문제인 조종사가 지상 장애물을 확인하기 어렵다는 문제가 발생한다. 게다가 트리엡플루겔은 다른 기체와 달리 조종사와 지면 사이에 거대한 로

3-181 독일의 트리엡플루겔이 미국의 B-24 폭격기를 요격하는 상상도.

터가 회전하고 있어 더욱 시야를 방해하였다.

비록 완성된 기체는 없었지만 트리엡플루겔은 설계 형태가 매우 독특한 수직 이착륙기였으며, 미국이나 프랑스에서 개발한 테일시터와 달리 독창적인 아이디어의 기체였다.

제원

· 승무원	1명
· 길이	9.1미터
· 날개폭	12미터
· 총중량	2359킬로그램
· 엔진	840킬로그램급 램 제트 엔진 3개, 발터 액체 연료 로켓 3개
· 최고 속도	시속 999킬로미터
· 상승 한도	1만 5240미터
· 상승율	분당 50미터
· 기총	30밀리미터 MK-103 2문

8-2 록히드Lockheed XFV-1 살몬Salmon

XFV-1 살몬은 록히드사에서 제작한 수직 이착륙 실험기로 테일시터 형태로 제작되었다.

록히드사의 XFV-1 개발은 1948년 미 해군이 일반 전투함의 작은 공간에서 이착륙할 수 있는 실험기를 제안하면서 시작되었다. 해군은 2차 세계 대전에서 얻은 경험으로 해군의 원활한 해상 작전을 위해서는 항공력이 우선되어야 하고, 항공력을 보유하기 위해서는 항공모함이 필수라고 생각하였다. 하지만 대규모 항공모함 선단을 거느리고 모든 작전을 수행하는 것은 수적으로도 불가능하며, 비용 측면에서도 비효율적이라 생각하였다. 그래서 각 전투함의 작은 공간에 수직 이착륙이 가능한 전투기를 배치하여 전투함 스스로 적의 항공 공격으로부터 방어하고, 전투함 최선단에서 정찰, 감시, 적의 소형 선박에 대한 공격도 가능하게 하는 전투기 운영 개념을 구체화하기에 이르렀다. 전투함에서 이륙이 가능한 전투기는 일반 상선이나 유조선 등에도 배치 가능하여 비상시 언제든지 일반 상선을 군용으로 개조할 수 있으며, 적의 항공 공격으로부터 스스로를 보호할 수 있는 능력을 갖게 되는 것이었다. 여기서 한발 더 나아가 항공기를 수직으로 보관할 수 있다면 제한적인 배의 공간에서 수용하기에도 매우 효율적이라 판단하였다. 그래서 미 해군이 요구한 것이 테일시터 방식이었다.

해군의 '함정 수직 이착륙 전투 호위 임무 시제기' 제안에 록히드사와 컨베어사가 안을 제출하여 1951년 4월에 미 해군과 록히드사, 미 해군과 컨베어사 간 시제기 2대 제작 계약이 이루어졌다. 록히드사 시제기의 명칭은 XFV-1 살몬, 컨베어사는 XFY-1 포고로 지정되었다.

록히드사는 그 유명한 스컹크 웍스Skunk Works 설계팀에서 담당하였다. 스컹크 웍스는 록히드의 선진 기술 연구 개발 부서의 별명으로 SR-71, U-2, F-117, F-22, F-35 등 세계적인 걸작기를 탄생시킨 유명한 설계팀이다. 수직 이착륙기 역시 통상의 항공기와는 다른 독특한 아이디어와 새로운 개념의 항공 역학이 필요했다. 하지만 스컹크 웍스도 이번만큼은 쉽지 않았다. 항공기는 4개의 꼬리 날개로 땅을 지지하여 수직으로 세워졌으며, 조종사는 하늘을 보고 누운 채 엔진 파워를 최대로 올려 커다란 굉음을 내며 하늘을 향해 수직으로 솟아오르는 방식이었다. 그리고 일정 고도에 도달하면 기체를 서서히 앞으로 숙여 수평 비행을 하게 된다. 비행을 마칠 때면 다시 상승하여 기체를 수직으로 세운 뒤 파워를 줄이면서 서서히 비행기를 하강시켜 착륙하게 된다.

3-182 XFV-1에 조종사가 탑승하는 방법.

당시 스컹크 웍스는 설계에 맞는 중량 대 추력비 1.2 이상을 낼 수 있는 엔진을 찾았으나 이 성능에 적합한 엔진이 없었다. 단지 엘리슨사의 5332마력 YT40 엔진만이 요구 성능에 근접하였고, 다행히도 엘리슨사는 개량형으로 7100 마력 엔진을 개발할 계획이었다. 스컹크 웍스는 우선 YT40 엔진을 장착하고 수직 이착륙을 제외한 다른 실험을 하기로 하였다.

스컹크 웍스 설계팀은 기체 제작에 앞서 우선 XFV-1을 모형으로 제작하여 풍동 실험과 이착륙 안정성 평가를 하기로 하였다. 동체는 4분의 1 크기로 제작되었고, 프로펠러 동력은 전기 모터를 이용하였으며, 전기는 모형의 꼬리를 통해 전선으로 공급되었다. 꼬리에 연결된 전선은 모형의 균형을 잡아 주는 역할도 하였고, 유선 조종 전기선도 연결되었다. 모형을 통한 시험 결과 수직 이착륙 성능은 만족스러웠고, 대부분이 설계 요건을 충족하였다. 단지 외부적인 요소로 측풍에 매우 취약하다는 점과 조종사의 시야 제한 문제가 해결해야 할 과제로 떠올랐다.

엘리슨사는 우선 YT40 엔진의 개량형인 5850마력의 XT-40A-6를 록히드에 제공하였다. XFV-1은 XT-40A-6 터보 프롭 엔진 2개를 장착하고, 3엽의 프로펠러 2개를 서로 엇회전 방식(동축 반전 프롭)으로 장착하였다. 엇회전 방식의 장점은 반대로 회전하는 두 프로펠러가 서로 회전 토크를 통해 프로펠러 회전 반작용을 상쇄시킬 수 있다는 것이다. 소형 경비행기에서 하나의 프로펠러로 비행하는 경우 프로펠러

3-183 XFV-1의 1/4 크기 모델.

3-184 XFV-1은 수직 이착륙기로 태어났으나 수평 이륙만 하였다.

반작용으로 동체가 프로펠러 회전 반대 방향으로 회전하게 되는데, 반작용 상쇄를 위해 러더를 사용해야 한다. 특히 이륙 시 낮은 속도에서 동체로 전달되는 반작용 회전력은 매우 치명적이다.

꼬리 날개는 X자형으로 되어 있으며, 조종사 기준으로 보면 상부 2개는 V자 형태이다(+형태가 아닌 ×형태). 4개의 꼬리 날개에는 모두 보조 조종면이 장착되어 엘리베이터와 러더 역할을 하였다. 주 날개에는 에일러론만 장착되었고, 고양력 장치는 설치되지 않았다. 수직 이착륙을 하므로 고양력 장치가 필요 없다고 판단하였기 때문이다. 꼬리 날개 4개의 끝에는 수직 충격을 흡수하는 랜딩기어가 설치되었다. 주 날개 끝에는 보조 연료 탱크가 설치되었는데 설계 시부터 기본 구조물로 제작되었고, 총 연료 저장량은 1920리터였다. 이 기체의 명칭은 살몬, 즉 연어였는데, 개발 종사자들은 포고스틱Pogo Stick이라고 불렀다. 그런 별명이 붙여진 데는 이유가 있다. 스컹크 웍스는 계산상으로 현재 장착된 XT-40A-6 엔진으로는 추력이 부족한

3-185 포고스틱.

3-186 에드워드 공군 기지에서 첫 수평 이륙에 성공한 모습. T-33 항공기가 추적기로 따라가고 있다.

것을 알고 있었지만 그래도 수직 이륙을 시도하였다. 하지만 역시 XFV-1은 이륙하지 못하고 땅 위로 살짝 올랐다가 다시 떨어지곤 하였다. 이착륙할 때 바퀴가 땅에 닿으면서 기체가 마치 스카이 콩콩이 뛰는 것처럼 보인다고 하여 포고스틱이라 불렀다. 재미있는 사실은 당시 라이벌기였던 컨베어사의 XFY-1은 정식 명칭이 포고였다는 것이다. 앨리슨사는 7100마력 YT-40A-14 엔진의 신속한 개발을 약속하였다.

스컹크 웍스팀은 수직 이착륙을 제외하고, 수평 이륙으로 시험비행을 하기로 하였다. 그래서 임시로 만든 부착식 랜딩기어를 장착하고, 아래쪽 2개의 꼬리 날개에도 수평 방향 이착륙이 가능하도록 2개의 바퀴를 달았다. 이 바퀴는 지상에서 이동할 때도 사용되었다. 무거운 엔진 때문에 기수에 장착된 항공기를 수직 상태로 이동시키는 것이 안전상 쉽지 않았기 때문이다. XFY-1은 1953년 12월 에드워드 공군 기지에서 동체 아래 랜딩기어를 장착한 상태로 고속 활주 시험[117]을 하던 중 조종사의 실수로 이륙 속도를 넘어 계획하지 않은 이륙을 하였다. 랜딩기어를 부착하여 지상에 놓여진 XFV-1은 기수가 높게 들려져 있어서 약간의 속도 증가에도 쉽게 이륙할 수 있는 자세였다. 하지만 공식적인 첫 비행은 1954년 6월 16일에 동체 랜딩기어를 장착한 상태에서 수평 이착륙 방식으로 시행되었다.

수직 이착륙 시험은 개량형 엔진인 7100 마력 YT40-A-14이 나올 때까지 연기되었다. 그동안 수평 이륙 방식으로 총 27회의 비행이

117 하이스피드 택시(Hi-Speed Taxi): 고속 활주 시험이라고 하며 비행기가 이륙 전 단계에 활주로에서 고속으로 질주하여 성능을 시험한다.

3-187 제트 전투기 시대에 이런 프로펠러 형상을 한 함상 전투기는 구시대적 발상이었다.

있었으며, 수평 이륙 후 수직 전환, 호버링, 다시 수평 비행으로 시험은 종종 시행되었다. 당시 확인된 비행 특성으로는 날개 면적이나 속도에 비해 주 날개의 에일러론과 꼬리 날개 보조 조종면의 면적이 작아 호버링 상태에서 비행 통제에 어려움이 있다는 것이었다.

또 조종사가 호버링 상태에서 하늘을 보며 비행 조작을 하는 동안 주변 지형을 이용한 특별한 참조점을 활용할 수 없어 조종사 스스로 상승을 하고 있는지, 하강을 하고 있는지, 회전을 하고 있는지, 동체가 한 방향으로 흐르고 있는지 전혀 인지하지 못하는 치명적인 문제가 있었다.[118] 더욱이 야간에 이 기체를 이착륙시키는 것은 너무나 어렵고, 특히나 움직이는 배 위의 좁은 헬기 이착륙장 같은 곳에서 조종사가 뒤를 보고 착륙하는 것은 불가능에 가까웠다.

118 비행 용어로는 이를 버티고(Vertigo)라 하며, 일종의 비행 착각을 말한다.

3-188 육군 항공 기지에 보관 중인 두 번째 기체.

드디어 기다리던 YT40 개량형 엔진이 완성되어 XFV-1에 장착하고 지상 시험을 하였으나 성능은 별반 차이가 없었고, 수직 이륙은 여전히 불가능하였다. 결국 XFV-1은 한 번도 수직 이륙을 하지 못하고 1955년 6월 계획 전체가 취소되고 말았다.

더욱이 시제기 2대 중 1대는 아예 지상에서 발조차 떼지 못하고 폐기되어 버렸다. 그래서인지 XFV-1의 비행 사진은 수평 이착륙용 랜딩기어가 부착된 것뿐이다.

그런데 계획 취소의 주된 원인은 사실상 엔진 문제가 아니었다. 엔진 성능을 만족시켜 수직 이착륙에 성공하더라도 이 기체가 전투기로 개발될 가능성은 없었다. 이미 벨사에서 제트 엔진을 장착하고 틸트 엔진 방식으로 비행을 시도한 ATV[119]가 있었고, 벡터드 트러스

119 5-3 참조.

트 방식의 X-14[120]가 비행을 눈앞에 둔 상태였다. 거기에다 테일시터 형상의 특이한 이착륙 문제에 덧붙여 프로펠러로 기동하는 전투 및 호위기를 운영한다는 것이 얼마나 구식인가를 군이 인지했기 때문이었다. 제한된 크기와 제한된 무장을 하는 소형 프로펠러 전투기는 2차 세계 대전 때에는 유용했으나 한국전쟁 이후 고속의 제트 항공기 위주로 항공전의 형태가 바뀌고 있었으며, 이미 마하 2급의 전투기가 개발되고 있었다. 항공모함 이착륙 기술도 점점 발달하여 많은 수의 초음속 전투기를 항공모함에서 운영하는 것이 눈앞의 현실로 다가오고 있었다. 이러한 환경적인 변화로 인해 해군은 새로운 엔진 개발로 재시도해 볼 생각을 하지 않고 XFV-1 개발을 포기해 버린 것이다.

비행을 했던 기체는 플로리다의 한 대학 박물관에 보관 중이며, 두 번째 기체는 캘리포니아 육군 항공 기지에 전시되어 있다.

120 7-1 참조.

제원

· 승무원	1명
· 길이	11.23미터
· 날개폭	8.36미터
· 높이	11.23미터
· 순 중량	5261킬로그램
· 운영 중량	7358킬로그램
· 최대 이륙 중량	7358킬로그램
· 엔진	7100마력 앨리슨 YT40-A-14 터보 프롭 엔진 2대
· 최고 속도	시속 930킬로미터
· 순항 속도	시속 660킬로미터
· 항속 거리	알 수 없음
· 상승 한도	1만 3100미터

8-3 컨베어Convair XFY-1 포고Pogo

XFY-1은 XFV-1과 함께 미 해군의 요구에 따라 항공모함이 아닌 일반 전투함에서 이착륙이 가능하도록 테일시터 방식으로 제작된 수직 이착륙기이다. 이 기체는 항공 역사상 최초로 테일시터 방식으로 비행에 성공한 기체이며, 더불어 프로펠러 항공기로서 델타 날개를 택한 유일한 항공기이기도 하다.

XFY-1은 XFV-1의 경쟁 기종으로 개발 배경은 이미 XFV-1에서 설명하였다. 당시 함께 응모했던 굿이어사, 마틴사, 노드롭사안은 기각되었다.

두 회사의 항공기 형태는 거의 동일하였다. 기수 전방에는 5580마력의 앨리슨 YT-40A-6 엔진 하나를 장착하고, 커티스라이트사

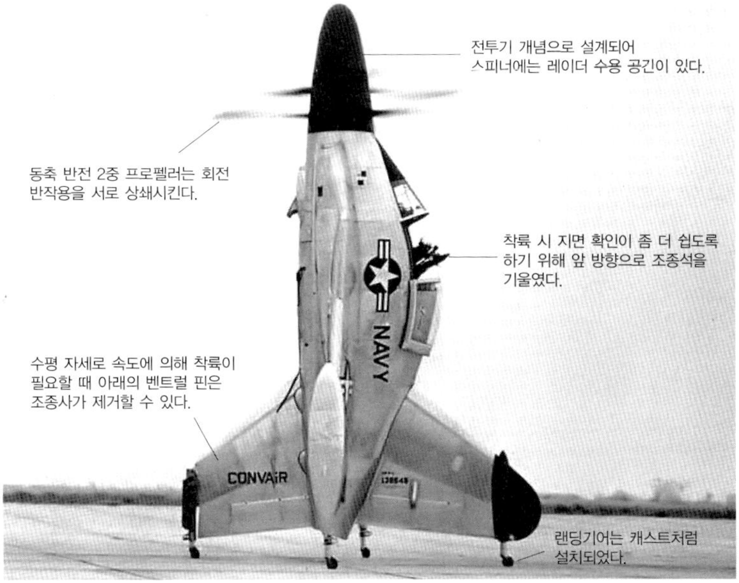

3-189 XFY-1은 해군에서 함상 호위 전투기로 구상되었다.

의 동축 반전 프로펠러가 장착되었다. 엔진은 향후 YT-40A-16으로 교체될 예정이었다. 그리고 날개는 델타익Delta翼, 삼각 날개 형태를 하여 수평 꼬리 날개를 없애 무게를 줄였다. 수직 꼬리 날개와 함께 동체 아래 방향으로 수직 꼬리 날개가 하나 더 설치되어 XFY-1의 후방 날개 형태는 +자 형태를 하였다. 2개의 수직 꼬리 날개를 달고, 주 날개 양끝에는 캐스터Caster와 같은 바퀴를 달아 랜딩기어 역할을 하였다. 동체 하부에 설치된 수직 꼬리 날개는 현재의 조종면 개념에서 벤트럴 핀이라고도 부를 수 있다. 벤트럴 핀은 수평 비행 상태로 비상 착륙이 필요한 경우 조종사의 의도에 따라 분리가 가능하며, 분리 후 수평으로 동체 착륙이 가능하다. 예를 들어 엔진이 꺼지는 경우 프로펠러 추력에 의존하는 수직 자세를 유지할 수 없으므로 수직 착륙은 불가하지만, 날개 양력에 의존하는 수평 비행은 가능하므로 수평 비행 시 착륙에 걸림돌이 되는 구조물을 제거하기 위함이다.

3-190 줄이 묶인 상태로 지상 시험 중인 XFY-1. 양쪽의 거대한 크레인이 인상적이다.

XFY-1의 조종석은 XFV-1 살몬보다 좀 더 나은 형태로 설계되었는데, 수직 이착륙 시 조종사가 하늘을 보는 XFV-1과 달리 조종석 전체를 앞으로 45도 숙여서 수직 이륙 시 조종사가 지면을 확인하기가 비교적 쉬웠고, 계기 확인도 좀 더 쉬웠다. 수평 비행 자세가 되면 다시 조종석은 정상 자세로 되돌아올 수 있었다. 조종석 내에는 길이 7.6미터의 로프도 준비되어 있었는데 만약 비행기가 기지에서 착륙하지 못하여 조종사가 비행기 밖으로 준비된 사다리를 통해 내려올 수 없는 경우, 로프를 타고 내려오기 위한 것이었다. 프로펠러 앞부분의 거대한 돔[121] 안에는 전투기에 필수적인 레이더를 수용할 수 있는 공간이 있었다. 날개 끝에는 20밀리미터 기총과 70밀리미터 로켓을 장착할 수 있는 여유 공간도 마련되었다.

1954년 4월 19일 처음으로 XFY-1 포고는 안전장치인 줄에 묶인 상태로 호버링 비행을 시도하였다. 성공 여부에 대한 불안감을 줄이고 안전을 보장하기 위해 프로펠러 전방 부분의 스피너를 들어내고 거대한 크레인으로 줄을 연결하였다. 이는 추력이 부족하거나 조종력을 잃고 추락하는 경우, 기체와 조종사 손실을 방지하는 동시에 비행 조종 계통과 연결된 유선 원격 조종 시스템을 이용하여 지상 조작사가 비행기를 정지시키는 조치를 취하기 위함이었다. 마지막으로 4개의 날개를 모두 줄로 팽팽하게 연결하여 기체를 최대한 수직에서 벗어나지 않도록 하였다.

XFY-1은 약 60시간의 수직 비행을 시행한 후 1954년 8월에는 고도 45미터까지 날아올랐고, 총 70여 회의 수직 이착륙에 성공하였다. 수많은 실험 비행 후 1954년 11월에는 천이 비행에도 성공하였다. 수직 이착륙 테일시터 항공기로는 처음 천이 비행에 성공한 역사적인 순간이었다.

천이 비행 후 여러 가지 문제점들이 확인되었다. 수직 이륙을 위한 엔진 추력 부족을 최소화하기 위해 동체의 무게를 극단적으로 가볍게 하였는데, 이때 조종면의 면적까지 줄이는 바람에 기체 컨트롤이 잘 되지 않았고, 속도 조절도 어려웠다. 비록 좌석을 45도 앞으로 숙였지만 여전히 착륙 시 조종과 지면 확인이 어려운 문제였다.

121 스피너(Spinner)라고 부른다.

3-191 XFV-1과 달리 XFY-1은 수직 이륙에 성공하였다.

3-192 1954년 XFY-1은 역사상 처음으로 수직 이착륙기로 천이 비행에 성공하였다. 조종사는 항상 캐노피를 열어 둔 상태로 비행하였다.

컨베어사는 조종사가 수직 상태에서 착륙 속도를 알 수 없는 것은 안전에 매우 심각한 문제라고 인식하고, 당시 개발된 지 얼마 안 된 최신형 정밀 레이더 고도계를 왼쪽 날개 끝에 장착하였다. 레이더 고도계의 신호를 받아 조종석 계기에는 3개의 라이트가 작동하였다. 녹색 등은 정지나 상승을 의미하고, 황색 등은 정상적인 강하, 붉은색 등은 초속 3미터 이상의 강하를 의미하는 것으로 착륙할 때 조종사는 항상 황색 등을 유지하여야 했다.

엔진이 하나뿐이라는 점과 실험기인 점을 고려하여 사출 좌석이 구비되어 있었으나 XFY-1의 조종사였던 콜맨은 사출 좌석 사용을 전혀 고려하지 않았고, 사출 좌석의 작동을 정지시킨 채 비행하였다. 그는 항상 캐노피를 열어 둔 상태로 비행하였으며, 고도가 높을 때는 그냥 낙하산을 메고 뛰어내리는 편이 더 안전하다고 판단하였다. 저고도에서는 사출할 여유가 없어 수동이든 자동이든 어차피 생존할 가능성이 없었다고 한다.

1956년 엔진 기어 박스가 고장 나고, 분해 결과 윤활유에서 금속 조각들이 섞여 나왔다. 가혹한 운영 조건에서 사용함으로써 예상치 않게 한계 수명에 빨리 도달하였기에 많은 부품 교환과 재생 정비가 필요한 상황이었다. 하지만 해군은 비용 지출을 거부하였다. 수직 이착륙기 프로그램을 종결하고자 했던 것이다. 재생 정비로 시험 비행을 다시 재개한다고 해도 엔진 추력, 어려운 조종 등의 난관은 여전히 실용화로 가는 데 걸림돌이었다. 게다가 프로펠러로 작동하는 XFY-1, XFV-1은 속도, 고도, 무장 능력 등에서 당시 첨단 제

3-193 기체를 지상에서 이동하고 세우기 위해 항상 별도의 전용 장비를 사용해야만 했다.

트 전투기와 비교가 될 수 없이 뒤떨어진 것이었으므로 실용기 개발을 계속 추진한다는 것은 어리석은 예산 낭비라고 판단한 것이다.

해군은 개발 중인 통상 이착륙 제트 전투기를 항공모함에서 운영하는 방안이나 해상 이착륙 전투기XF2Y SeaDart를 개발하는 방안으로 방향을 전환하면서, 테일시터 수직 이착륙기 개발 프로그램을 종결시켰다. XFY-1은 1955년 6월 16일 수석 조종사 콜맨의 마지막 비행을 마치고 메릴랜드 항공 우주 박물관으로 옮겨졌다. 인터넷에는 XFY-1이 실전에 투입되었다는 사진이 올라 있으나 사실 확인은 되지 않았다.

3-194 인터넷상에 XFY-1이 월남전에 투입되었다는 증거 사진이 올라 있으나 진위 여부는 확인이 되지 않는다.

3-195 메릴랜드 우주 박물관에 전시된 XFY-1.

제원

· 승무원	1명
· 길이	10.66미터
· 날개폭	8.43미터
· 날개 면적	39.7제곱미터
· 순 중량	5310킬로그램
· 최대 이륙 중량	7370킬로그램
· 엔진	5500마력 앨리슨 YT40-A-16 터보 프롭 엔진
· 프로펠러	3엽 블레이드의 동축 반전 프로펠러
· 최고 속도	시속 980킬로미터
· 순항 속도	시속 640킬로미터
· 항속 거리	640킬로미터
· 상승 한도	1만 3300미터

8-4 리안Ryan X-13A 버티젯Vertijet

리안사의 X-13A-RY 버티젯은 1950년대 제트 추진력으로 수직 이착륙 전투기를 개발할 수 있는지 확인하기 위해 제작된 실험기이다.

2차 세계 대전 이후 리안사의 항공기 설계자들은 미 해군의 FR-1 파이어볼Fireball 전투기의 추력 대 중량비가 1을 넘어서자 실제로 전투기가 수직 상태로 이륙하는 것이 가능한지 여부를 확인하고 싶었다. 1947년 미 해군은 리안사의 관심 사항에 비용 5만 달러를 지원하기로 하고, 수직 이착륙이 가능한 제트 전투기형 실험기 개발을 요구하였다.

미 해군의 의도는 이 전투기를 개발하여 대형 잠수함에서 발진하는 제트 전투기를 확보하고자 하는 것이었다. 2차 세계 대전 중 일본이 잠수함에서 발진하는 전투기로 워싱턴 주 본토를 폭격한 사례가 있었으며, 미 해군도 잠수함 발진 전투기의 전술적 가치를 인정하여 이를 확보하고자 하는 의지가 있었다. 또 테일시터로 이륙하는 함상 전투기를 배치하면 소형 항공모함에서도 대형 항공모함만큼의 항공기를 적재하여 저렴하고 강력한 항공모함을 구성할 수 있다고 생각하였다.

1951년 리안사가 해군의 지원 아래 제트 수직 이착륙기 모형을 제작하여 실험하자 미 공군도 테일시터 방식의 수직 이착륙 제트 전투기에 관심을 보이면서 1953년 리안사와 2대의 시제기 개발을 계약하였다. 미 공군은 그 시제기에 X-13이라는 공식 모델명을 부여

3-196 잠수함에서 전투기를 발진시키는 영국의 HMS M2 잠수함.

하였다. 해군 입장에서는 이미 예산이 바닥나 프로그램이 중단될 위기에 처해 있었는데 공군의 참여로 계속 연구가 이어지자 무척 다행스럽게 생각하였다.

공군이 사업을 주도하자 기체 이름도 바뀌고 엔진 제어 체계, 기체 안정 시스템, 배기구 등도 개조되었다. 그리고 엔진도 플랫 앤 휘트니P&W사 J57-PW-11에서 4500킬로그램 추력의 롤스로이스 에이본Rolls-Royce Avon 터보 제트 엔진으로 교체되었다.

좌석은 XFY-1 포고의 틸팅 좌석을 적용하여 수직으로 선 상태에서 조종사가 계기나 지상을 확인하는 것이 좀 더 용이하게 되었으며, 동체 상부에 고익[122] 형태로 얹어진 삼각익의 날개 끝에는 현재의 윙릿Wing let과 같은 펜스가 설치되었고, 무게를 줄이기 위해 수평 꼬리날개는 설치되지 않았다.

기존의 XFY-1, XFV-1은 착륙할 때 조종사가 앞쪽의 계기를 보고 엔진 추력을 조절하면서 동시에 착륙지 확인을 위해 뒤를 주시해야 하는 단점이 있었으나, X-13은 착륙 시 조종사가 기수 아래 부

122 동체 상부에 날개가 장착되는 형태.

3-197 X-13이 유도사의 안내로 착륙 플랫폼에 접근하고 있다.

분에 있는 고리를 착륙 플랫폼 위쪽에 있는 줄에 거는 방식을 사용함으로써 착륙을 위해 뒤를 돌아볼 필요가 없어졌다. X-13이 마치 옷걸이를 걸듯이 착륙 플랫폼에 기체 훅Hook을 걸고 엔진을 끄면 수직 상태로 멈추게 되며, 항공기가 걸린 플랫폼은 앞으로 숙여져서 수평이 되게 한 후 이동하였다. 하지만 조종사가 전방을 주시하는 것도 쉽지는 않았다. 캐노피를 열고 조종사가 고개를 바깥으로 내밀어야만 플랫폼을 확인할 수 있었고, 이마저도 불안하여 시험 비행 동안은 유도사가 플랫폼 왼쪽 위로 올라가 조종사에게 방향 신호를 주었다. 유도사가 없는 경우 조종사는 유도사 위치에 설치된 기다란 막대Visual Cue를 이용하여 플랫폼 간의 거리와 접근 속도를 판단해야만 했다. 물론 지상의 정비사와 통신을 주고받아 어느 정도의 착륙 정보를 받을 수는 있었지만 그래도 조종사가 직접 눈으로 착륙 상황을 확인하는 것이 최선의 방법이었다. 그래서 플랫폼 사용과 관계없이 조종석은 XFY-1처럼 45도 앞으로 숙여져서 플랫폼과 지면 확인이 용이하도록 하였으며, 수평 비행 시 조종석은 조종사의 작동에 따라 통상 비행기처럼 수평이 되었다.

만일 실제 작전 중 전용 플랫폼이 없는 야전에서 이착륙 소요가

3-198 X-14 조종석이 45도 앞으로 기울어져 조종사의 자세가 불편해 보인다.

3-199 수평 이착륙을 위해 랜딩기어를 장착한 X-13A.

3-200 XV-13이 유도사의 안내와 참조용 막대기를 이용하여 착륙용 플랫폼에 접근 중이다.

발생할 경우, 강철 와이어를 커다란 나무 사이나 큰 트럭, 전신주 등의 구조물 사이에 연결하여 착륙시킬 수 있었으며, 매달린 상태로 연료를 보급한 후 다시 이륙하는 구조였다. 강철 와이어가 없어도 스탠드나 플랫폼 등을 이용하여 착륙은 가능하겠지만 약간의 경사나 바람만 있어도 착륙 후 기체가 넘어져 버릴 위험성이 있었다.

호버링 중 피치 제어는 약하지만 엔진 추력 방향 조절을 통해 이루어졌으며, 롤과 요우는 날개 끝 부분으로 엔진 압축 공기를 분사하여 이루어졌다. 이는 해리어의 자세 제어 방식과 동일한 것이었다.

1955년 말경 1호기가 완성되어 에드워드 공군 기지로 이송되었다. 시제 1호기는 임시로 랜딩기어를 장착하여 1955년 12월 수평 비행에 성공하였고, 이후 수평 이륙, 수직 호버링, 수평 비행으로 전환 비행에 성공하였다.

1956년 5월에는 수직 모드에서 이착륙에 성공하였다. 이때 수직 이착륙 성능 시험을 위해 기체 후미에 금속 파이프로 만들어진 플랫폼을 제작하여 기체를 수직으로 세운 상태에서 시동을 걸고, 낮은 고도로 움직이면서 조종사들이 플랫폼에 훅을 거는 연습을 시작하였다. 동체 후미에 장착된 플랫폼은 주로 수직 이착륙 연습을 하는 데만 사용되었다. 이 장치를 사용하면 주 날개 조종면Elevon과 수직 꼬리날개의 러더를 제거해야 하고, 뒤가 무겁고 저항이 높아 수직 이착륙 이외의 일반 비행에는 사용할 수가 없었다.

수십 차례의 수직 이착륙 연습을 한 후, 시제 2호기는 1957년 4월에 트레일러의 플랫폼에서 수직 이륙에 성공하였으며, 곧장 수평 비행으로 전환하고 다시 수직으로 돌아와 플랫폼에 줄을 걸어 안착하는 전체 비행 과정에 성공하였다.

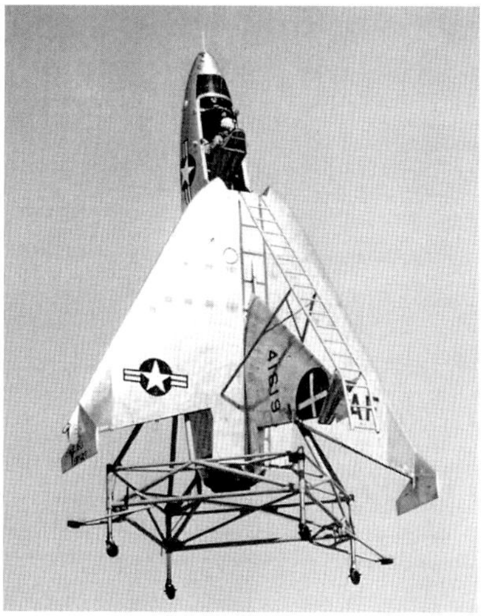
3-201 전용 플랫폼 없이 지면에서 수직 이착륙을 시험하기 위해 동체 후방에 별도의 구조물을 장착하였다. 날개 엘레본과 러더가 제거되었다.

1957년 7월에는 서부의 에드워드 공군 기지에서 파나마 운하를 거쳐 동부의 앤드류 공군 기지에 도착하였다. 시범 비행을 위해 앤드류 공군 기지에서 다시 워싱턴 D.C.로 옮겨진 후, 포토맥 강을 가로질러 펜타곤 마당에 착륙하는 비행 시범을 보이기도 하였다. 많은 국방부 관계자들과 정치인들의 환호 속에 성공적인 시범 비행을 마쳤지만 미 공군은 이 조그마한 제트기로 무엇을 할 것인지 고민하다가 결국 쓸모없는 비행기로 판단하고 개발 계획을 취소하고 말았다. 이미 미그-21(1955년 첫 비행), F-4(1958년

3-202 워싱턴 D.C.에서 수직 비행 시험을 보이고 있는 X-13A.

3-203 라이트 패트슨 기지 항공 박물관에 플랫폼과 함께 전시된 X-13. 날개 끝에 자세 제어용 제트 노즐이 보인다.

첫 비행) 등의 대단한 초음속 항공기들이 하늘을 장악할 것으로 예상되는 가운데 이런 작은 제트기는 수직 이착륙 기능 외에 전투기로서는 보잘 것 없었던 것이다.

이 기체의 시제 1호기는 샌디에이고 항공 우주 박물관, 2호기는 오하이오 주 라이트 패트슨 미 공군 박물관에 전시되어 있다.

제원

· 승무원	1명
· 길이	7.14미터
· 날개폭	6.40미터
· 높이	4.62미터
· 순 중량	2424킬로그램
· 총중량	3059킬로그램
· 최대 이륙 중량	3272킬로그램
· 엔진	4500킬로그램 추력 롤스로이스 에이본 터보 제트 1대
· 최고 속도	시속 560킬로미터
· 항속 거리	307킬로미터
· 순항 고도	6100미터
· 추력 대 중량비	1.48

8-5 스네크마SNECMA C450 콜레옵테라Coleoptere

수직 이착륙기로 프랑스 스네크마사에서 개발한 C450 콜레옵테라[123]는 테일시터 방식의 수직 이착륙 실험기이다. C450 콜레옵테라는 수직 이착륙기로서만이 아니라 항공기의 형태 면에 있어서도 매우 독특하다. 이 기종은 원형 날개Annular Wing를 실용기에 적용하려던 첫 번째 시도였다.

원형 날개는 보통의 날개에 필수적으로 따르는 윙 팁 볼텍스Wing Tip Vortex, 날개 끝 와류를 제거하여 날개 효율을 높이는 데 유리하다. 날개가 원형인 경우에는 날개 끝이 없으므로 양력 손실이 없다. 하지만 원형 날개 형태는 양력을 항공기 수직 방향으로 집중시킬 수 없고, 양력이 모든 방향으로 분산되므로 실질적인 양력 효율이 높다고 볼 수 없으며, 동체가 무거워져 전체적인 효율성은 떨어지는 것으로 알려졌다. 더 나아가 폭탄을 장착하거나 고도의 기동성을 요하는 전투기에서는 더더욱 실용적이지 못한 형태이다.

123 풍뎅이란 의미이다.

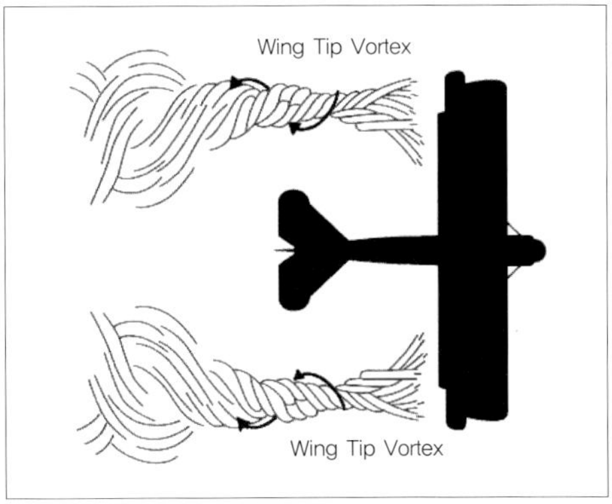

3-204 날개가 원형이 되면 날개 끝에서만 발생하는 윙 팁 볼텍스가 없어져 저항이 줄어들고 양력이 증가한다.

그래서 이 날개 형태는 이론일 뿐이며 실제로 원형 날개로 제작된 실용기는 없는 실정이다.

C.450 콜레옵테라는 본래 스네크마사에서 개발을 지속해 온 C.400 아따흐 볼랑Atar Volant의 연장선상에 있다. 1950년대 미국이 XFV-1, XFY-1으로 수직 이착륙기 제작을 시도하고, 영국이 P.1127로 수직 이착륙기 개발에 착수하자 프랑스 내에서도 수직 이착륙기 개발 필요성이 제기되었다. 프랑스는 XFV-1, XFY-1의 테일시터 방식과, 영국의 P.1127 벡터드 트러스트 방식 중 하나를 선택하기로 하였다. 2차 세계 대전 이후 독일의 일부 항공기 개발자들이 프랑스 항공 회사인 스네크마사에서 일하고 있었으며, 이들은 테일시터 방식이 그동안 스네크마사에서 수직 이착륙을 연구해 온 방향과 가장 근접한다고 판단하였다.

기본적인 이착륙 개념이 선택되고, 스네크마사는 플라잉 Atar C.400 P1을 제작하였다. C.400 P1은 원통형 내부에 제트 엔진을 수직으로 세우고 4개의 바퀴로 지탱하였다. C.400 P1은 1950년 7월 무인 상태로 시험 비행이 이루어졌고, 결과는 만족스러웠다. C.400 P1 프로그램은 C.400 P2로 이어졌다. P2는 P1의 무인기 형태에서 엔진 꼭대기 부분에 초보적인 형태의 조종석을 설치한 유인기 형태이다. C.400 P2는 1957년 5월에 첫 비행을 하였다. P2의 비행은 성공적이었고, 1957년 파리 에어쇼에 공개되기도 하였다. 스네크마사는 발전형 C.400 P3로 프로그램을 계속 진행시켰다. C.400 P3는 밀폐형 조종석을 갖추고 측면에 공기 흡입구를 설치하여 거의 수직 발사하는 로켓 형태가 되었으며, 날개만 달면 비행이 가능한 형태였다.

스네크마사는 지상 시험만 이루어진 C.400 P3에 직경 3.2미터의 원형 날개를 부착하여 최종 목적 개발기인 C.450 콜레옵테라를 제작하였다.

C.450 콜레옵테라가 원형 날개를 선택한 이유는 수직 이착륙기의 특징과 관련이 없으며, XFY-1 포고처럼 선박에서 수직 상태로 주기할 때 날개 공간을 절약하기 위한 방안으로 선택한 것이다. 일직선의 동일 날개 면적을 가진 항공기보다 훨씬 항공기 폭이 좁으므로 공간 운영에 효율적이기 때문이다.

이 기종은 3700킬로그램 추력의 Atar 191E 터보 제트 엔진을 장착하고, 엔진 주변을 직경 3.2미터의 원형 날개로 감쌌다. 원형 날개는 엔진 나셀을 중심으로 +자 형태의 지지대에 의해 고정되었고, 엔진 추력은 엔진 노즐 부분의 틸팅 베인에 의해 방향 조절Thrust Vectoring이 가능하여 이를 이용해 호버링 상태에서 수평, 수평에서 호버링으로 자세 변환을 하였다.

3-205 C.400 아따흐 볼랑. 오른쪽이 무인기 형태인 P1 버전이며, 왼쪽이 조종석이 부착된 P2 버전이다.

양력으로 비행하는 수평 비행에서는 원형 날개 상하좌우에 부착된 작은 4개의 전동식 핀이 조종을 담당하였으며, 4개의 제트 노즐에서는 엔진 압축 공기를 분사하여 자세를 제어하였다. 기수 부분에는 동체로 접어 넣었다 펼 수 있는 작은 커나드가 부착되어 있어 수평 비행 시에는 기수를 약간 든 상태로 안전성을 유지하고, 수평 비행에서 수직 비행으로 전환할 때는 기수를 들어 주는 역할을 하였다. 원형 날개의 특성상 양력 형성을 위해서는 약간의 받음각 상태로 비행을 해야 했다.

3-206 C.400 P3 모델. 폐쇄형 조종석이 설치되었으나 실제 수직 이착륙 비행은 이루어지지 않았다.

사출 좌석도 장착되었으며, 이 사출 좌석은 어느 정도 회전이 가능하여 항공기 자세가 수평이거나 수직인 경우에 조종사는 편한 각도를 취할 수 있었다. 원형 날개와 날개 아래에 부착된 폭넓은 4개의 바퀴 덕분에 별도의 이륙 보조 장치는 필요 없었으나 원형 날개가 조종사의 시야를 전 방향으로 방해하여 착륙할 때는 다른 테일시터 기종보다 지면을 확인하기가 더 어려웠다.

C.450은 1958년 4월 출고하여 무인 상태로 호버링 테스트를 시행한 후 1959년 4월 17일 줄로 묶은 상태에서 처음으로 호버링 비행에 성공하였고, 이후 5월 3일에는 줄을 묶지 않고 호버링에 성공하였다. 마지막 남은 것은 모든 수직 이착륙기에서 가장 어려운 단계였던 엔진 노즐 방향 전환을 통해 수평 비행으로 전환 비행하는 것이었다. 1959년 7월 25일, 9번째의 시험 비행에서 약 75미터를 상승한 후 수평 비행 전환을 시도하였다. 하지만 항공기는 마치 기수 부분이 고정되어 시계추가 흔들리는 것처럼 좌우로 흔들거렸다. 조종사는 사출하고 콜레옵테라는 포물선을 그리면서 지상에 충돌하였다. 이 사고로 C.450 콜레옵테라 프로그램은 종결되고 말았다.

하지만 단순하게 사고로 인해 프로그램이 종결된 것만은 아니었다. 앞서 설명한 대로 원형 날개는 무장 장착과 고속 고기동에는 매

3-207 C.450 콜레옵테라. C.400 P3 버전에 원형 날개를 장착하였다.

3-208 1959년 4월 테더드 테스트를 하고(왼쪽), 1959년 5월 호버링에 성공하였다(오른쪽).

3-209 C.450 콜레옵테라는 가장 독특하게 생긴 항공기 중 하나이며, 가장 불행한 기종으로 꼽히기도 한다.

우 불리하다. 양력을 더 생산하는 효율적인 비행은 상업용 비행기에나 적합하지 기동성을 최고의 생존 능력으로 꼽는 전투기에서는 적합하지 않았다. 그래서 이미 프랑스 공군도 원형 날개를 이용한 수직 이착륙기에 흥미를 잃은 상태였으며, 사고와 함께 쉽게 포기된 것이다. 아직도 콜레옵테라는 각종 항공 자료에서 기이하게 생긴 항공기, 불행한 항공기 리스트에 종종 오르곤 한다.

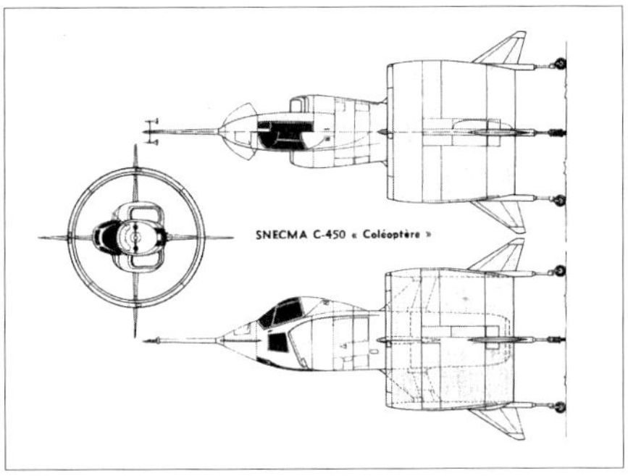

3-210 C.450 콜레옵테라의 삼면도.

제원

· 승무원	1명
· 이륙 중량	3000킬로그램
· 날개폭	4.51미터
· 길이(수평 상태)	8.02미터
· 엔진	3700킬로그램 추력 Atar 191E 터보 제트 엔진
· 최고 속도	시속 800킬로미터
· 상승 한도	3000미터

8-6 NASA 퍼핀Puffine

2010년 1월 NASA는 샌프란시스코에서 열린 미국 헬기 연합회에서 테일시터 방식의 1인승 비행체 퍼핀의 개념도를 공개하였다. 순항 속도는 시속 220킬로미터이고, 만일 추가 부스터를 사용하면 2배의 속도로 비행도 가능하다. 로터 직경은 2.25미터, 날개폭은 4.1미터로 탄소 복합 소재 덕분에 조종사를 제외한 기체 무게가 200킬로그램을 넘지 않을 것으로 예상된다.

퍼핀은 수직으로 선 상태에서 이륙을 한다. 조종사도 서 있는 상태가 된다. 리튬 전지로 작동되는 로터가 좌우에 장착되어 있으며, 수직으로 일정 고도 상승 후 수평 비행을 하게 된다. 모터의 추력은 각각 60마력이다. 문제는 항속 거리인데, 현재는 한 번의 충전으로 80킬로미터를 가는 것을 목표로 하고 있다. 아직은 충분하지 못하지만 출퇴근용이나 근거리 피크닉용으로는 사용이 가능할 것으로 보고

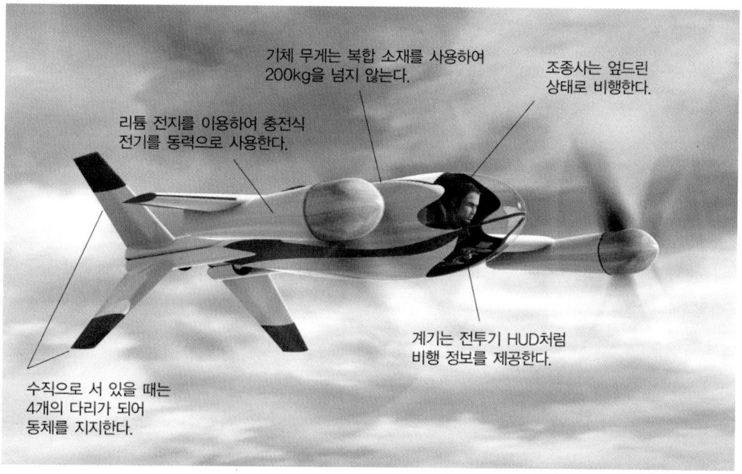

3-211 NASA에서 개발 중인 퍼핀은 1인승 수직 이착륙기이다.

3-212 조종사는 지면을 보고 비행하므로 정찰에 용이할 것으로 예상된다

있다. 날개는 전진익 구조를 적용하였는데, 전진익 자체의 이점 때문이라기보다는 테일시터 방식에서 프로펠러의 최적 위치와 이착륙 시 조종사 시야 확보를 위해 고심한 결과였다. 프로펠러는 배터리로 가동되므로 소음을 현격하게 줄였으며, 교외로 나갔다가 충전할 전원이 없는 경우 태양 전지로 충전이 가능하다.

퍼핀이라는 상용 항공기 개발을 NASA가 담당하는 데에는 군사적 목적도 연계되어 있는 것으로 보인다. 공개된 기체 구조는 스텔스 성능을 충분히 보유할 것으로 보이며, 전지가 충분할 경우 9킬로미터까지 상승이 가능하다고 한다. 이 정도 고도라면 사실상 조종사가 외부 장치 없이 숨을 쉬기 어려운 고도이나 정찰하기에는 안성맞춤이다.

머리 주변의 탁 트인 투명체를 통하여 조종사가 외부 장애물을 확인하는 것이 쉬워 저고도 비행도 무난할 것이며, 도시 내 비행도 적합할 것으로 예상된다. 비행에 필수적인 비행 정보는 전투기의 HUD와 같은 투명체를 통해 조종사 전면에 시현해 준다. 아직 퍼핀

3-213 퍼핀의 기체 성능으로 보아 군사용으로도 충분히 활용될 수 있을 것으로 예상된다.

에 대한 구체적인 개발 계획은 공개되지 않았으며, 단지 3분의 1 사이즈 풍동 실험이 2010년 동안 진행될 것이라고 밝혔으나 이후 진행 사항에 대해서는 공개된 바가 없다.

제원

· 승무원	1명
· 날개폭	4.1미터
· 선 상태에서 높이	3.65미터
· 최고 속도	시속 220킬로미터

9 호버링 전용 엔진 사용 – 리프트+크루즈(Lift+Cruise)

지금까지 살펴본 수직 이착륙 항공기는 틸트 방식이나 벡터 방식 등을 적용하고 엔진 1개 또는 2개를 장착하여 장착 엔진 모두를 수직 이착륙과 수평 비행에 겸하여 사용하였고, 수직 이착륙만을 위한 별도의 엔진은 사용하지 않았다. 하지만 이제부터 살펴보는 기종은 수직 이착륙을 위한 별도의 엔진이 사용된 경우로 수직 이착륙 전용 엔진Lift Engine과 수평 비행 전용 엔진Cruise Engine이 완전히 구분되는 방식이다.

이륙 시에는 먼저 수직 이륙용 엔진만 가동시켜 기체를 수직 상승시키고, 안전 고도에 도달하면 비행용 엔진을 작동시켜 수평 속도를 증가시킨다. 수평 속도가 증가하면 주 날개 양력이 커지면서 수직 이륙용 엔진을 하나씩 꺼 나간다. 날개 양력이 충분해지면 모든 수직 이륙용 엔진은 작동을 멈추고, 주 엔진만으로 비행을 하게 된다. 수직 착륙할 때는 이륙과 반대 절차를 거친다.

수직 이착륙 전용 엔진은 엔진이 수직 방향으로 장착되어 수평 비행 시에는 전혀 필요하지 않으며, 반면 수평 비행용 엔진은 수직 이착륙 시 아무 역할도 하지 않는다. 엔진, 노즐, 프로펠러, 로터 등의 추력 장치를 회전시키기 위한 별도의 구조물이 필요 없으므로 앞서 설명한 틸팅 엔진 방식이나 벡터드 트러스트 방식에 비해 비교적 간단하고, 수직 이착륙 시 엔진 문제로 인한 사고 위험이 거의 없으며, 전환 비행 시에도 추력 부족으로 인한 고도 상실, 사고 등의 위험이 현저하게 줄었다.

하지만 통상 항공기에 비해 많은 엔진을 동체 내에 수용해야 하므로 무장 탑재 공간이 부족해져서 무장 제한이 생기거나 연료 공간이 부족해 체공 시간이 줄어들고, 항속 거리도 줄어들게 된다. 이착륙 전용 엔진과 수평 전용 엔진으로 구분되다 보니 엔진 운용 효율도 떨어진다. 예를 들어 공중전을 해야 하는 상황에서 수직 이착륙용 엔진은 거추장스러운 무게일 뿐인 것이다. 따라서 이착륙 안전성과 제작의 용이함으로 인해 한때 영국과 프랑스를 중심으로 활발히 연구되었지만 해리어기가 단일 엔진으로 성공적인 수직 이착륙을 이루어 내자 이러한 설계 방식에 대한 연구는 더 이상 진전되지 못하였다.

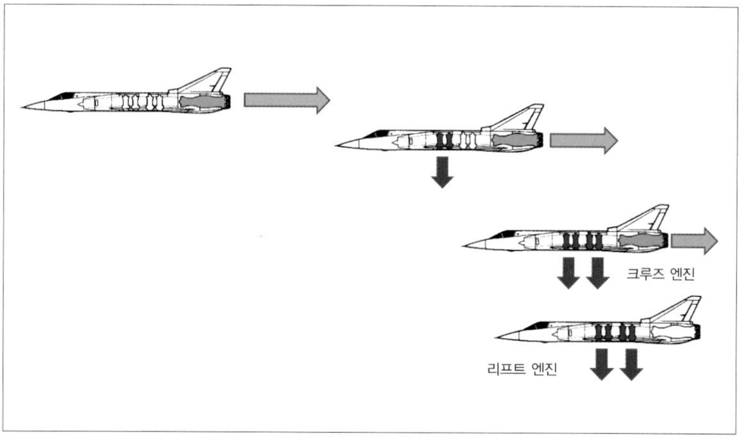

3-214 수직 이착륙 시에는 리프트 엔진을 사용하고 비행 시에는 크루즈 엔진을 사용한다.

9-1 쇼트Short SC.1

쇼트 SC.1은 영국에서 연구한 최초의 수직 이착륙 실험기로 해리어기의 원형인 P.1127보다 앞서 연구되었다. 영국은 1950년대 초 제트 엔진을 이용한 수직 이착륙 실험 장치인 플라잉 베드스테드[124]가 성공하자 수직 이착륙기 개발에 박차를 가하기 시작하였다.

영국 정부는 1953년 수직 이착륙기에 대한 연구 개발기 소요를 업체에 제시하였고, 에이브로Avro사와 쇼트Short사가 응찰하였다. 최종 심사 결과 쇼트사 방안이 요구 조건을 충족하여 1954년 10월, 정부와 시제기 2대의 제작 계약을 맺었다. 당시 에이브로사가 제시한 방안은 기존 에이브로 707 제트 전투기에 롤스로이스 RB 108 엔진 6개를 비스듬하게 장착하고, 이들 엔진을 엔진 베이(엔진 장착 공간) 내에서 기울어질 수 있도록 조절하여 수직 이륙과 추력을 동시에 얻는 방식이었다.

쇼트사의 SC.1은 별도의 실험기를 제작하는 방식으로 단좌, 저익, 꼬리 날개가 없는 델타익Delta Wing을 갖추었으며, 수직 이륙을 위해 4개의 롤스로이스RB 108 제트 엔진을 동체에 수직으로 배치하였다. 4개의 엔진이 들어 올릴 수 있는 중량은 총 3900킬로그램으로 동체 중량 3630킬로그램을 겨우 초과하였다. 이는 만일 전투기로까지 발전한다면 수직 이착륙용 엔진을 더 장착해야 한다는 것

124 7-3 참조.

3-215 에이브로 707. SC.1의 경쟁 기종이었다.

3-216 SC.1은 영국에서 해리어기 탄생 전에 실험된 수직 이착륙기이다.

을 의미하였다.

또 수평 비행을 위한 엔진으로는 RB 108 1대를 사용하였다. 수직 엔진 4개는 좌우 2개씩 배열되었는데, 엔진은 수직 상태에서 전체 35도를 전후 방향으로 기울어질 수 있도록 하여 수직 이륙용 엔진만으로도 비행기가 정지하거나 약간씩 앞으로 움직일 수 있도록 하였으며, 그 덕분에 천이 비행 시 안전성이 높고 가속이 빨랐다.

이륙을 위해서는 먼저 4개의 수직 이륙용 엔진에 시동을 걸고 수직 이륙하여 고도를 취한 후, 4개 엔진의 압축 공기를 이용하여 비행용 엔진을 가동시킨다. 항공기 속도가 어느 정도에 도달하여 날개에 양력이 충분해지면 4개의 수직 이륙용 엔진은 작동을 멈춘다. 다시 착륙할 때가 되면 비행용 엔진의 압축 공기[125]를 이용하여 4개의 수직 이륙용 엔진을 가동시키게 된다. 사실 이러한 절차, 특히 착륙은 불안한 조종 특성상 가뜩이나 조작이 많은 상황에서 조종사에게는 상당히 부담되는 과정이었다.

125 블리드 에어(Bleed Air)라고 한다.

이륙 시 엔진 고장으로 인한 추력 불균형 가능성과 그에 따르는 기체 전복 가능성도 검토되었으나 달리 대처할 방법이 없었다. 다행히도 이런 문제는 발생하지 않아 프랑스 수직 이착륙 연구기인 발자크 Balzac V에서도 SC.1의 RB 108 엔진을 채택하는 계기가 되었다.

3-217 SC.1의 리프트 엔진 배열 형태.

4개의 수직 추력용 엔진에서 약 10퍼센트의 추력을 뽑아 꼬리 날개와 날개 양쪽 끝에 설치된 퍼퍼 Puffer를 통해 제트를 분사하여 롤, 요우, 피치 조종을 하였다. 연료 저장 공간을 엔진이 차지하면서 연료 탱크 용량이 부족해지자 날개의 모든 공간에 연료를 채워 넣었고, 수직 꼬리 날개의 가능한 모든 공간에도 연료를 저장하였다. 그럼에도 수직 이착륙에는 상당한 연료가 소모되어 전체적으로 연료 용량이 부족하였고, 따라서 항속 거리가 기껏 240킬로미터밖에 되지 않았다. 만일 전투기 개념으로 전투 행동반경을 본다면 100킬로미터도 채 안 된다는 뜻이다. 참고로 해리어의 경우는 항속 거리가 1900킬로미터이다. 리프트 엔진을 장착하느냐 여부가 동체 내 연료 공간에

3-218 SC.1의 수직 이륙 과정. 활주로의 열 손상을 방지하기 위해 이륙장에 별도의 물체를 설치하였다.

3-219 구조를 단순화하기 위해 델타 날개를 채택하고, 안전을 위해 3중 채널 조종 방식을 채택하였다.

상당한 영향을 미치고 항속 거리를 단축시키는 주요 원인이 되는 것이다.

SC.1은 수직 이착륙기의 어려운 비행 통제를 해결하기 위해 초기 형태의 3중 채널 플라이 바이 와이어 조종 방식을 채택하여 수직 이착륙 모드에서나 순항 비행 모드에서 안전한 조종이 가능하도록 하였다. SC.1에서 채택한 조종 방식은 자동 안정 장치Auto Stabilizer가 모드 1, 모드 2로 작동하고, 만일 2개의 안정 장치가 모두 실패하면 기계적인 연결로 전환하여 조종사의 감각으로 비행하도록 하였다.

대부분의 수직 이착륙기에서 나타나는 현상으로, SC.1 역시 지면 근방에서 핫 가스가 다시 엔진으로 유입되어 수직 이착륙 중 추력 손실이 발생하였다. 엔진 배기가스가 지면에 부딪친 후 기체 위로 올라가서 다시 엔진으로 유입되는 것이다. 이 현상은 SC.1의 모형 연구 단계에서도 인지하고 있었으며, 이착륙 초기 단계에서 15~20퍼센트까지 추력 감소가 예측되었다. 갑작스런 엔진 추력 손실은 기체를 급격하게 지면으로 떨어지게 하므로 SC.1은 랜딩기어를 강화하였다. 랜딩기어를 접이식으로 하지 않고 항시 펼쳐진 상태의 고정 방식을 채택하여 지면 근방에서 초당 5.5미터 속도로 기체가 내려와도 충격을 흡수할 수 있도록 한 것이다. 통상 이착륙 방식의 랜딩기어는 수평 방향의 충격 흡수를 위한 측면 지지대Side Brace, 후방 지지대Drag Brace 등이 있으나 SC.1의 랜딩기어는 오로지 수직 충격 흡수를 위한 수직 방향의 실린더만 가지고 있었다. 또 랜딩기어가 펼쳐진 상태로 비행을 해야 하기 때문에 저항이 높았으므로 저항을 줄이기 위해 랜딩기어 주 지지대Strut는 에어포일 형태의 외피로 감쌌다.

캐노피는 폭넓은 투명창이 사용되었는데 이는 조종사가 육안으로 착륙 지점을 확인하기 쉽도록 하기 위한 수직 이착륙기의 일반적인 설계 특성이었다. 무게를 줄이기 위해 유럽에서 많이 사용하는 델타 날개를 채택하였으며, 동체 전반에 알루미늄을 사용하였다. 엔진 베이나 자세 제어용 노즐에는 열에 강하면서도 가벼운 티타늄 합금을 사용하였다.

SC.1은 1957년 4월 2일 수평 이착륙을 하였다. 이 수평 이착륙은 항공기 무게를 줄이기 위해 수직 장착 엔진 4개가 모두 제거된 상태로 이루어졌다. SC.1의 랜딩기어는 수직 충격만 고려하여 제작되었으므로 수평 이착륙에는 적절하지 못하였다. 따라서 최대한 동체 무게를 줄여 랜딩기어 파손 가능성을 최소화하여야만 했다.

3-220 1958년 판보로 에어쇼에 전시된 SC.1.

1958년 5월 26일에는 2호기가 줄로 묶인 상태로 수직 이착륙에 성공하였고, 이어 10월 25일에 온전한 수직 이착륙에 성공하였다. 천이 비행은 1960년 4월 6일에 성공하였다.

SC.1은 1960년 판보로 에어쇼에 등장하였고, 1961년에는 파리 에어쇼에 등장하였다. 1963년 10월에는 기체 자세를 측정하는 자이로스코프 고장으로 2호기가 시험 비행 도중 추락하여 조종사가 사망하는 사고가 발생하였으나 기체는 복구되어 실험이 계속되었다.

하지만 1960년경 호커 시들리 해리어 P.1127기의 연구가 본격화되고 실용화가 추진되면서 SC.1의 추가 개발은 포기되었다. 연구자들은 쇼트 SC.1을 통해 많은 엔진을 장착하고서는 수직 이착륙 전투기가 될 수 없다는 교훈을 얻었다. 하지만 영국이 일찍이 배운 이 교훈을 프랑스는 배우지 못하고 SC.1에서 실패했던 경험을 다시 반복하여 발자크 V와 미라지Mirage IIIV를 개발하는 실수를 하게 된다.

SC.1은 1967년까지 시험 비행을 계속하였고, 상당한 실험 데이

3-221 박물관에 전시된 SC.1

터가 해리어기 연구에 사용되었다. 특히 퍼퍼 제트 컨트롤Puffer Jet Control에는 대부분 쇼트 SC.1의 실험 데이터가 사용되었다. 영국 정부는 1971년 공식적으로 SC.1의 비행 종료를 선언하였고, 현재 1, 2호기 모두 영국 항공 박물관에 전시되어 있다.

제원

· 승무원	1명
· 길이	7.77미터
· 날개폭	7.16미터
· 높이	3.25미터
· 순 중량	3495킬로그램
· 통상 이착륙 시 탑재 가능량	3650킬로그램
· 수직 이착륙 시 탑재 가능량	3490킬로그램
· 크루즈 엔진	965킬로그램 롤스로이스 RB 108 터보 제트 1대
· 리프트 엔진	965킬로그램 롤스로이스 RB 108 터보 제트 4대
· 최고 속도	시속 396킬로미터
· 항속 거리	240킬로미터
· 상승 한도	2440미터
· 상승율	초당 3.6미터
· 추력 대 중량비	1.11

9-2 닷소 발자크Dassault Balzac V

닷소 발자크 V는 프랑스 공군의 요청을 받은 프랑스 닷소 에비에이션Dassault Aviation사에서 미라지 III 개발 시제기를 개조하여 제작한 수직 이착륙기이며, 수직 이착륙기 미라지 IIIV를 개발하기 위한 형상 연구기로써 개발되었다.

프랑스에서 수직 이착륙 제트기가 연구되기 시작한 것은 1950년대 냉전이 시작되던 시기였다. 프랑스는 동구 유럽과 지척에 있어 서독과 함께 동구 사회주의 세력의 확장을 막는 중요한 지리적 위치

3-222 MD.610 모형. 해리어와 동일한 추력 방식이다.

를 갖고 있었다. 만일 소련이 서부 유럽으로 세력을 확장하면 첫 번째로 공격을 받을 것이 분명했다. 프랑스는 소련의 초도 공격으로 대부분의 활주로가 파괴되면 반격을 할 수 없을 것이라는 전쟁 시나리오를 수립하였다. 2차 세계 대전 때만 해도 이런 상황은 없었다. 대부분의 왕복 엔진을 장착한 저속기는 활주로가 300여 미터만 있어도 이착륙이 가능했고, 중량이 가벼워 굳이 잘 포장된 활주로 없이 견고한 지형만 있어도 이륙이 가능하여 활주로가 파괴되어도 주변 공간을 이용하여 충분한 항공력을 운영할 수 있었기 때문이다. 그러나 제트 엔진을 장착한 고속 전투기와 많은 무장을 하는 중량의 전투기가 속속 개발되자 점점 견고하고 긴 활주로가 필요해졌다.

프랑스 공군은 단거리 이착륙을 위해 항공모함 같은 캐터펄터 방식을 지상에 적용해 보기도 하고, 보조 차량에 항공기를 얹어 이착륙시키는 방법도 고민하였다. 하지만 수차례의 실험 결과 상당한 위험을 안고 있는 것이 확인되어 마지막으로 수직 이착륙기에 포커스를 맞추기 시작했다.

수직 이착륙기 개발 결정 후, 수직 이착륙 방식에 대한 연구가 이루어졌다. 해리어와 동일한 벡터드 트러스트 방식에 동일 페가수스 엔진을 장착한 MD.610과 이륙 전용 엔진을 별도로 장착한 미라지 V[Mirage Wing] 방안이 제시되었다.

여러 모의 시험과 토의를 거친 결과 이착륙 전용 엔진을 장착하

3-223 미라지 IIIV로 가기 전 미라지 V를 수직 이착륙기로 개조하였다.

는 미라지 V 방안이 이착륙과 호버링에 더욱 안전하다고 판단하였다. 해리어 방식의 단발 엔진 MD.610은 엔진에 문제가 있을 경우 곧장 추락으로 연결되기 때문에 프랑스는 좀 더 신뢰성 있는 방식을 택한 것이다.

1961년 프랑스 공군은 당시 생산 중이었던 미라지 III를 기본형으로 수직 이착륙용 엔진을 장착한 미라지 IIIV이라는 수직 이착륙 실험기 개발 계획을 세우고, 미라지 IIIV 개발 전까지는 미라지 III 개발 시제기였던 미라지 V를 수직 이착륙기로 개조하여 선행 실험을 하기로 하였다.

1962년 1월 미라지 V 항공기 개조가 시작되었고, 단 4개월만인 5월에 개조가 완료되었다. 8개의 롤스로이스 RB 108 엔진이 수직 이착륙 전용 엔진으로 장착되었는데, 각 엔진당 1000킬로그램의 추력을 내었다. 리프트 엔진으로 RB 108이 사용된 이유는 영국의 쇼트 SC.1에 장착되어 신뢰성이 입증된 엔진이라 판단하였기 때문이다. 동체 내에 RB 108 리프트 엔진 추가 장착을 위한 공간 확보를

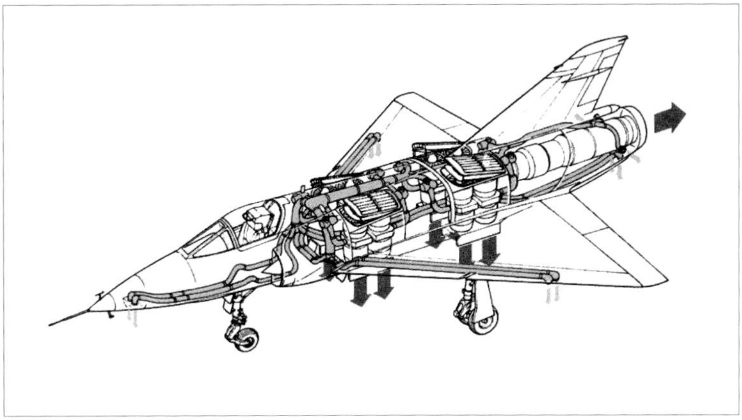

3-224 수직 이착륙용 엔진 배열과 자세 제어용 노즐 구조. 수평 비행용 엔진은 본래 길이가 동체 중심까지 였으나, 수직 이륙용 엔진을 장착하면서 후기 연소기를 제거하고 길이를 축소시켜 장착되었다.

위해 미라지 V의 기존 엔진인 스네크마SNECMA Atar G.2는 길이를 줄여야만 했다. 그래서 Atar G.2 엔진의 후기 연소기(추력 증강 장치)를 제거한 기본 엔진(추력 2175킬로그램)만 장착하였다. 수직 이착륙용 엔진은 4개씩 그룹을 지어 무게 중심 동체 축선 전후에 배치되었다. 시동 방식은 먼저 주 엔진에 시동을 걸고, 주 엔진에서 발생하는 압축 공기를 수직 이륙용 엔진에 공급하여 동시에 8개 엔진을 가동시키는 것이었다.

이렇게 개조된 기체의 명칭은 발자크 V로 지정하였다. 고도가 30미터까지 상승하면 조종사는 주 엔진 파워를 최대치로 높이고, 수평 속도가 시속 300킬로미터에 도달하면 리프트용 엔진을 모두 정지시켰다. 전방 기수 하단에 노즐 2개, 좌우 날개에 각 1개, 꼬리 날개 하부에 2개의 공기압 노즐이 있어서 이들 노즐을 조합하여 호버링 중 기체 조종이 이루어졌다. 랜딩기어는 수직 착륙 속도 초속 3.6미터까지 견딜 수 있도록 하였다.

8개 소형 엔진의 공기 흡입과 배출을 위한 도어Door가 동체 상부

3-225 호버링 테스트 중인 발자크 V.

에 4개, 동체 하부에 4개나 되었고, 이들 8개의 도어가 발생시키는 저항이 커서 수평 비행 시 속도 증가에 심한 방해 요소가 되었다. 조종사는 당시 영국에서 먼저 제작한 쇼트 SC.1과 미국에서 개발한 X-14를 통해 수직 이착륙기에 대한 사전 비행 교육을 받았다.

발자크 V는 1962년 10월 13일에 줄을 묶은 상태에서 첫 호버링 비행을 하였고, 같은 달 18일에 자유로운 호버링 비행에 성공하였다. 하지만 연료 저장 공간 부족으로 비행 가능 시간은 15분에 불과하였다. 발자크 V는 1963년 3월까지 총 17회의 수직 이착륙 및 수평 비행에 성공하였지만, 1964년 1월 10일 저고도 호버링 중 자동 안정 시스템Auto-Stabilization System 문제로 지상에 충돌하였다. 이 사고로 인한 항공기 손상은 경미하였으나 조종사는 사망하였다.

3-226 1965년 9월 비행 사고로 미라지 V의 비행은 종료되었다.

1965년 2월, 항공기는 다시 복구되어

3-227 발자크 V는 수평 비행 시 수직 이착륙용 엔진 공기 흡입구가 열려 있어 상당한 저항을 유발하였다.

시험 비행을 재개하였다. 하지만 1965년 9월, 앞선 사고와 같이 저고도 호버링 중 지상에 충돌하는 사고가 다시 발생하였다. 이번 사고의 조종사는 미국-프랑스 간 수직 이착륙 연구기 상호 기술 교류를 위해 파견된 미 공군 조종사였으며, 충돌 직전 사출에는 성공하였으나 고도가 너무 낮아 사망하였다. 사고의 원인은 유압 계통의 결함이었으며, 유압 문제로 엔진에 연료 공급이 중단되면서 모든 엔진이 동시에 꺼져 버린 것이다. 항공기는 복구될 수 있는 수준이었으나 이때는 이미 수직 이착륙 본 연구기인 미라지 IIIV 시제기 프로그램이 진행되고 있었기 때문에 굳이 복구의 필요성을 느끼지 못하여 폐기 처리되었다.

제원

· 승무원	1명
· 길이	13.1미터
· 날개폭	7.3미터
· 높이	4.6미터
· 순 중량	6124킬로그램
· 운영 중량	7000킬로그램
· 크루즈 엔진	2200킬로그램 추력 스네크마 Atar G.2
· 리프트 엔진	1000킬로그램 추력 롤스로이스 RB 108 8대
· 최고 속도	시속 1104킬로미터
· 추력 대 중량비	1.12:1

9-3 닷소 미라지Dassault Mirage IIIV

프랑스에서 추진한 수직 이착륙 제트 전투기는 닷소 미라지 III를 기본형으로 하고, 수직 이착륙을 의미하는 'Vertical'의 머리글자를 따서 미라지 IIIV(미라지 Three V라고 읽는다)라고 불렀다. 이 항공기는 1960년대 초 NATO에서 제시한 수직 이착륙 초음속 전투기의 요구 조건에 맞추어 1961년 8월부터 개발되었으며, 사전 시험기인 발자크 V에서 실험한 각종 데이터들이 적용되었다.

프랑스는 전쟁 초기에 적으로부터 선제공격을 받아 활주로가 파손되면 수직 이착륙기인 미라지 IIIV로 보복 핵 타격력을 유지한다는 전략을 세웠다. 이에 필요한 항공기 소요 대수는 약 120대 가량으로 예측되었다.

닷소 미라지 IIIV 시제 1호기는 1965년 2월 첫 호버링에 성공하였다. 이전의 발자크 V보다 크기는 2배나 되었다. 구조적으로도 수직 꼬리 날개가 더 커졌고, 전연 플랩Leading Edge Flap도 장착되었다. 날개는 천이 비행 시 양력을 보완하기 위해 닷소 미라지 III 원형기보다 대형화되었고, 초음속 비행을 위해 더 얇게 제작되었다. 수직 이착륙용 엔진 8개를 장착하기 위해 동체도 1.3미터 더 길어졌으며, 수직 이착륙 충격을 고려하여 모든 랜딩기어는 타이어 휠을 2개씩으로 늘렸다. 2문의 30밀리미터 기관포를 장착하고, 동체 내에 폭탄창을 설치하여 544킬로그램 급의 핵폭탄 1발을 장착할 수 있도록 하였다. 수직 이착륙용 엔진 8개가 공간을 다 차지해 버려 더 이상의 폭탄 장착은 불가하였다. 핵폭탄은 사실상 1발만 투하에 성공해도 전략적인

3-228 프랑스는 전쟁 초기, 소련에 대한 핵 타격력 유지를 위해 수직 이착륙기를 개발하였다.

목표를 달성할 수 있으므로 1발 이상을 장착하는 것은 의미가 크지 않았다. 호버링 중 비행은 기수, 꼬리 날개, 양 주 날개 끝에 위치한 컨트롤 제트 노즐을 통해 제어되었다.

주 엔진(Cruise Engine)은 P&W사 JTF10 터보 팬 모델을 프랑스에서 자체 생산한 TF104(추력 6400킬로그램 후기 연소기 사용 시)를 장착하였고, 수직 이착륙용 엔진은 롤스로이스 RB 162-1 엔진(추력 2000킬로그램) 8개를 장착하였다. 수직 이착륙용 엔진의 무게는 125킬로그램으로 이들 8개만 하여도 1.2톤에 달했다. 엔진은 이전의 발자크 V와 마찬가지로 2개씩 묶어 좌우 랜딩기어의 전후방 4개소에 장착되었다. 15회의 시험 비행을 거친 후 중간 평가에서는 너무 무거운 동체 무게 때문에 주 엔진의 추력이 부족하다는 평가가 나왔으며, 리프트 엔진도 기대만큼의 추력이 나오지 않는다는 것을 확인하였다. 평가의 후속 조치로 주 엔진은 추력이 증강된 TF106(추력 8000킬로그램)으로 교체되었고, 교체된 엔진 덕분에 1966년 3월, 천이 비행에 성공하였다.

1호기 시험 비행을 통해 이미 프랑스 공군 내에서는 미라지 IIIV에 대한 부정적인 의견이 제시되기 시작하였다. 지나치게 무거운 기체 중량, 8개의 이륙용 엔진으로 인한 연료량 부족, 폭탄 적재량 부족, 짧은 항속거리 때문에 소련의 주요 전투기와 공중전을 벌일 경우 100퍼센트 열세라는 결론이 내려졌다. 또 연료 부족으로 산이나 들판 등에 불시착한다면 연료, 폭탄 재보급, 엔진 정비를 위한 엄청난 군수 지원 장비와 병력이 동원되어야만 한다는 것이다. 이런 문제점 때문에 수직 이착륙기라는 장점보다 단점이 훨씬 더 크다는 비판이 강하게 제기되기 시작하였다.

3-229 8개의 리프트 엔진 무게만 해도 1톤을 넘었다.

이미 미국에서는 F-111(1964년 첫 비행), 소련에서는 미그-23(1967년 첫 비행)이 등장하여 수직 이착륙 기술 없이도 웬만한 손상 기지에서 이착륙이 보장되는 가변익기Variable sweep wing가 실용화되고 있었고, 영국에서는 해리어기가 성공을 거두고 있었다. 또 수직 이륙용 엔진에서 나온 강력한 돌풍이 지면의 물체를 공중으로 불어 날리고, 다시 주 엔진이 빨아들이게 되면서 엔진이 손상되는 사례가 자주 발생하였으며, 심지어는 엔진에서 나온 핫 가스로 인해 엔진이 꺼지는 사례도 심심치 않게 발생하였다.

결국 프랑스 공군은 실용 가능성 부족과 재정적 부담 등의 이유로 전술 핵무기 투하 수단으로서의 미라지 IIIV를 포기하였다. 하지만 미라지 IIIV의 비행은 수직 이착륙기의 개발을 위한 연구용 프로

3-230 모두 9개의 엔진을 장착한 미라지 IIIV는 하나의 엔진으로 기동하는 해리어와는 무척 차이가 컸다.

3-231 미라지 IIIV는 수직 이착륙기로는 최고 속도 기록을 보유하고 있다.

그램으로 계속되었다. 2호기가 거의 완성되는 단계에서 1호기는 수직 이착륙용 엔진을 제거하고 마하 1.32에 도달하였다.

두 번째 시제기는 연료 효율이 향상된 TF 306C 2단 압축기 엔진(F-111엔진 TF30의 프랑스 라이센스 생산)을 장착하고, 리프트 엔진의 공기 흡입구를 개조하여 저항을 대폭 감소시켰다. 이 항공기는 1966년 6월에 첫 비행을 하고 9월에는 마하 2.04를 기록하였다. 이 기록은 현재에도 수직 이착륙기 중 최고 속도로 깨지지 않고 남아 있다. 하지만 1966년 11월, 사고로 인해 기체를 잃게 되었으며 이를 계기로 수직 이착륙기 개발 프로그램이 취소되면서 더 이상 수직 이착륙과 초음속 비행 시험은 수행되지 않았다. 더구나 영국에서 해리어 개발 프로그램인 P.1127이 실용화에 들어가면서 프랑스의 수직 이착륙기 시험은 완전히 중단되고 미라지 IIIV는 역사 속으로 사라졌다. 프랑스는 하나의 엔진으로 수직 이착륙하는 것이 안전하지 못하다고 판단하여 해리어 방식을 채택하지 않았던 반면, 영국에서는 해리어 방식이 대성공을 거둔 것이다.

미라지 IIIV는 기술적으로도 성공적이지 못하였다. 총 9개의 엔진이 장착된 이 전투기는 당시 낮은 엔진 신뢰성 때문에 엔진으로 인한 불가동이 너무 잦았으며, 정비 또한 엄청난 인력을 요구하여 정비사 입장에서는 최악의 전투기 중 하나였다. 더구나 수직 이착륙을 위

3-232 1966년 사고와 미국, 영국에서의 가변익 및 수직 이착륙기 성공으로 미라지 IIIV 비행 프로그램은 종료되었다.

한 8개의 엔진은 전투 기동 중 전혀 쓸모없이 무게만 차지하여 기동성이나 무장 장착, 항속 거리, 연료 소비 등의 측면에서 전투기로서 효과가 거의 없어 사실상 실용화가 불가능한 전투기였다.

비록 수직 이착륙기 개발에는 실패하였지만 프랑스는 공산권의 침략에 대비하여 핵 보복력 유지를 포기할 수 없었다. 따라서 수직 이착륙기의 대안으로 미국에서 실험에 성공한 X-5, F-111 등을 참고하여 가변익기를 통한 핵 보복력을 갖추기로 하고 가변익기 개발에 착수, 1967년 프랑스 최초의 가변익기인 미라지 G가 첫 비행을 하게 된다.

제원

· 승무원	1명
· 길이	16.30미터
· 날개폭	8.80미터
· 높이	4.5미터
· 순 중량	6750킬로그램
· 크루즈 엔진	8000킬로그램 추력 스네크마 TF106 1개
· 리프트 엔진	2000킬로그램 추력 롤스로이스 RB 162-1 8개
· 최고 속도	마하 2

10 호버링 시 복합 엔진 사용 – 리프트+리프트/크루즈(Lift+Lift/Cruise)

리프트+리프트/크루즈 방식은 앞서 소개된 리프트와 크루즈를 위한, 완전히 분리된 동력 방식(리프트+크루즈)보다 좀 더 효율적인 방법으로 고안되었다. 이륙과 비행 시 완전 분리 동력 방식의 가장 큰 단점은 엔진의 비효율성이었으며, 그 예로 SC.1의 경우는 리프트 엔진이 4개, 프랑스 실험기 발자크 V, 미라지 IIIV는 8개나 장착되어 연료, 공간, 무게 효율성이 매우 저하되었다.

리프트+리프트/크루즈 방식은 일부 엔진을 수직 이착륙Lift과 비행Cruise에 겸하여 사용할 수 있도록 함으로써 수직 이착륙 전용 엔진 수량을 줄인 방식이다. 예를 들어 VJ101C의 경우 총 6개의 엔진이 장착되었는데, 수직 이륙 시 총 6개의 엔진이 모두 이륙에 사용되고 수평 비행 시에는 6개중 4개가 방향을 전환(틸트 엔진 방식 사용)하여 수평 비행용 추력에 사용하는 것이다. 하지만 나머지 2개의 엔진은 여전히 수평 비행 기동 시 동체 내에서 아무런 역할을 하지 않고 무게와 공간만 차지하고 있어 엔진의 대수만 줄었을 뿐 여전히 비효율은 남아 있었다.

1960년대 초, 해리어 원형기인 P.1127가 성공했음에도 이렇게 비효율적으로 많은 엔진을 장착한 수직 이착륙 방법이 계속 연구되었던 가장 큰 이유는 바로 수직 이착륙 중 엔진이 정지하는 상황에 대처하기 위함이었다. 해리어는 단발 엔진으로 엔진 수량에 있어서 가장 효율적이지만 수직 이착륙 중 엔진이 고장 나거나 기능이 저하될 경우 항공기 추락이 우려되었다.

그래서 독일이나 프랑스 등은 당시 낮은 엔진 신뢰성 환경에서 비록 비효율적이지만 안전한 방법을 추구하였다. 동쪽으로 소련을 접하고 있으며 국제 정세가 극도의 긴장 상태였던 당시, 국방 문제에 효율을 따질 여유가 없었다. 핵폭탄을 1발이라도 더 달고 이륙하는 것이 생존을 위한 방법으로 여겨졌던 것이다.

리프트+리프트/크루즈 방식의 다른 장점은 속도였다. 1960~1970년대에 설계된 대부분의 전투기는 속도를 매우 중요시하여 음속 돌파가 기본 성능으로 요구되었다. 공중 전투에서나 적 대공망을 회피하는 데는 속도만큼 유효한 것은 없었다. 그래서 수직 이착륙 전투기에서도 무게를 줄이면서 후기 연소기를 사용하는 주 엔진이 반드시 필요하였는데, 리프트+리프트/크루즈 방식이 가장 적절한 것으로 판단되었다.

3-233 독일 VJ101의 비행 방식으로 엔진 4개를 틸트하여 수직 이륙과 비행에 사용한다.

리프트+리프트/크루즈 방식으로는 EWR VJ101C(독일), 도니어 Do 31(독일), 록히드 XV-4B 허밍버드 II(미국), VFW VAK 191B(독일), 야코블레프Yakovlev YAK-38 포저Forger(소련), 야코블레프 YAK-141 프리스타일(소련) 등이 있으며, 목업 단계에서 중단되었던 벨 XF-109(미국), AVS(미 · 독 합작), VJ101D(독일)이 있다. 프랑스는 주로 리프트+크루즈 방식을 선호한 데 반해 소련과 독일은 주로 리프트+리프트/크루즈 방식을 선호하였다.

10-1 벨Bell D-188AXF-109

벨사의 D-188A는 엔진 8개를 장착한 마하 2급의 수직 이착륙 전투기 개발 계획으로 실제 항공기 개발까지는 가지 못하고 목업 단계에서 개발이 중단되었다. 미 공군 제식 명칭은 XF-109로 부여되었다. D-188A는 수직 이착륙과 비행에 겸하여 사용하는 틸트되는 4개의 엔진 외에 수직 이착륙을 위한 전용 엔진 4대를 추가로 사용하였다. 이후 D-188A 방식을 독일의 EWR VJ101C에서 적용하여 실제 실험기로 개발하였다.

D-188A는 미 공군의 각종 실험기 프로젝트 중에서도 매우 특이한 형상을 한 실험기 중 하나이다. 1955년 벨사는 미 공군과 미 해군으로부터 비공식적으로 수직-단거리 이착륙이 가능한 전천후 초음속 다목적 전투기(전투, 폭격, 요격) 개발을 요청받았다. 하지만 두 군에서 요구하는 성능이 사전 협의를 거치지 않고 각각 제기되고, 공학적인 검증 없는 무리한 성능 요구가 계속되면서 프로젝트의 성공

3-234 XF-109는 마하 2급의 초음속 수직 이착륙기로 구상되었으나 실제 실험기 단계로 가지는 못하였다.

여부가 매우 불투명해졌다. 벨사는 2개의 버전을 시제기 단계부터 분리 제시하여 해군용으로 D-188을, 공군용으로 D-188A를 내놓았다. 이후 이 모델들은 해군용은 XF3L-1으로, 공군용은 XF-109로 가칭되었다. 1961년 미 해군이 이 프로젝트에 흥미를 잃음으로써 공군 모델 XF-109만 진행이 되었다. 1961년 말, 벨사가 미 공군용 XF-109의 구체화된 모델을 제시하였는데, 공군마저도 개발 의지가 없어지면서 자연스럽게 D-188 계획은 중단되어 버렸다. 미 공군이나 해군은 이러한 사실의 공식화를 거부하면서 공개 자료에는 늘 벨사가 사용했던 D-188이라는 명칭만을 사용하였다. 하지만 미 공군은 이후 생산된 실험기에 XF-109라는 명칭을 사용하지 않음으로써 간접적으로 XF-109 개발 프로그램의 존재를 확인시켜 주었다.

이 모델은 당시 면적 법칙을 따르는 것이 초음속 전투기의 기본 형상이 되면서 동체를 길게 설계하고, 많은 핀을 장착하여 방향 안정성을 강화하였다.

X-1 시험 비행에서 얻은 초음속 비행의 필수 요건인 전동식全動式

3-235 XF-109A의 목업.

스테블레이터Stabilator도 적용되었다. 1인승의 조종석은 긴 전방 동체에 깊숙이 들어갔고, 날개는 동체 상부에 장착되었다. 틸트 엔진을 위해서는 엔진 길이만큼의 지상 높이를 확보해야 하므로 고익High Wing이 필수적이었다. 날개 끝에는 틸팅되는 엔진 포드Pod가 장착되어 있고, 각 포드에는 2개의 1744킬로그램 추력(Afterburner 포함)의 J85-GE-5 터보 제트 엔진이 장착되어 있었다.

엔진 포드는 수평에서 100도까지 회전이 가능하였다. 수직 이착륙을 위한 4개의 J85-GE-5 엔진이 동체 내 전방에 2개, 후방에 2개가 각각 장착되어 수직 이륙 시 부족한 추력을 보완하였다. 4개의 보조 엔진에서 나오는 블리드 에어를 덕트로 연결하여 기수 부분에 1개의 노즐, 후방 부분에 2개의 노즐을 통해 배출하면서 피치, 롤, 요우를 컨트롤하였다. 이 XF-109의 설계는 시제기로 가지 못하였지만 동일한 추력 방식으로 독일에서 만든 VJ 101[126]은 1963년 시험비행까지 하게 된다.

126 10-2 참조.

제원

· 승무원	1명
· 길이	18.90미터
· 날개폭	7.24미터
· 높이	3.89미터
· 순 중량	6260킬로그램
· 운영 중량	1만 849킬로그램
· 크루즈/리프트 엔진	최대 1744킬로그램 추력 제너럴 일렉트릭 J85-GE-5 터보 제트 4대
· 리프트 엔진	1177킬로그램 추력 제너럴 일렉트릭 J85-GE-5 터보 제트 4대
· 최고 속도	마하 2.3
· 항속 거리	3900킬로미터
· 전투 행동반경	2000킬로미터
· 상승 한도	1만 8000미터

10-2 EWR VJ 101

EWR VJ 101은 독일[127]에서 제작한 것으로, 틸트 제트Tilt jet 개념과 수직 이륙 전용 엔진Lift Engine을 복합 적용한 수직 이착륙 실험기였다. VJ의 의미는 실험용 전투기Experimental Fighter라는 의미로 독일 알파벳의 앞 글자를 땄다. 독일은 EWR VJ 101 개발을 통해 적 지역에 핵을 투하할 수 있는 마하 2급의 수직 이착륙기를 개발하고자 하였다. VJ 101은 마하 2급의 수직 이착륙 전투기로 가기 위한 첫 단계 실험기였던 것이다.

1955년만 해도 2차 세계 대전의 전범 국가였던 독일(당시 서독)은 무기 개발이 금지되어 있었다. 하지만 NATO 국가의 일원인 서독은 소련 중심의 바르샤바 조약 기구 국가들과 바로 국경을 맞대고 있어 반드시 군사력이 필요하였으며, 독일 국방장관은 적의 침입에 대비한 자국 방어 필요성과 고속 요격기 필요성을 강조하였다. 독일은 이미 2차 세계 대전 당시 어느 국가에도 결코 뒤지지 않는 첨단 항공 기술을 보유하고 있었기에 개발 의지만 있으면 미국 못지않은 우수한 성능의 항공기 개발이 가능하였다.

1956년 독일 정부는 고성능의 제트 전투기 개발을 계획하였으나 1957년 이를 수정하여 수직 이착륙 전투기 개발로 방향을 선회하였다. 그 이유는 프랑스가 수직 이착륙기를 개발하려 했던 것과 같은 이유로, 소련과 바르샤바 조약 기구의 선제 공격 시 서독의 대부분 군사 기지는 생존이 불가능할 것으로 예상되어 공군력 보존과 핵 보복 능력을 가지기 위한 것이었다.

127 당시 독일은 2차 세계 대전 종전 후 한국이 남북으로 나누어졌듯이 동독과 서독으로 나뉘어 동독은 친소련의 공산 체제, 서독은 친서방의 자유 경제 체계를 유지했다. 1990년 두 체제는 다시 합쳐져 독일 연방 공화국으로 탄생하여 지금까지 이어오고 있다. 여기서 말하는 독일은 NATO에 가입했던 서방 체계의 서독을 말한다.

3-236 독일이 수직 이착륙기 개발을 시작하면서 제작한 실험 장치 위페.

정부의 항공 산업 부활 정책에 따라 2차 세계 대전 당시 첨단 항공기 설계 회사였던 메사슈미츠사Messerschmitt, 헤인켈사Heinkel, 볼케우프사Böelkow가 연합하여 수직 이착륙 시제기 5대 제작을 정부에 제안하였다. 독일 정부가 이를 수락하자 이들 세 회사는 1959년 EWR이라는 회사로 통합하였다. 방어 개념의 요격기로 출발했던 초기 성능 요구 사항이 점점 높아지면서 공격이 가능한 고성능 전투기로 발전하였고, 최종 개발 목표는 VJ 101D라는 모델로 결정되었다.

EWR사는 설계 개념을 시험하기 위해 1960년대 초, 조종석을 통과한 긴 축의 양 끝에 소형 엔진을 장착한 단순한 시험 장치 위페Wippe, 시소를 제작하였다. 위페에 간단한 조작 장치를 설치하여 비행한 결과, 수직 이착륙 실험기 제작에 필요한 많은 데이터를 얻을 수 있었고, 결국 2대의 실험기 제작 단계에 들어갈 수 있었다.

EWR 사의 모든 설계 전문가들이 동원된 연구 결과를 종합하여

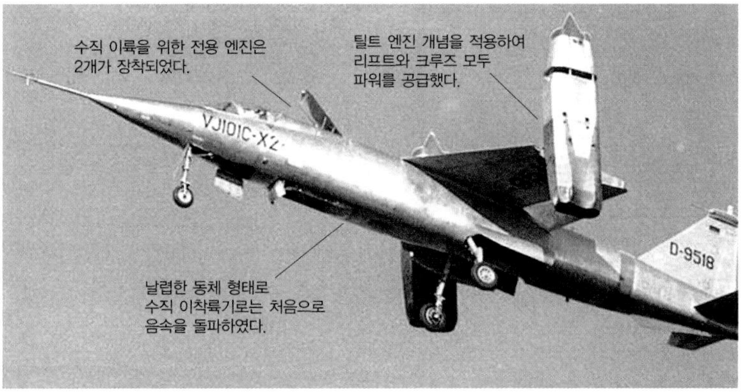

3-237 VJ 101A 형태로 실제 제작된 시제 2호기 기체이다.

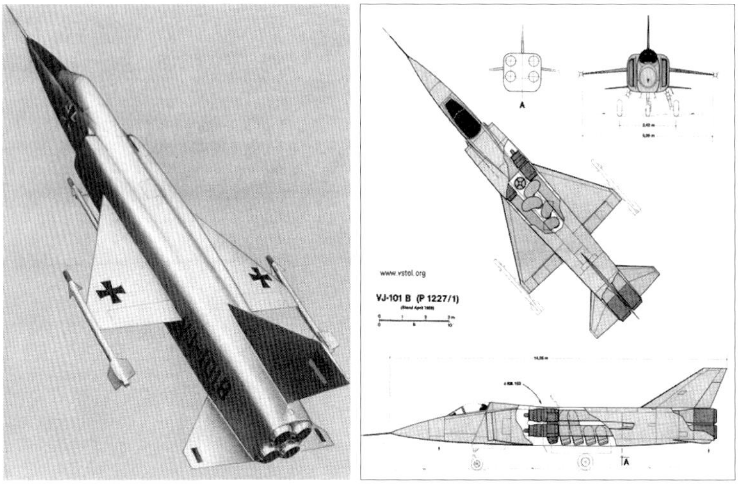

3-238 VJ 101B 형태로 4개의 엔진이 모두 동체에 들어가 있고, 해리어와 같이 전 엔진이 벡터드 트러스트 방식 노즐을 사용한다.

최종적으로 VJ 101A형과 VJ 101B형의 2가지 방안이 제시되었다. A타입은 4개의 엔진은 틸트 제트 방식으로, 2개의 엔진은 수직 이착륙 전용 엔진으로 하는 복합 엔진Combined Power Plant 방식이며, B타입은 4개의 엔진을 모두 동체 내에 넣고 벡터드 트러스트 방식으로 이착륙하는 방식이었다. 최종 2가지 방안을 놓고 평가한 결과 A 타입이 더욱 효율적이며 작전 충족도가 높은 것으로 나타났다.

최종 방안이 구체화되자 미국 벨사의 XF-109[128]와 유사한 형태가 되었다. 엔진은 1245킬로그램 추력의 롤스로이스 MTU RB 145 터보 제트 엔진 6개를 장착하였다. 2개는 캐노피 바로 뒤쪽 동체에 수직으로 배치하여 이착륙 전용으로 사용하였고, 4개의 엔진은 날개 끝에 각각 2개씩을 하나의 엔진 포드에 넣어 틸트 엔진 방식으로 운영하였다. 수직 이착륙 시에는 날개 끝 포드를 수직으로 하여 엔진을 세우고, 순항 비행 시에는 수평으로 눕혔다. 즉 4개의 수평, 수직 추

128 10-1 참조.

3-239 천이 비행 중인 시제 1호기(위)와 수평 비행 중인 시제 2호기(아래).

력 겸용 엔진(리프트/크루즈)과 2개의 수직 추력 전용 엔진(리프트) 등 총 6개의 엔진을 사용한 것이다. 동체 뒤, 날개 양쪽 끝에 있는 엔진의 추력 조절로 롤, 피치, 요우 컨트롤을 하여 항공기 자세를 제어하므로, 수직 이착륙기에서 사용하던 엔진 압축 공기를 이용한 제트 노즐 조절 방식은 사용하지 않았다.

만일 이륙 중 어느 한 엔진의 추력이 정지되면 반대쪽도 동일한 추력이 감소하도록 자동으로 조절하여 추력 불균형으로 인해 동체가 뒤집어지는 현상을 방지하였다. 이런 문제가 발생하면 전체 엔진 추력은 줄어들고 기체는 서서히 하강하여 안전한 착륙을 하도록 하였다.

VJ 101 1호기인 X1은 1963년 4월에 첫 수직 이착륙 비행을 하였다. 6대의 롤스로이스 RB 145 엔진에는 후기 연소기가 장착되지 않았으며, 날개 끝에 장착된 4개의 틸팅 엔진을 통해 수직 및 수평 비행 전환을 하였다. 1964년 6월, VJ 101A는 수평으로 이륙하여 마하 1.08에 도달함으로써 역사상 최초로 음속을 돌파한 첫 수직 이착륙기가 되었다. 9월에는 수직 이륙, 수평 비행, 다시 수직 착륙의 전 과정에 성공하였다. 같은 9월, 시제 1호기는 착륙 중 사고로 파괴되었으나 조종사는 무사히 탈출하였다. 충돌 사고는 다행히도 수직 이착륙과는 무관한 엔진 문제로 나타났다.

이어 시제 2호기 X2가 출고되어 1964년 10월부터 지상 시험에 들어갔다. 1호기 사고 경험으로 2호기에는 새로운 비행 조종 장치와 3중 백업 시스템을 갖추어 안전성을 보강하였고, 기체 명칭은 VJ 101C로 변경되었다. VJ 101C는 엔진에 후기 연소기를 장착하여 추력이 증가하면서 이륙 성능이 향상되고 고속 성능이 크게 개량되었으

3-240 1964년 VJ 191 시제 1호기가 하노버 공항에서 대중에게 공개되었다. 수직 이착륙기로 설계되어 랜딩기어가 다른 항공기보다 매우 약해 보인다.

3-241 지상 시험 중인 VJ 101 2호기.

나 비포장 지역에서 이륙할 때는 강력한 후류로 인해 지면의 모래 등이 흡입되어 엔진 손상이 심했고, 지면에서 반사된 뜨거운 공기가 엔진으로 다시 유입되어 추력을 떨어뜨리는 현상이 자주 발생하였다. VJ 101C는 결국 이런 문제로 착륙 중 급격하게 지면에 내려앉았고, 그 충격으로 랜딩기어가 심하게 손상되었다.

이 문제를 해결하기 위해 VJ 101C는 이륙 방법을 개선하여 RVTO(Rolling Vertical Take-Off)라는 방식으로 이륙하였다. RVTO 이륙 방식은 날개 끝 엔진 나셀을 70도 경사지게 한 상태에서 엔진을 최대 추력으로 올려 이륙하는 방식인데, 이 방식을 사용할 경우 기체가 약 3미터 전진한 후 랜딩기어는 곧장 지면에서 떨어지게 된다. 기체가 약 40미터 전진하면 고도는 약 15미터에 달하였다. 일종의 초단거리 이륙이라 할 수 있다.

VJ 101C의 성공적인 추진에 관심을 가진 미국은 1966년, 독일에 합작을 제의하여 수직 이착륙기 개발 프로그램에 대한 합의서가 작성되었다. 양국은 당시 미국과 NATO 국가들이 대량으로 보유하고 있던 F-104 임무를 대체할 수직 이착륙기를 개발하고자 하였으며, 프로그램 명칭은 '선진 수직 이착륙 공격 전투기'라는 의미인 AVS(Advanced Vertical Striker Fighter)로 정하였다. VJ 101 개발사인 EWR사는 미국의 페어차일드사(Fairchild Hiller Republic Aviation)와 공동으로 VJ 101C를 기

3-242 미국과 독일이 공동 개발하려고 했던 AVS.[129]

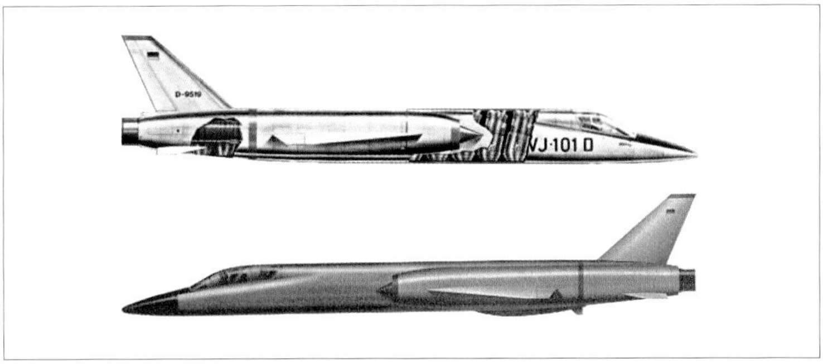

3-243 VJ 101D 실용 수직 이착륙 전투기 구상도. 조종석 후방에 5개의 수직 이착륙 전용 엔진을 배치하고 주 엔진은 2개로 벡터드 트러스트 방식을 사용하였다. 최고 속도는 마하 2를 목표로 하였다.

3-244 독일 박물관에 전시되어 있는 VJ 101 2호기.

반으로 하는 AVS 시제기 연구에 착수하였다. 1971년, 실험기로 제작된 VJ 101C의 수명이 다하자 새로운 기체 제작이 요구되었다. 하지만 당시 독일은 개량된 형태의 수직 이착륙기 VAK 191B[130]를 준비하고 있었고, 2대의 VJ 101 시제기 개발과 엔진 개량에 무려 6000만 달러를 쏟아 붓느라 재정적으로 어려워져 AVS 프로그램의 추가 개발을 포기하기로 결정하였다. 또 미국도 해리어를 통해 수직 이착륙 전투기를 확보하는 것으로 만족하여 새로운 프로그램에는 참여하지 않게 되면서, AVS 프로그램은 흐지부지 끝나고 말았다.

더불어 VJ 101의 최종 개발 목표였던 마하 2급 수직 이착륙 전투기 VJ 101D로도 이어지지 못하였다. VJ 101D는 5개의 수직 이착륙 전용 엔진 RB 162-31을 캐노피 후방에 설치하고, 2개의 후기 연소기가 장착된 엔진 RB 153-61을 벡터드 트러스트 방식으로 장착하여 마하 2.2로 비행이 가능한 초음속 공격 및 요격기 구상이었다.

현재 VJ 101C는 독일 박물관에 전시되어 있다.

129 1966년에 설계가 완성되었으나 독일의 개발 포기로 진전되지 못하였다. 4개의 수직 이착륙용 엔진은 이착륙 시 동체 밖으로 나왔다가 수평 비행 시에는 동체 안으로 접혀 들어간다. 날개는 가변익기를 채택하고 공기 흡입구는 핫 가스의 영향을 최소화하기 위해 동체 상부에 설치하였다. AVS에서 구상되었던 가변익기는 나중에 토네이도 설계에 영향을 미쳤다.

130 10-5 참조.

제원

· 승무원	1명
· 길이	15.7미터
· 날개폭	6.61미터
· 높이	4.1미터
· 최대 이륙 중량	6100킬로그램
· 엔진	1245킬로그램 추력 롤스로이스 MTU RB 145 터보 제트 6대
· 최고 속도	마하 1.04

10-3 도니어^Dornier^ Do 31

도니어Dornier Do 31은 서독 도니어사에서 실험 목적으로 제작한 수직 이착륙 수송기이다.

1960년대 초, 동독을 포함하여 동구 유럽의 소련 위성 국가들과 국경을 맞대고 있었던 서독은 동구권의 선제공격으로 비행장 기능을 상실한 제한된 활주로에서 항공 작전을 펼쳐야 하는 상황을 고려해야만 했다.

활주로가 파괴된 후 계속 작전을 벌일 수 있는 방법은 2차 세계 대전 때 건설된 아우토반 고속도로로 항공기를 전개시켜 이륙하는 방법(실제 2차 세계 대전 후반에 나치 독일이 Me 262로 수행했던 방법), 또는 항공기에 단거리 이착륙 능력을 부여하는 방법이 있었다.

3-245 Do 31은 수직 이착륙 수송기로 제작되었다.

단거리 이착륙 능력 부여는 미국이 연구했던 ZEL^Zero Length Launch^ 방식을 말하는 것으로 로켓을 이용하여 이륙하고 어레스팅 훅^Arresting Hook^을 이용하여 착륙하는 방식이었다. 루프트한자^Lufthansa^사가 1963년부터 정부의 지원을 받아 F-104를 이용하여 ZEL 방식을 연구하였으나 비용이 너무 많이 들고 착륙 방법이 어려워 취소되었다. 또 다른 대안으로 연구된 것이 수직

3-246 ZEL 방식의 항공기 이륙 방법. 발사대에서 로켓 추진체를 이용한다.

이착륙 방식이었다.

전투기의 수직 이착륙은 VJ 101, VFW VAK 191B로 이어졌다. 이들 전투기들이 활주로가 없는 임시 기지에서 작전을 벌일 경우, 이 전투기들을 지원하기 위해 수직 이착륙 능력을 가진 수송 수단도 필요하였는데, 바로 그 목적을 위해 Do 31이 연구되었다. 하지만 고비용과 군수 지원의 어려움으로 결국 독일 공군은 프로그램을 중단하고 말았다. 프로그램 취소 이후 이들 기체는 순수 실험 목적으로만 비행하였다.

도니어 Do 31은 리프트 엔진과 벡터드 트러스트 엔진이 합쳐진 방식이다. 양쪽 날개의 중앙 부분에 있는 엔진 포드에는 해리어에 사용했던 페가수스 엔진을 각 1대씩 장착하여 수직 추력과 수평 추력을 변환할 수 있었다.

페가수스 엔진의 추력 발생 각도는 기존 해리어에서 적용했던

3-247 Do 31은 수직 이착륙 기능 외에 수송기로서의 성능은 만족스럽지 못하였다.

각도를 변형하여 작동 범위를 전방으로 30도, 후방으로 80도로 설정하였다. 전방 30도까지 움직이는 노즐은 비행 중 공중 정지를 위한 브레이크 기능은 물론 좌우 엔진의 추력 방향을 달리하여 호버링 중 요우 기동, 나아가 제자리 회전과 후진도 가능하게 하였다. 각 날개 끝에는 4개의 2265킬로그램 추력의 롤스로이스 RB 162를 수직 이착륙 전용 엔진으로 사용하였다. 이들 엔진도 호버링 중 비행 조종을 위해 수직 축을 중심으로 전후 15도씩 트러스트 벡터링이 가능했다.

3-248 이륙과 수평 비행을 담당하는 페가수스 엔진. 해리어처럼 엔진 몸체 2군데에 벡터 노즐이 보인다. 사진의 반대쪽까지 하면 총 4개의 노즐이 있다.

10개의 엔진을 모두 날개에 배치하여 수송기답게 동체 내 공간은 충분히 확보하였으나 엔진 무게만큼 적재할 수 있는 화물이 줄어드는 결과를 가져왔으며, 날개 끝 엔진 포드가 비행 중 저항을 유발하여 연료 효율이 낮아지는 문제점도 있었다.

조종사가 수직 이륙할 때는 엔진 시동 문제가 없었으나 수평 비행에서 수직 착륙을 준비할 때는 반드시 날개 끝 리프트 엔진 8개에 먼저 시동을 걸어야만 했다.

도니어 Do 31은 총 3대 제작되어 실험기Experimental라는 의미의 E1, E2, E3로 구분되었다. E1은 시스템 점검용으로 페가수스 엔진을 장착하고 수평 이착륙만 할 수 있도록 제작되었으며, E2는 지상 정하중 실험을 위해 제작되어 비행은 하지 않았고, 총 10대의 엔진을 장착한 E3는 실제 수직 이착륙 및 전환 비행 실험용으로 제작되었다.

3-249 Do 31은 예산이 부족해지자 민수용으로 개발하고자 하였으나, 소음 때문에 성공하지 못하였다.

E1은 1967년 2월에 페가수스 엔진만으로 첫 일반 비행을 하였고, E3는 1967년 11월 22일 수직 이착륙 비행에 성공하였으며, 이어 12월에는 전환 비행까지 성공하였다. E3는 8개의 수직 이륙 엔진과 2개의 페가수스 엔진을 이용하여 비행 중 감속 능력을 평가하였는데, 시속 260킬로미터로 비행하다가 정지하는 순간까지 소요되는 시간은 2분이었다.

1967년, 부르게트Burget 공항에서 열린 전시회에서 처음으로 Do 31이 대중에게 공개되었고, 1968년부터 개발 예산이 부족해지자 민수 소요를 찾기 위한 노력으로 1969년 파리 에어쇼에 등장하여 비행 시범을 선보였다. 1968년 말을 기점으로 예산이 1년치밖에 남지 않았고, 그중 90퍼센트는 정부 지원 예산이어서 도니어사 자체적으로는 개발을 지속하기가 불가능하였다. 그래서 도니어사는 민수용 개발을 위해 에어쇼를 돌아다니면서 투자자를 찾았다. 민수용은 Do 231로 이름 붙여졌고, 수직 이륙용 엔진만 무려 12개를 사용하는 것으로 구상되었다. 하지만 Do 231의 가장 큰 걸림돌은 주 엔진 2개와 수직 이륙용 엔진 12개에서 나오는 엄청난 소음이었다. 수직 이착륙기의 매력은 도심에서도 이착륙이 가능하여 공항에 가지 않고도 항공기를 이용할 수 있다는 점인데, Do 231은 도심에서 운영하기에는 소음이 너무 심해 실용화가 불가능할 것으로 전문가들은 예상하였다.

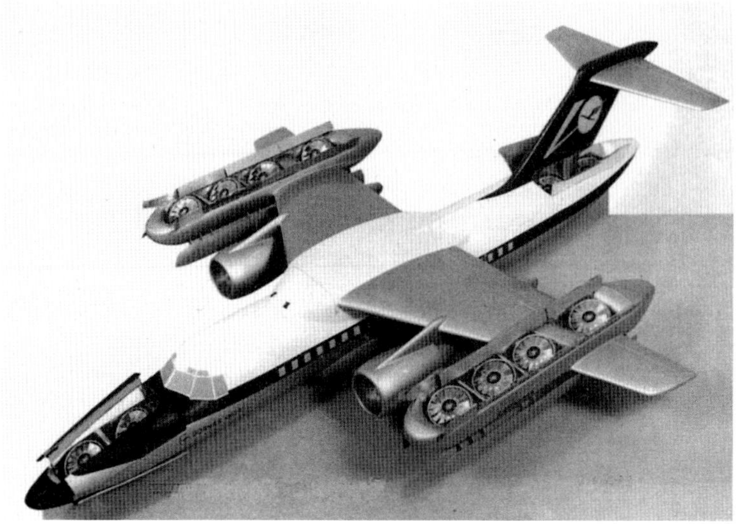

3-250 Do 31의 민수용 버전인 Do 231. 양쪽 날개에 4개씩 달린 엔진 외에 기수 부분에 2개, 수직 꼬리 날개 아래 부분에 2개의 엔진이 더 있다. 총 12개의 수직 이착륙 전용 엔진과 2개의 페가수스 엔진을 사용하는 것으로 구상하였다. 탑승 인원은 100명가량을 목표로 하였다.

어느덧 군사 구도가 변화하여 미사일을 이용한 핵 보복력이 중요시되기 시작하였고, 수직 이착륙 전투기가 비행장을 벗어나 작전을 벌일 가능성이 거의 없다고 판단되자 미국이나 영국, NATO에서는 수직 이착륙기에 대한 관심이 점점 줄어들었다. 도니어사는 Do 31의 성능 개량을 통해 구매력을 높이고자 하였다. 우선 2700킬로그램으로 향상된 RB 162 수직 이착륙 엔진 14개를 장착하여 화물 적재 용량을 5톤까지 확대하고자 하였다. 하지만 1960년대 초에 개발된 C-130의 적재 용량은 20톤으로 Do 31의 6배에 달하였으며, 비포장 전투 지역에서도 이착륙이 가능하였다. 따라서 적재 용량 3.5톤의 값비싼 Do 31은 그리 매력적이지 않았다.

도니어 Do 31은 수직 이착륙기로 몇 가지 기록을 가지고 있다. 속도 기록 시속 513킬로미터, 고도 기록 9100미터, 항속 거리 681킬로미터, 비행시간은 1시간 20분이다. 하지만 이 기록의 타이틀은

3-251 박물관에 전시 중인 Do 31.

V-22가 개발되면서 모두 가져가 버렸다.

Do 31은 1970년까지 총 149회 비행을 하였고, 1호기와 3호기는 박물관에 전시되어 있으나 2호기의 행방은 알 수 없다.

제원

· 승무원	2명
· 탑재 능력	36명의 공수 병력 혹은 병상 24개
· 길이	20.53미터
· 날개폭	18미터
· 높이	8.53미터
· 최대 이륙 중량	2만 7422킬로그램
· 적재 중량	3500킬로그램
· 크루즈/리프트 겸용 엔진	7021킬로그램 추력 롤스로이스 페가수스 BE.53/2 터보 팬 2대
· 리프트 전용 엔진	2000킬로그램 추력 롤스로이스 RB 162-4D 8대
· 최고 속도	시속 730킬로미터
· 순항 속도	시속 650킬로미터
· 항속 거리	최대 적재 시 1800킬로미터
· 상승 한도	1만 700미터

10-4 록히드Lockheed XV-4B 허밍버드Hummingbird

록히드사 XV-4B 허밍버드는 1961년에 미 육군이 주도하고 록히드사가 개발하여 추진된 수직 이착륙기 개발 프로그램이다. XV-4는 XV-4A[131]와 XV-4B로 나누어져 있는데, 추력 방식으로 보면 XV-4A는 2개의 제트 엔진을 장착하고 수직 이륙 시 증강 추력 장치Augment Ejector[132]를 통해 증강된 추력을 이용하여 고도를 확보한 후, 엔진 추력을 뒤로 향하게 하여 비행하는 방식이며, XV-4B는 벡터드 트러스트 방식으로 수직 이착륙 전용 엔진과 수직 이착륙 및 비행 겸용 엔진을 장착한 형태이다.

XV-4A는 분류상으로 수직 이륙 시 어그먼트Augment 추력을 사용하며, 증강 추력 방식으로는 이젝터Ejector 방식을 사용한다. 하지만 어그먼트 이젝터Augment Ejector 방식으로 비행한 결과 계산과는 달리 충분한 추력이 나오지 않은 데다 추락 사고로 1호기가 대파되자 어그먼트 이젝터를 제거하고 별도의 수직 이착륙 전용 엔진을 장착하여 리프트+크루즈/리프트 방식으로 개조하였다.

엔진 추력 문제를 개선하기 위해 개조된 2호기는 XV-4B로 불

131 12-1 참조.
132 12. 이젝터 방식 참조.

3-252 XV-4B는 XV-4A의 어그먼트 이젝터 방식이 실패하자 리프트+리프트/크루즈 방식으로 전환한 형태이다.

3-253 XV-4A에서 XV-4B로 개조 후 호버링 테스트를 하고 있다.

렸고, 날개도 약 30센티미터 커졌다. XV-4B에는 1360킬로그램 추력을 내는 J85-GE-19 엔진 6개가 사용되었다. 2개는 동체 측면에 각각 1개씩 장착하여 벡터드 트러스트 방식으로 수직 이착륙과 수평 비행에 모두 추력을 제공하며, 동체 중앙에는 XV-4A에서 사용하던 이젝터를 들어내고 대신 4개의 J85-GE-19 엔진을 장착하여 수직 이착륙 전용으로 사용하였다. 동체 측면에 장착된 수직 이착륙 및 수평 비행용 엔진은 2개의 추력이 서로 연결되어 있어서 두 엔진 추력이 양쪽 노즐 모두로 분사되었다. 수평 비행으로 전환하는 트랜지션 플라이트Transition Flight를 하기 위해서는 리프트/크루즈용 엔진 하나만 우선 후방으로 향하게 하여 속도를 높인 후, 날개 양력이 형성되면 나머지 엔진 하나도 후방으로 향하게 하여 더욱 가속시켰다. 수평 비

3-254 XV-4B는 추력 부족으로 호버링 비행을 하지 못하였다.

행에서 수직 비행으로 전환할 때는 역순으로 이루어졌다.

XV-4B는 호버링 중 피치와 요우 컨트롤을 위해 엔진에서 생성된 압축 공기를 동체 후방부와 기수 하단부의 노즐로 분사하였으며, 기체 안전성 보강을 위해 플라이 바이 와이어를 장착하였다. 하지만 한 번도 호버링 비행을 하지 못하여 이들 안전장치들이 진가를 발휘할 기회조차 없었다.

추력 부족을 해소하기 위해 4개의 엔진을 추가하여 XV-4A에서 XV-4B로 개조하였으나 엔진이 더 늘어남에 따라 기체 무게도 증가하여 추력 부족 문제는 여전히 개선되지 않았다. 결국 1969년 3월 14일 추락하여 조종사는 생존하였으나 기체는 대파되고 말았다. 미 육군은 사고 후 XV-4 프로그램을 취소하였다.

제원
_ XV-4B

· 승무원	1명
· 길이	10.3미터
· 높이	3.58미터
· 중량	5706킬로그램
· 날개폭	8.25미터
· 엔진	1360킬로그램 추력 J85-GE-19 엔진 6개
· 최고 속도	시속 745킬로미터

10-5 VFW VAK 191B

VFW VAK 191B는 1960년대 말 수직 이착륙과 핵 투하가 가능한 전투기를 개발하기 위해 고안된 독일의 실험기였다.

1961년 NATO는 회원국 사이에서 널리 사용 중이던 F-104와 피아트Fiat G91을 대체할 새로운 전투기 개발을 제안하였다. 성능 요구 조건으로는 '전투 지역 근방에서 지상군을 지원할 수 있어야 하고, 적의 방공망이 치밀한 지역에서는 저공비행 능력이 있어야 하며, 활주로 없이 운용 가능한 전투기'를 제시하였다. 활주로 없이 운용 가능한 항공기는 수직 이착륙기 외에도 로켓 발사 방식ZEL, 로터 방식, 단거리 이륙 방식 등이 있으므로 반드시 수직 이착륙기를 말하는 것은 아니었다.

자국의 우수한 항공 기술력에 자부심을 가지고 있던 독일 공군은 NATO의 제안과 관련하여 현재 주력기로 운영 중인 F-104를 1959년부터 개발을 시작한 VJ 101C로 교체하고 싶어했고, 피아트 G91은 수직 이착륙 정찰 및 근접 지원 전투기 프로그램으로 명명된 VAK 191B로 대체하고자 하였다. VAK은 독일어로 'Vertikalstartendes Aufklarungs und Kampfflugzeug'의 약어이며, 그 뜻은 수직 이착륙 정찰 및 공격기Vertical Takeoff Recognition Close Air Support Fighter라는 의미이다.

독일은 1961년 FW1262 프로그램을 통해 새로운 수직 이착륙 전투기 개발 연구를 시작하였다. 이 프로그램은 점점 국제 연합적인 전투기 개발 프로그램으로 확대되었고, 엔진은 해리어의 페가수스 엔진처럼 벡터드 트러스트가 가능한 영국의 롤스로이스 MAN 터보

3-255 VFW VAK 191B는 리프트 엔진 2개와 벡터드 트러스트 엔진 1개를 사용하였다.

RB 193이 채택되었다. 피아트사는 기체 설계 및 제작 분야에서 하부 계약자로 참여하였다.

하지만 1960년대 말에 들어서면서 NATO는 영국에서 실험하던 해리어 개발에 더 관심을 가졌다. 1969년에는 미 해병대가 해리어를 구매하면서 수직 이착륙기 분야의 승자는 이미 정해진 격이 되어 버렸다. 더불어 NATO가 수직 이착륙기의 성능적 한계를 인식하고 피아트 G91의 후속기 모델 요구 조건에서 수직 이착륙 기능을 제외하면서 VAK 191B는 단순한 실험기로 전락해 버렸다. 설상가상으로 공동 개발에 참여했던 피아트사가 참여를 포기하면서 독일만이 독자적으로 프로그램을 추진하게 되었다.

VAK 191B의 수직 이착륙 개념은 영국의 해리어와 매우 유사하다. 단지 해리어는 처음부터 음속보다 약간 느린 아음속 개념으로 설계되었지만, VAK 191B는 최고 속도 마하 1.2~1.4를 목표로 개발되었다. 엔진 선택에 있어서도 해리어와 같이 하나의 주 엔진으로 수직 이착륙 및 수평 비행 모두를 할 수 있도록 고려하였으나 하나의 엔진

3-256 VAK 191B의 벡터드 트러스트 노즐.

으로 할 경우 수평 속도가 낮아지고, 대형 공기 흡입구가 요구되며, 대형 공기 흡입구는 비행 중 높은 저항을 유발하여 초음속 비행이 불가능하다는 문제가 있었다. 또 연료 소모율도 너무 크고, 정비 지원 등에서도 불리한 점이 많았다. 특히 이착륙 시 엔진 안전성 문제도 엔진 대수와 추력 방식 선택에 큰 영향을 미쳤다.

이 문제를 해결하기 위해 2개의 리프트 전용 엔진을 장착하자니 항공기가 너무 무거워지고, 수평 비행 내내 불필요한 엔진 무게로 연료 효율성이 떨어지며, 무장 제한, 속도 제한 등의 문제가 예상되었다. 그렇다고 주 엔진의 크기를 줄이면 추력 대 중량비나 각종 기동 성능이 떨어져서 전투기로서 가치가 없어 보였다. 날개 크기도 작아 양력이 부족하고 장착할 무장도 제한적이었으며, 그렇다고 날개를 키우자니 무게가 다시 증가하여 또 엔진 성능을 고민해야 하는 악순환에 빠져들었다. 이러한 고민을 반영하듯이 3대의 시제기는 1개의 리프트 엔진을 달기도 하고 2개의 리프트 엔진을 달기도 하면서 여러 가지로 시험되었다. 결정된 최종 형상은 2개의 리프트 전용 엔진과 하나의 이륙 및 순항 겸용 엔진을 사용하는 것이었다.

3-257 VAK 191B 제작에 사용된 플라잉 테스트 베드.

VAK 191B는 기수 부분과 러더 근방 꼬리 부분, 날개 끝에 설치된 노즐을 이용하여 호버링 중 자세를 조절하였다. 이륙할 때는 메인 엔진의 4개 노즐이 지면을 향해 수직 추력을 형성했고, 추가로 수직 이륙 전용 엔진 2개에서 수직 추력을 보조하였다. 주 엔진과 수직 이륙 전용 엔진은 수직 이륙 시 추력을 절반씩 담당하였다. 이미 해리어기가 성공을 거두었음에도 VAK 191B에서 다수의 엔진을 사용한 수직 이착륙 방식을 채택한 이유는 엔진 고장 시 안전을 위해서이다. 독일은 VAK 191이 성공하면 향후 해리어보다 더 우수한 전투기가 될 것이라 믿었고, 엔진이 하나뿐인 위험한 해리어기 자리를 대신할 것이라는 기대 속에 개발을 진행하였다.

이렇게 탄생한 VAK 191B는 독일 공군과 계약을 통해 6대의 시제기를 제작하기로 하였다. 하지만 예산 부족으로 프로그램은 시제기 3대 제작으로 축소되고, 대신 플라잉 테스트 베드Flying Test Bed 1대를 제작하여 실험 부분을 좀 더 확실하게 하기로 하였다.

1970년 4월에 시제 1호기가 완성되었고, 1971년 9월 10일에 첫 비행을 하였다. 첫 천이 비행은 1972년 10월 26일에 있었으며, 시속

3-258 시제 1, 2, 3호기가 한자리에 모였다.

400킬로미터까지 비행하였다. 그러나 시험 비행 성공에 관계없이 VAK 191B는 독일 이외의 국가에서 주목받지 못하였다. 이미 F-4 팬텀Phantom 같은 세기의 걸작 전투기가 우수한 무장 능력과 속도, 레이더 능력을 탑재하고 등장한 상황이었다. 더구나 완성된 해리어는 VAK 191B의 성능에 비해 훨씬 높은 중량 대 추력 비와 여유 추력으로 공중전에 적응하고 있었고, 큰 날개는 무장 장착에도 유리하여 NATO의 적극적인 지원이 이루어졌으며, 양산 체계를 갖추고 세계로 판매되기 시작하였다.

전 세계적으로는 수직 이착륙 전투기의 성능 한계를 실감하고는 개발이 시들해져 버렸다. 이후 VAK 191 시험용 기체는 더 이상 진전을 보지 못하고 토네이도 개발 프로그램이었던 MRCAMulti-Role Combat Aircraft, 다목적 전투기 개발 사업에 투입되었으며, 플라이 바이 와이어 기술 시험기로도 사용하게 되었다.

독일에서는 너무나 과도한 개발 비용으로 VAK 191B 이후 수직 이착륙기에 대한 실험을 더 이상 진행하지 않았다.

독일은 비록 실용기 제작 단계까지 가지는 못하였지만, 요격기로 VJ 101C, 공격기로 VAK 191, 지원기로 Do 31 등 다양한 수직 이착륙기 개발 시도를 통해 2차 세계 대전 중 나치에서 보유했던 상당한 항공 기술력을 회복하는 기회가 되었다. 독일은 이때 재기한 항공 산업을 기반으로 MRCA 개발 프로그램에 참여하였고, 그 결과 토네이도를 생산하기에 이르렀다.

3-259 항공 박물관에 전시된 VAK 101B. 우측에는 Do 31이 보인다.

VAK 191B 3대는 모두 사고 없이 아직도 보존 중이다. 1대는 뮌헨 근방의 한 항공 박물관에 전시되어 있으며, 공군 비행 연구소에서 1대, 베를린 에어버스에서 나머지 1대를 보유하고 있다고 알려졌다.

제원

· 승무원	1명
· 길이	6.40미터
· 날개폭	6.16미터
· 높이	4.30미터
· 순 중량	5562킬로그램
· 운영 중량	8507킬로그램
· 최대 이륙 중량	9000킬로그램
· 리프트/크루즈 엔진	4600킬로그램 추력 롤스로이스 MAN 터보 제트 RB 193-12 1대
· 리프트 전용 엔진	2530킬로그램 추력 롤스로이스 RB 162-81 2대
· 최고 속도	시속 1108킬로미터
· 항속 거리	400킬로미터
· 상승 한도	1만 5000미터

10-6 야코블레프Yakovlev YAK-38 포저Forger

야코블레프 YAK-38 포저는 소련에서 개발한 항공모함 운영 수직 이착륙기로서, 2개의 수직 이착륙 전용 엔진과 1개의 벡터드 트러스트 방식 엔진을 혼합한 추력 방식을 사용한다. 수직 이착륙기의 역사에서 YAK-38은 해리어에 이어 두 번째로 실험기 단계를 넘어 실전에 투입된 수직 이착륙 전투기이며, 230여 대 이상 생산된 소련 최초의 실용 수직 이착륙기이기도 하다.

야코블레프사의 선진 전투기 개발팀은 1963년 첫 비행을 한 수직 이착륙 실험기 YAK-36 프리핸드[133]를 통해 벡터드 트러스트 방식의 수직 이착륙기 기체와 엔진 개발 경험을 가지고 있었다. 당시 YAK-36은 9대가 생산되어 실험기적 단계에 머물렀지만 YAK-36에 사용되었던 R27V-300 벡터드 트러스트 엔진에 후기 연소기 기능을 보강하여 실전에 사용 가능한 초음속 전투기를 만들고자 한 것이다.

133 7-3 참조.

3-260 YAK-38은 소련 최초의 항공모함용 실용 수직 이착륙기이다.

실전용 전투기는 연료 탑재와 무장 장착 등 무게 증가 요인이 많으므로 더 높은 수직 이륙 추력이 요구되었고, 임무 중 무게 중심 변화(폭탄 투하 후, 연료 소모 후)가 더 폭넓게 이루어지므로 수직 이륙 노즐도 YAK-36의 좌우 2개보다 동체 전후로 2개 이상 더 배치하는 것이 안정적이라는 판단을 하였다. 그래서 수직 이착륙 전용 엔진 RD36-35FV 리프트젯Liftjet 2개를 추가하여 수직 이착륙 성능을 보조하는 추력 방식을 선택하였다.

특히 소련 해군은 항공모함 전투기 운영 능력이 미국에 비해 열세에 놓여 있어서 대서양이나 태평양에서 해상 주도권을 잡지 못하는 상황이었다. 그래서 소련 해군은 YAK-36 개량형의 운용 방향을 항공모함용 전투기로 잡고, 예산 획득을 위해 정부를 설득하였다. 그 결과 1967년에 YAK-36 개량형 시제기 생산을 승인받을 수 있었다.

운영 개념은 항공모함에서 운영할 전투기이며, 개량형으로는 정찰, 요격 등의 임무도 수행할 수 있도록 하였다. 시제기 모델 명칭은 YAK-36M으로 지정되었으나 사실상 형태나 성능 면에서 YAK-36을 이어간다고 보기는 어려웠다. YAK-36M 계획은 애초 해군에서 주도하였으나 항공기 개발이라는 점을 고려하여 소련 공군이 주도하게 되었다.

5대의 YAK-36M 시제기 제작이 의뢰되었고, 모형의 첫 비행 테스트는 Tu-16 폭격기의 폭탄 창에 매

3-261 Tu-16. 폭탄 창에 매달려 공기 역학적인 테스트를 받고 있다.

3-262 사진은 YAK-38의 훈련기용 복좌를 보여 주고 있다.

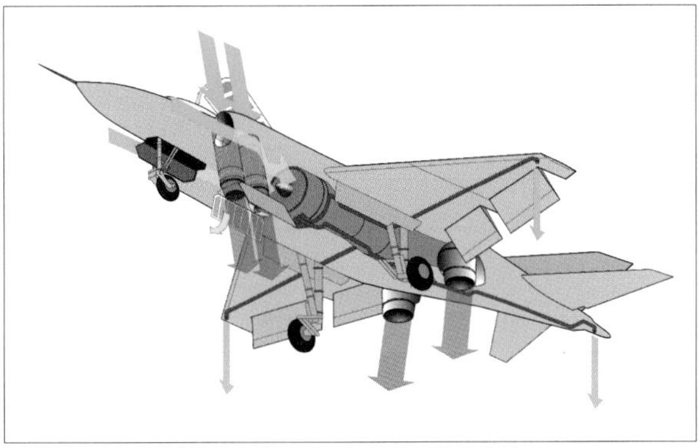

3-263 YAK-38의 리프트 추력과 자세 제어용 노즐의 위치.

달려 시행되었다. 지상 호버링 테스트는 1970년 9월에, 수평 이륙 방식 이착륙 비행은 1970년 12월에 있었다. 하지만 수직 이착륙과 수평 비행을 병행하는 전체적인 비행은 계속되는 기술적 어려움으로 인해 1972년 2월까지 지연되었다. 같은 해 11월에는 헬기 항공모함 모스크바Moskva에 착륙하는 시험도 이루어졌다. 시험 기간 동안 여러 가지 많은 문제점들이 확인되었으나 모두 해결되고, 개량형은 YAK-38로 명칭이 바뀌었다. YAK-38은 1975년에 첫 양산기가 출고되었다. 소련 해군에 인도되어 작전을 개시한 시기는 1976년 10월이며, NATO명은 "포저 A" 였다.

날개는 중익 형태로 약간의 후퇴각을 주었고, 항공모함 탑재형답게 날개가 접힐 수 있도록 설계되었다. 날개 하반각은 10도이며, 날개 전후방에 고양력 장치Flap와 슬랫Slat이 설치되었다. 그리고 수직 이착륙기임에도 감속 낙하산Drag Chute이 장착되었는데, 감속 낙하산은 일반 활주로에서 통상적인 수평 이착륙을 고려한 것이다.

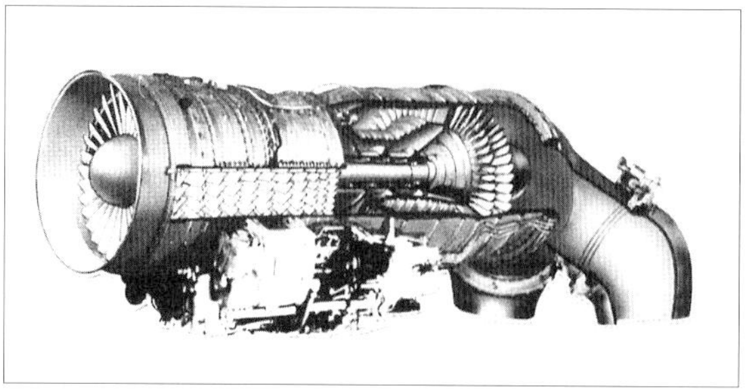

3-264 R27V-300 엔진.

또 수직 이착륙을 담당하는 2개의 RD36-35FV 리프트젯 엔진이 캐노피 후방에 나란히 위치하고 있었으며, 엔진 작동이 불필요한 수평 비행 중에는 덮개Door가 닫히게 되어 있었다. 주 추력을 담당하는 1대의 R27V-300 엔진은 수직 이착륙 전용 엔진 후방에 위치하고, 수직 이착륙 시에는 엔진 노즐이 하방으로, 그리고 일반 비행 시에는 후방으로 향하도록 작동되었다. 공기 흡입구는 동체 좌우측에 배치하였으며, 이착륙 시 공기를 최대한 흡수하기 위해 공기 흡입구 주변으로 뚫려 있는 보조 공기 흡입구를 열었다. 보조 공기 흡입구는 해리어에도 같은 방식으로 사용되었다.

캐노피는 사이드-힌지드 캐노피Side-Hinged Canopy로 우측에 힌지가 장착되어 있었다. 자동 사출 시스템도 갖추었는데, 이 시스템은 일정 고도 아래의 지상에서 호버링 상태로 있을 때, 항공기 자세를 감지하여 동체가 67도 이상 좌우전후로 기울어지는 경우 자동으로 사출이 되도록 설계되었다. 기체가 기울어졌다는 것은 엔진 추력 문제로 컨트롤이 되지 않음을 의미하는 것이다. 캐노피 바로 후방의 리프트젯 엔진이 작동 중일 경우에는 캐노피가 열리지 않도록 설계되어 이 경우 사출 좌석은 캐노피를 깨고 사출되도록 되어 있고, 도어가 닫혀 있으면(엔진이 작동하지 않으면) 캐노피가 열리고 사출하게 된다.

3-265 YAK-38의 사출 순간이 다른 YAK-38 좌석에서 촬영되었다. 2개의 사출 좌석이 작동하는 것으로 보아 YAK-38U 복좌형이다.

수직 이착륙에 필요한 무게를 최소화하기 위해 YAK-38에는 레이더가 없었다. 그래서 레이더와 관련된 계기, 화력 제어 컴퓨터 등 항공 전자 장치가 없는 상태였다. 주 엔진의 추력은 5890킬로그램, 후방 연소기를 사용하면 6795킬로그램 추력을 낸다(참고로 해리어 1세대 엔진은 8600킬로그램 추력). 수평 비행에서 수직 이착륙 모드로의 변경은 6초 만에 이루어지며, 수직 이착륙 노즐은 0도, 25도, 45도, 90도로 세팅되어 있었다. 참고로 해리어기는 0~98도까지 필요한 각도를 자동으로 만들어 간다.

소형 수직 이착륙용 RD36V-35FV 리프트젯은 엔진 1대당 최고 2900킬로그램의 추력을 내는데, 총 사용 시간이 22시간으로 제한되어 있다. 2개의 수직 이착륙용 엔진은 약 10도 정도 뒤쪽으로 추력을 내어 수직 이륙 시 약간 동체를 앞으로 전진시켜 준다. 또 두 엔진은 서로 약간의 각도를 두고 장착되어 있는데 2개의 엔진 추력은 동체 밖 어느 한 포인트에 집중된다. 이는 수직 이착륙 시 동체의 무게 중심 관리 때문이라고 하는데, 정확한 방식은 알 수 없다. 동체 배면, 리프트젯 엔진 노즐 양측 면에는 벤트럴 스트레이커Ventral Strake가 장착되어 수직 이착륙 시 추력을 좀 더 높여 주는 역할을 한다.

모든 수직 이착륙기가 그렇듯이 조종사에게 있어서 이착륙은 매우 어려운 과정이며, 따라서 반드시 2인승 교육용 기체가 필요했다. 이 기체는 "YAK-38U"였고, NATO명은 "포저 B"였다. 최초 비행은 1978년에 있었다. 기존 동체보다 전방 동체 길이를 더욱 길게 하고, 전방 동체를 전반적으로 앞으로 숙여서 후방에 앉은 교관의 시야를 넓혔다. 그런데 무게 중심과 트림Trim 특성을 맞추기 위해 후방 쪽에도 동체를 늘려 전체적인 길이가 늘어났고, 외형적으로는 동체가 앞으로 숙여진 이상한 모양이 되었다.

YAK-38은 이후 동체의 개량이 이루어져 동체 상부 리프트 엔진 좌우에 도슬 스트레이크Dorsal Strake가 장착되었다. 이 스트레이크는 엔진의 뜨거운 배기가스가 다시 엔진으로 들어가는 것을 최소화하는 데 도움이 되었다.

그 외에도 여러 개량을 거친 후 1982년 YAK-38M의 첫 비행이 있었다. YAK-38M은 주 엔진을 투만스키Tumansky R28-300 벡터드 트러스트 엔진으로 교체하였고, 수직 이착륙용 엔진도 리빈스크Rybinsk RD-38 터보 제트로 교체하였는데, 이전 모델에 비해 이들 두 엔진 모두 10퍼센트 정도 추력이 향상되었다. 수직 이착륙용 엔진도 5도에서 30도까지 각도 조절이 가능하도록 하여 단거리 이착륙 기능을

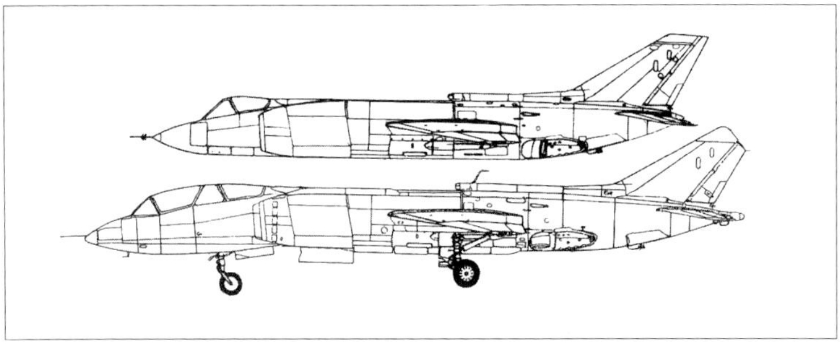

3-266 YAK-38M 단좌형(위)과 YAK-38U 복좌형(아래).

3-267 YAK-38은 소련이 항공모함을 운영하는 계기를 제공하였다.

증강하고, 수직 이륙 시 수평 비행에 필요한 수평 추력도 보조할 수 있도록 하였다.

이후 약 150여 대의 YAK-38이 생산되어 주로 항공모함에서 운영되었다. 일부는 컨테이너선 등에서 시범적으로 운영되어 전면전이 발발할 경우 일반 상선에 YAK-38M을 적재하고 전투에 참여할 수 있는지 여부도 연구되었다.

서방 세계에서는 소련의 무기 체계를 기술적 측면에서 2개의 그룹으로 나눈다. 하나는 경제적인 논리 없이 개발이 빠르고, 효율적이며, 매우 가격이 싸고, 튼튼하다는 것이다. 두 번째는 반대로 비참하게 탄생하여 쓸모없는 성능을 가진 무기 체계다. YAK-38은 어디에 속할까? 서방 세계는 우수한 수직 이착륙 성능에도 불구하고 YAK-38을 두 번째 부류에 포함시킨다.

해리어도 초기에 직면했던 문제지만 수직 이착륙기의 가장 큰 단점은 짧은 행동반경이다. YAK-38은 수직 이착륙에 너무나 많은 연료를 소모하기 때문에 행동반경이 100킬로미터뿐이다. 해리어 1세대만 해도 행동반경이 약 420킬로미터인데 그것과 비교해도 행동반경이 너무 짧다. 수직 이착륙 시 연료 소모가 많고 엔진의 효율이 낮아 실제 작전 가능 시간은 약 15분뿐이었다. 해리어는 연료 소모를 줄이기 위해 수평 이착륙, 단거리 이착륙을 주로 사용하고, 수직 이착륙은 불가피할 때만 사용하도록 하였다. YAK-38도 수평 이착

3-268 YAK-38의 체공 시간은 고작 15분 정도에 불과했고, 그나마도 가동률이 매우 낮아 작전 가용성이 낮았다. 사진은 키예프 항공모함에 대기 중인 YAK-38.

륙이 가능하였으나 수평 이착륙을 하기 위해서는 항공모함에 캐터펄트 같은 여러 가지 장치를 설치해야 하는데 소련은 그만한 크기의 항공모함도 없었거니와 수평 이착륙을 고려하지도 않았다.

서방에서 관측한 여러 사진은 물론 소련에서 나온 사진에서도 4개의 무장 장착대 모두에 무장을 장착한 사례가 거의 관측되지 않는 점으로 보아 15분 동안 전투를 하면서 무장을 사용하는 경우는 거의 없을 것이라 판단되며, 연료 소모를 줄이기 위해 무장을 축소 운영한 듯하다. 항공기가 목표한 설계가 나오지 않아 무장을 축소 운영하고, 한 번 이륙해서 15분밖에 체공할 수 없다는 사실은 전투기로서 효용 가치가 거의 없다고 보는 편이 맞다.

YAK-38은 장비의 신뢰성도 매우 낮았다. 그중 수직 이륙용 엔진은 가장 큰 문제였는데, 엔진 사용 수명이 22시간밖에 되지 않는

3-269 키예프 항공모함에서 긴급 발진 중인 YAK-38과 조종사.

다는 점이 특히 그러했다. 그나마 비행 시간 15분 동안에 수직 이착륙 엔진을 사용하는 시간은 이착륙을 하는 3~4분뿐이므로 400회 이상을 사용할 수 있다는 점이 다행이었다. 그 외에도 여러 문제들이 있어서 YAK-38의 실용화 가치는 매우 낮았다.

1976년 키예프Kiev 항공모함이 YAK-38 6대를 탑재하고 지중해로 첫 출항을 하였다. 초기에는 6대 중 3대만 가동이 되더니 항공모함이 귀환할 때에는 1대만이 가동 중이었다. 아이러니하게도 조종사들은 이를 무척 반겼다고 한다. 조종사 입장에서는 문제가 있는 항공기에 목숨 걸고 타는 것이 내키지 않은데 마침 문제가 생겨 아예 뜨지를 못하니 다행스러울 수밖에 없었다.

실제 작전에서 평가를 받은 것은 1980년 아프가니스탄 전쟁 때였다. 낮은 탑재 용량, 부족한 작전 반경, 복잡한 장비, 낮은 가동률로 인해 비행 가능 시간이 매우 짧은 데다 수직 이착륙 시 아프가니스탄의 사막 지역에서 발생하는 모래 먼지는 항공기 전체를 더욱 위태롭게 하였다. 아프가니스탄 전쟁 후 전반적인 평가는 오히려 무장 헬기가 수직 이착륙 전투기보다 훨씬 더 효과적이라는 것이었다.

좀 나은 평가를 해준다면 YAK-38은 사실상 검증되지 않은 상태에서 실전에 투입된 실험기 수준이었고, 다분히 정치적 이유로 성급하게 투입된 것으로 평가된다. 정치적인 면이 다소 상식을 벗어나기도 하지만 당시 야코블레프사는 해리어기의 몇 가지 자료만 가지고 할 수 있는 최선의 기술을 다하였으며, 소련 해군은 수직 이착륙기를 통해 항공모함을 얻고자 하여 항공모함 키예프를 확보하게 되었다. 소련 해군 입장에서 보면 돈이야 얼마가 들었건 얼마나 효율적이었건 간에 수직 이착륙기의 경험을 확보했으며, 규모 확장에도 성공한 셈이었다. YAK-38은 수많은 항공기 추락과 조종사의 불만, 비행 기피 문제를 안고 가다가 소련이 붕괴된 후인 1991년에 추락 사고를 겪었고, 이후 비행이 중지되었다.

3-270 YAK-38은 소련 해군에 키예프 항공모함을 남기고 1991년에 퇴역하였다.

제원	
· 승무원	1명
· 길이	16.37미터
· 날개폭	7.32미터
· 높이	4.25미터
· 순 중량	7385킬로그램
· 최대 이륙 중량	1만 1300킬로그램
· 크루즈 엔진	6795킬로그램 추력 투만스키 R28-300 터보 제트 1대
· 리프트 엔진	3565킬로그램 추력 리빈스크 RD-38 터보 제트 2대
· 최고 속도	시속 1280킬로미터
· 전투 행동반경	100킬로미터
· 최대 상승 고도	1만 1000미터
· 추력 대 중량비	1+

10-7 야코블레프Yakovlev YAK-41

YAK-41은 YAK-38을 이어가는 소련의 수직 이착륙기로 개발되었으나 개발 완료 직후 소련 붕괴로 예산을 획득하지 못해 양산에 실패한 수직 이착륙기이다.

앞에서 설명한 바와 같이 YAK-38은 전투기로 분류되기 무색할 정도로 항속 거리, 체공 능력, 무장 능력 등 성능상 한계가 많았다. 그래서 YAK-38에 부여된 임무는 단지 함대 방공 임무뿐이었다. 방공이라 함은 함대 주변의 공중 공격에 대한 방어 개념으로 함대로부터 먼 거리의 적을 방어할 만한 항속 거리나 뛰어난 무장 탑재 능력 등을 요구하지 않았으며, 정찰과 같은 장시간 체공도 요구하지 않았다. 그저 신속하게 이륙하고 기동성만 있으면 되었다. 이렇게 제한적인 YAK-38의 성능에 대해 야코블레프사와 소련은 성능 확장 필요성을 공감하였고, 야코블레프 설계국은 YAK-38의 개량형인 YAK-38M(YAK-39로 명칭이 변경됨)의 개량 계획을 내놓았다가 이를 철회하고, 완전히 새로운 기체를 개발하기로 결정하였다.

YAK-38을 이어가는 수직 이착륙기에는 초음속 비행, 공중전에서 고기동성, 레이더를 포함한 유도 무기 발사 능력 등 현대식 전투기의 기능을 추가하여 완전한 전투기 성능을 갖추기로 하였다. 야코블레프사는 1975년, 소련 정부와 단독으로 수직 이착륙 전투기 개발 계약을 체결하였다. 야코블레프사는 YAK-36(1961년), YAK-38(1970년)을 개발한 경험을 이미 가지고 있었으며, 당시 소련에는 수직 이착륙기와 관련하여 야코블레프사 외에 능력이 있는 회사가 없었으므로 단독 계약은 당연한 결과였다.

기체 명칭은 YAK-41로 정해졌다. 신형 수직 이착륙기 개발을 할 때는 엔진 개발이 가장 어려운 부분인데 정부가 요구한 초음속 성능을 맞추기 위해서는 후기 연소기 장치가 필요하였다. 주 엔진은 추력이 높은 엔진 하나만 사용하기로 하였다. 주된 이유는 엔진이 2개인 경우 호버링이나 수직 이착륙 중 엔진 하나가 고장 나면 조종사가 인지할 틈도 없이 기체가 전복되어 버리므로 위험하다고 판단하였기 때문이다. 자세 제어를 위해서는 날개와 기수 쪽에 제트 노즐을 통해 압축 공기를 분사시키는 일반적인 방법을 사용하였다.

3-271 야코블레프사의 수직 이착륙기는 YAK-36, YAK-38, YAK-41로 이어진다(위쪽부터 순서대로).

초음속 비행을 위해서는 많은 양의 연료가 소모되고, 호버링을 위해서는 반드시 분리된 수직 이륙용 엔진이 필요할 것으로 판단하여 기본적인 형상은 YAK-38을 따라가되 주 엔진의 배기 노즐은 1개만 사용하기로 하였으며(YAK-38은 엔진 1개에 노즐 2개 사용), 배기 노즐은 기체 무게 중심 바로 뒤에 위치시켰다. 약 8톤의 추력을 제공하는 2개로 된 수직 이착륙 엔진은 캐노피 바로 뒤에 두었다. 주 엔진 추력과 수직 이착륙 엔진의 추력은 동체 전방과 후방에서 균형을 이루어 항공기를 공중에 정지시킬 수 있었다. 또 YAK-41은 벡터드 트러스트 노즐을 사용하면서도 수평 비행 시 후기 연소기를 작동할 수 있었다. 1개의 엔진

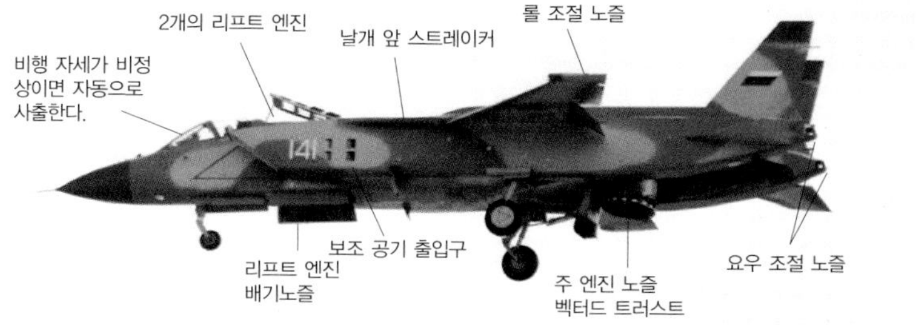

3-272 YAK-41은 F-35와 유사한 추력 방식을 사용하고, 세계 최초로 스위블 노즐(Swivel Nozzle)을 사용하였다.

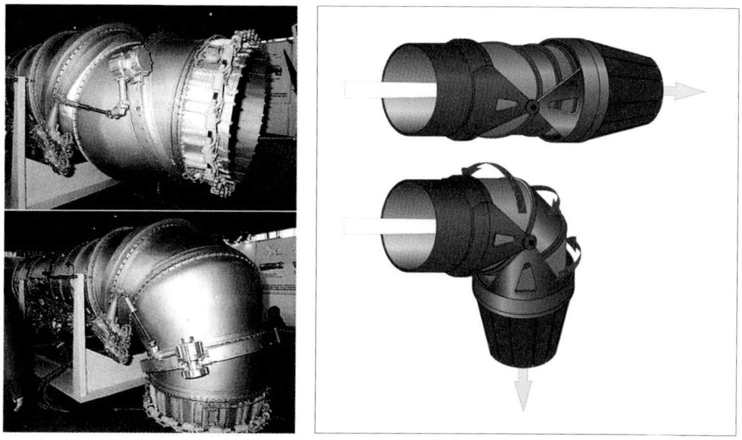

3-273 YAK-41에 장착된 R79V-300엔진의 스위블 노즐. 노즐이 90도로 꺾이는 형상을 보여 준다(왼쪽). F-35에 장착될 F135 엔진의 스위블 노즐 작동 방식이다(오른쪽).

에 2개의 노즐을 사용하는 YAK-38이나 1개의 엔진에 4개의 노즐을 사용하는 해리어기는 후기 연소기 기능을 적용하지 못했다.

수직 이착륙기에서 엔진 성능은 기체 성능의 중요한 부분을 차지하므로 야코블레프사는 설계 기간 내내 소련 엔진 연구소와 긴밀한 협조를 하였다. 소련 엔진 연구소는 YAK-38에 장착한 R27V를 개발한 연구 기관이다. 차기 초음속 수직 이착륙기를 위해서 주 엔진 추력은 약 1만 5000킬로그램이 필요하였다. 초기에 이 연구소에서 제안한 엔진 노즐은 직사각형Rectangular Engine Nozzle이었다. 하지만 최종적으로 원형을 선택하였으며, 스위블 노즐Swivel Nozzle이라고 하는 비틀림 방식을 통해 90도 회전하는 노즐을 개발하였다. 수직 이착륙할 때 주 엔진의 꺾인 노즐에서는 후기 연소기를 사용할 수 없으며, 후기 연소기 없이도 8톤 추력의 리프트 엔진과 함께 충분히 기체를 들어 올릴 수 있었다. 스위블 노즐 방식은 10년 후 록히드 마틴의 JSF X-35에서도 채택하였다.

3-274 1990년 Su-27에서 실험했던 직사각형 엔진 노즐. 최초에 YAK-41에 적용이 검토되었으나 당시 기술로는 실현이 불가능하다고 판단하였다.

직사각형의 엔진 노즐[134]은 YAK-41 주 엔진의 추력선 변화 방안으로 검토될 당시 처음으로 제기되었는데, 당시 기술로는 실현이 어려웠다. 이 엔진 노즐은 1990년 Su-27에서 단거리 이착륙, 수직 이착륙, 역추진 등을 연구하기 위해 2개 엔진 중 하나에 장착되어 실험되었다. 당시 알려진 실험 결과에 따르면 엔진 노즐이 너무 무겁고, 수직 이착륙을 위해 노즐 방향을 꺾으면 추력의 17퍼센트가 손실되었다고 한다. 그 외 실험 결과에 대한 구체적인 내용은 아직 알려진 바가 없다. 아직도 러시아 수호이Sukhoi와 률카Lyulka 엔진사는 직사각형 노즐 방식을 연구하고 있으며, 복합 소재, 세라믹 등을 사용하여 성능을 개량하고 있다고 알려져 있다. 직사각형 노즐 방식은 이후 노드롭Northrop YF-23, 보잉 X-32 등에서 기동성 향상을 위한 추진 방식으로 채택하였으나 진정한 수직 이착륙용으로 개발된 것은 아직 없다.

YAK-41M은 기체 형태상으로 보아 소련의 항공 역학 발전과

134 또는 'Flat Nozzle(납작한 노즐)'이라고도 한다.

함께 더욱 정교해지고 세련되어진 기체임에는 틀림없다. 전방 동체는 유럽 전투기 토네이도를 쏙 빼닮았고, 공기 흡입구와 2개의 수직 꼬리 날개 등은 미그-25의 모습을 연상하게 한다. 기동성은 거의 미그-29만큼 우수하다고 평가받고 있다.

동체의 대부분은 알루미늄을 사용했으며, 엔진 관련 부품들은 가볍고 강한 티타늄 합금을 사용하였다. 움직이는 조종면이나 커버 등은 복합 소재를 사용하였다. 날개는 아래로 약 4도 처짐각Anheadral Wing[135]을 두고 동체 상부에 연결되었고, 날개 두께는 F-16과 같이 매우 얇게 설계Super Critical Airfoil되었다. 날개와 동체 연결부 앞부분은 F-16과 같이 연장 부분이 있는데, 이를 리딩엣지 익스텐션, 즉 LEXLeading Edge Extension라 부르며, F-5, F-16, F-18, 해리어 II 등에서 모두 채택하는 방식이다. LEX는 고 받음각에서 실속을 늦추어 주고, 양력을 증가시켜 주는 역할을 한다. 또 항공모함 적재를 위해 날개는 접힐 수 있었다.

소유즈Soyuz사에서는 신형의 강력한 R79 터보 제트 엔진 개발을 완료하여 1983년에 처음으로 테스트에 들어갔다. 초기 시제품 26개 중 7개는 수직 이착륙형인 R-79V-300으로 개조되어 YAK-41 시제기에 장착하기 위해 야코블레프사로 이송되었다. 시험실 측정 결과 추력은 최대 1만 5500킬로그램이 나왔다. 가장 어려운 것은 노즐 부분의 추력선 변화 방식이었다. 수평 비행 시에는 후기 연소기 기능을 유지하여 초음속 비행을 해야 했는데, 이는 기존의 추력선 변화 방식에서는 찾아볼 수 없는 우수한 성능이었다. 엔진 노즐에 위치한 2개의 비스듬한 원형 링이 전기 모터의 힘으로 서로 반대로 회전하

135 'Anheadral' 또는 'Negative Diheadral'이라 하며, 동체 수평선보다 아래로 처진 형태로 날개가 부착되어 있다.

면서 노즐은 수평 0도, 63도, 95도 등 3가지 위치로 추력선을 변화시킬 수 있었다.

수직 이륙용 RD-41 엔진은 최대 출력을 위해 후기 연소기를 사용하는데 추력은 최대 4100킬로그램이 나왔다. 2개의 RD-41 엔진은 조종석 후방에 나란히 설치되었다. 설치 각도는 수직에서 약 5도 전방으로 기울어져 있으며, 이 상태에서 다시 전후방으로 12.5도 앞뒤로 움직일 수 있어 수직 이륙하면서 동시에 전진 속도를 많이 낼 수 있도록 하였다. 수직 이착륙용 엔진 노즐을 전방으로 향하게 하고 주 엔진을 95도까지 꺾으면 역추진력이 발생하여 항공기는 공중에서 브레이크가 걸리게 된다.

3-275 날개는 수평보다 아래로 처져 있고, 날개의 반은 접힌다.

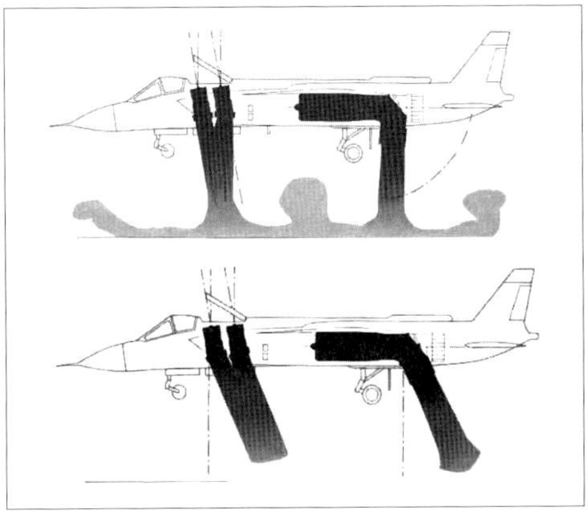
3-276 위 그림은 수직 이착륙 시 사용하는 엔진 노즐의 방향(95도)이며, 아래 그림은 단거리 이착륙 시 사용하는 노즐의 방향(63도)이다. 전방 2개의 리프트 엔진도 전후방 12.5도 각도로 움직일 수 있다.

수직 이착륙용 엔진을 최대한 뒤로 약 17.5도 향하게 하고, 주 엔진 노즐을 63도로 하면 활주 거리 없이 단거리 이륙을 하게 되는데, 전진 거리 100미터에 고도 30미터까지 상승하게 되고, 착륙할 때는 약 240미터 활주 거리로 착륙이 가능하다. 단거리 이륙 시 연료 소모율은 90도 수직 이륙보다 훨씬 낮아지게 된다.

기체 자세 조정은 호버링이나 저속에서 해리어와 동일 방식으로 날개 끝 노즐을 통해 롤을 컨트롤하고, 동체의 맨 뒤 끝, 수직 꼬리 날개 하부에 설치된 노즐을 통해 요우를 컨트롤하였다. 1호기는 기

3-277 위쪽 사진은 수직 이착륙 과정으로 주 엔진과 리프트 엔진이 수직 아래로 향해 있다. 아래쪽 사진은 엔진 노즐이 뒤로 향해 있어 천이 비행이나 단거리 이륙 시의 엔진 노즐 각도를 보여 주고 있다. 엔진의 붉은색 불꽃은 후기 연소기가 작동 중임을 보여 주는데, 주 엔진은 노즐이 꺾인 상태에서는 열에 견디기 어려워 후기 연소기를 사용하지 않는다.

수 부분에도 요우 컨트롤용 노즐을 설치하였으나 2호기부터는 필요가 없다고 판단하여 제거하였다. 피치 컨트롤은 수직 이착륙용 엔진과 주 엔진의 추력 조절을 통해 이루어졌다. 엔진의 모든 통제는 FADEC Full Authority Digital Engine Control이라는 컴퓨터 제어 장치를 통해 이루어졌다. 이 컴퓨터는 시동 이후 리프트 엔진 시동, 자세 제어를 위한 압축 공기 조절, 리프트 엔진과 주 엔진 간 추력 조절을 통한 기체 피치 조절 등을 자동적으로 수행하였다.

동체 양쪽 빔 형태의 주 구조물에는 각각 수평 꼬리 날개와 수직 꼬리 날개가 달려 있고, 엔진은 두 구조물 사이에 깊숙이 들어가 있어 YAK-41의 직후방을 제외하고는 엔진 열 감지가 어려워 스텔스 효과도 부수적으로 얻었다.

3-278 엔진은 동체 깊숙이 들어가 있는데, 이는 엔진 열을 숨기는 효과가 있어서 스텔스 성능에 도움이 된다.

한편 YAK-41의 엔진 추력이 YAK-38에 비해 크게 증가하면서 기체 외적인 문제가 발생하였다. 엔진 추력이 높다는 것은 그만큼 배기가스 온도가 높다는 것을 의미하는데, 수직 이착륙 시 한 부분에 집중되는 열로 인해 활주로와 항공모함 갑판의 열 손상이 심각해진 것이다. 이 문제는 동체 엔진 주변에는 열 보호 코팅을 하고, 지면 근방에서 고도별로 호버링 시간에 제한을 두기도 하며, 활주로와 갑판의 구조물 강화를 통해 극복해 나갔다.

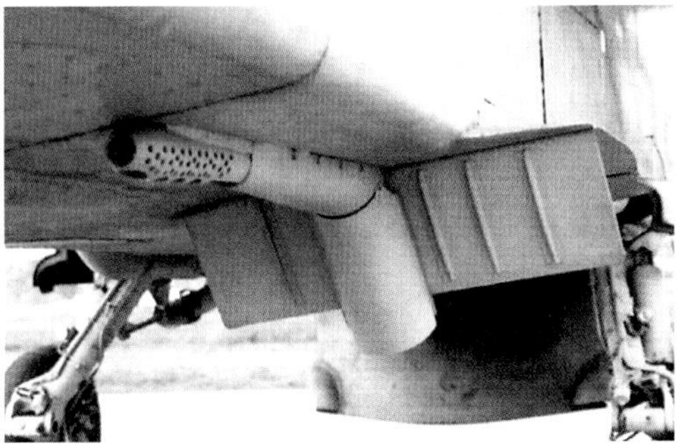

3-279 주 엔진에서 나온 핫 가스가 다시 공기 흡입구 쪽으로 가지 않도록 하기 위한 차단 구조물이 랜딩기어 앞에 설치되어 있다.

또 주 엔진에서 나온 핫 가스가 공기 흡입구로 가는 것을 최소화하기 위해 메인 랜딩기어 앞에 2개의 도어가 열려 약간의 공기 흐름을 차단하였으며, 동체 상부에는 수직 꼬리 날개 앞으로 길게 도슬 핀Dorsal Fin이 설치되었다. 공중 급유 장치는 시제기에서는 채택되지 않았으나 양산기부터는 장착되었다. 또 양산기에는 감속 낙하산도 장착되어 일반 이착륙을 할 때 사용하도록 했다.

3-280 캐노피는 동체 안으로 깊이 들어가 근접 공중전투 시 조종사 시계(視界)는 현대 전투기에 비해 좋지 못하다. 사출 좌석은 호버링 중 기체 자세가 비정상적이면 자동 사출되도록 프로그램되어 있다.

동체 설계 측면에서 YAK-41의 조종석은 F-4와 같이 동체에 깊이 들어간 형태를 취하여 후방 시계視界는 별로 좋지 못하였다. 비교적 현대화된 기체임에도 조종석은 구식을 따른 셈이다. 1970년대부터 설계된 대부분의 전투기는 F-16과 같이 물방울형Bubble Type 캐노피를 채택하여 시계를 양호하게 해 준다.

사출 좌석은 YAK-36, YAK-38과 마찬가지로 기체 자세를 감지하여 엔진 이상으로 기체 자세가 불안정하게 되면 자동 사출하였다. 전방 또는 후방 어느 한곳에서만 엔진이 정지될 경우 기체의 전방이 급격하게 들리거나 앞으로 뒤집히게 되며, 이때 조종사는 사실상 사출할 시간적인 여유가 없고, 판단 타이밍을 놓치기가 쉽게 때문에 조종사 의지와는 무관하게 자동 사출할 수 있는 시스템을 선택하게 된 것이다. 자동 사출 조건은 '주 엔진 노즐이 30도 이상 아래로 향하고, 속도가 시속 300킬로미터 이하에서 전후방 기울어진 각도가 30도 이상, 좌우 기울어진 각도가 20도 이상'이었다. 해리어는 이런 장치를 채택하지 않고 있는데, 그 주된 이유는 엔진을 하나만 사용하기 때문이다. 하나의 엔진만 사용하면 엔진이 정지되더라도 기체 자체는 수평을 유지하기 때문에 조종사는 의식을 유지하고 사출할 수 있는 시간적인 여유를 가질 수 있다. 시간적인 여유는 사실상 불과 2~3초에 불과하지만 조종사의 생존을 결정짓는 중요한 시간이다.

YAK-41 기체는 비행 시험용 2대와 지상 시험용 1대가 제작되었다. 그 외 구조 시험용 1대도 제작되어 기체 수명 및 구조 해석에 사용되었다. YAK-41은 1987년 3월 9일에 수평 이착륙 방식으로 첫 비행에 성공하였고, 무려 2년 반이 지난 1989년 12월 29일에서야 호버링 비행에 성공하였다. 1990년 6월 13일에는 수직 이륙 후 비행 및 수직 착륙의 전 과정 비행에 성공하였다. 1991년부터는 단거리 이착륙 시험에 착수하였고, 경사진 언덕에서의 이착륙 능력도 평가되었다.

3-281 YAK-41의 꼬리 날개에 소련 표식인 붉은 별이 그려져 있다. 하지만 소련이 붕괴되면서 러시아 국기로 교체하였으며, 더불어 군사 예산 삭감으로 개발이 중단되어 해외 구매자를 모색하게 되었다.

3-282 강력한 화력으로 무장한 Su-33이 본격적인 항공모함 전투기로 자리잡으면서 YAK-41의 필요성 또한 감소되었다.

하지만 YAK-41에 불행이 닥치기 시작하였다. 1991년 소련이 붕괴되면서 군사 예산이 급격하게 감소하여 수많은 무기 개발 사업이 중단된 것이다. 급기야 1991년 8월, 공식적으로 YAK-41의 개발 계획 전체가 취소되고 말았다. 소련을 계승하고 있는 러시아 정부가 YAK-41 개발 계획을 취소한 다른 원인은 소련 해군이 1990년대부터 본격적으로 서방의 항공모함 전투기 이착륙 기술을 따라잡으면서 Su-33과 미그-29를 항공모함에서 운용할 수 있게 되었고, 그 결과 항공모함에서 수직 이착륙기 운영은 선택사항이 되어 버렸기 때문이다.

불운은 계속되어 1991년 10월 5일, 시제 2호기가 항공모함에서 착륙 시험을 하던 도중 높이 13미터에서 급격히 낙하하는 사고가 발생하였으며, 랜딩기어를 포함한 많은 구조물이 화재로 손상되었다. 착지 후 불길에 휩싸인 상태에서 조종사는 침착하게 10초가 지나서 사출하여 목숨을 건졌다. 2호기는 외형적으로만 복구되어 야코블레프 박물관에 전시되었다.

야코블레프사는 엄청난 비용과 노력을 들인 수직 이착륙기 YAK-41을 완성하기 위해 해외 파트너를 찾아 나섰다. 1992년 9월에는 남은 기체 1호기를 YAK-141로 명칭을 바꾸어 판보로 에어쇼에 전시하였다. NATO에서는 YAK-141에 "프리스타일Freestyle"이라는 명칭을 부여하였다.

YAK-141은 이후 공식 명칭으로 사용되었다. 당시 야코블레프사는 업체들에게 시험기 3대의 추가 생산을 위해 약 4억 달러가 소요된다고 설명하면서 투자자를 찾아 나섰다. 4억 달러에는 양산형 모델로 가기 위한 항공 전자 장비 업그레이드 비용과 엔진 추력 향상, 복좌형 개발 비용 등이 포함되어 있었다. 하지만 사업 파트너를 구하지 못하고 러시아 내에서도 예산이 지원되지 않았다. 자국에서 실용화되지 못한 기체를 해외에 판매하는 데 성공한 경우는 항공 무기 체계 역사상 없다고 보면 된다.

야코블레프사는 YAK-141의 개량형으로 스텔스 성능을 보유하고, 항속 거리와 무장 탑재 능력을 확장한 YAK-43 모델을 다시 제안하면서 사업 파트너를 찾고 있다. 한때 록히드사가 F-35를 설계하는 과정에서 YAK-41의 비행 데이터를 요구한 적이 있으며, YAK-43

설계 기술을 포함하여 파트너로서의 참여를 제의하였다고 한다. 알려진 바에 따르면 야코블레프사는 YAK-43을 현재도 개발하고 있으며 F-35의 강력한 경쟁 기종으로 등장할 날이 올 것이라고 한다.

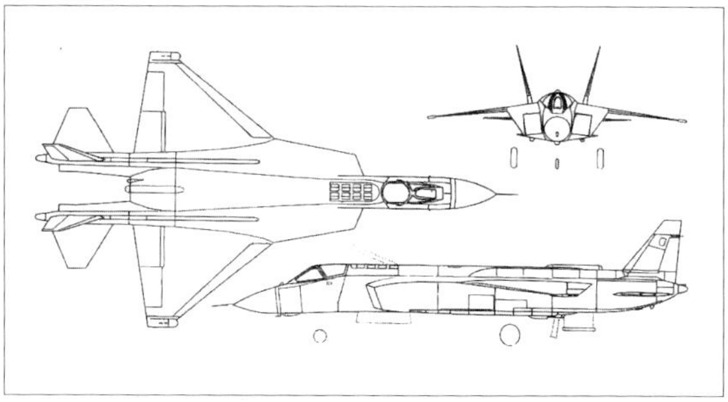

3-283 YAK-43의 개념도. 스텔스 성능을 갖추고 F-35의 경쟁자로 등장할 것으로 예상된다.

3-284 YAK-38과 YAK-41이 같은 자리에 전시되어 있다. 사진의 두 기종 모두 소련의 표식인 붉은 별이 그려져 있다.

제원

· 승무원	1명
· 길이	18.36미터
· 날개폭	10.105미터
· 높이	5미터
· 순 중량	1만 1650킬로그램
· 최대 이륙 중량	1만 9500킬로그램
· 크루즈 엔진	1만 5500킬로그램 추력 MNPK 소유즈 R-79V-300 1대
· 리프트 엔진	4100킬로그램 추력 RKBM RD-41 터보 제트 2대
· 최고 속도	마하 1.7
· 항속 거리	2100킬로미터
· 상승 고도	1만 5500미터

11 호버링 시 복합 엔진 사용 – 팁 제트(Tip Jet)

수직 이착륙 팁 제트 방식을 이해하기 위해서는 먼저 팁 제트의 개념에 대한 이해가 필요하다. 팁 제트 방식은 헬리콥터의 메인 로터를 회전시키는 방식의 하나이다.

헬기는 동체 상부의 커다란 메인 로터를 회전시켜 양력을 얻는데 메인 로터를 회전시키기 위해서는 동체 내에 엔진을 두고, 엔진 동력으로 로터를 회전시키게 된다. 메인 로터를 회전시키면 작용–반작용 원리에 의해 로터 회전 반대 방향으로 회전력이 발생하고, 이어 엔진을 고정하고 있는 동체도 로터의 회전 반대 방향으로 회전하게 된다. 이 반작용을 상쇄시키기 위해 헬기는 꼬리 부분에 작은 로터를 장착하는데, 이를 테일 로터Tail Rotor라고 한다. 헬기의 비행 과정에서 엔진이 꺼지는 것보다 더 위험한 것이 바로 이 작은 테일 로터가 고장 나는 것이다. 영화에서 헬리콥터의 꼬리 날개가 떨어지면 동체가 빙글빙글 돌면서 땅으로 추락하는 광경을 종종 보았을 것이다. 그것은 정확한 사실이다. 헬리콥터 중 CH–47, Ka–32 등은 메인 로터를 2개 사용하여 토크를 서로 상쇄시키는 방법을 사용하기도 하며 일부 헬리콥터는 NOTAR라고 하여 'No Tail Rotor' 시스템을 적용하기도 하는데, 이러

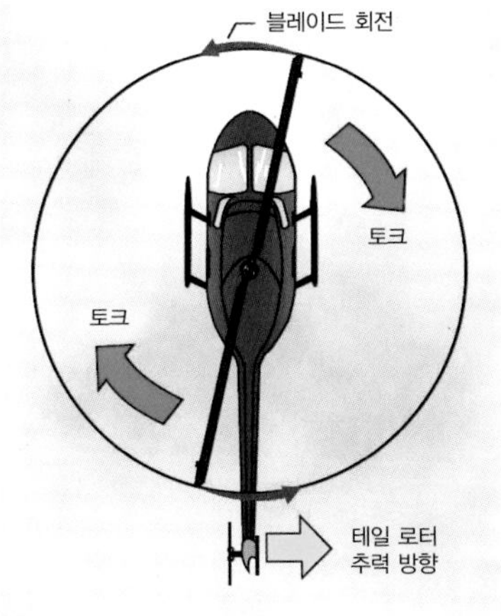

3–285 헬기의 토크 개념.

한 방식은 토크를 상쇄시키는 방법만 다를 뿐 근본적으로 메인 로터 회전에 따른 토크는 존재하게 된다.

그래서 헬기 설계자들은 토크를 근본적으로 만들지 않아도 되는 헬기의 동력 방법을 생각해 내었는데, 그 중 하나가 엔진을 동체에 넣지 않고 로터에 직접 장착하는 방법이었다. 바로 이것을 블레이드 끝에 제트 엔진을 달았다고 하여 팁 제트Tip Jet라고 불렀다. 이렇게 되면 동체와 메인 로터 간 작용-반작용 관계가 사라진다. 8장 테일 시터 방식을 다룰 때 소개한 1940년대 중반에 구상되었던 독일의 트리엡플루겔이 바로 이 방식을 적용한 기체이다. 트리엡플루겔은 동체에 엔진을 적재하지 않고 메인 로터 끝에 램 제트Ram Jet 엔진을 장착한 방식이다.

3-286 힐러사의 HOE-1. 긴 블레이드 끝에 램 제트 엔진이 달려 있고, 동체에는 엔진도 없고 테일 로터도 없다. 테일 로터의 자리에는 승강타가 붙어 있다.

팁 제트 방식으로 가장 먼저 제작된 헬리콥터는 힐러Hiller사의 HJ-1 호닛Hornet이다. 이후 힐러사는 HJ-1을 실용기로 개발하여 1950년에 개량형인 HOE-1을 내놓았다. HOE-1은 블레이드 끝단에 제트 엔진을 장착하였다 하여 팁 제트 방식으로 공식 명명되었다. 이 기종은 기존 헬리콥터에 비해 비싼 엔진도 사용하지 않고, 기어박스도 필요 없으며, 테일 로터의 복잡한 구조도 필요 없어서 정비가 단순하고 값이 매우 저렴하여 대중화가 쉬울 것이라 판단했지만 팁 제트에서 발생하는 엄청난 소음과 짧은 체공 시간, 짧은 항속 거리로 보급 양산에는 실패하였다. 그런데 테일 로터가 없다는 장점 때문에 미 해군에서 이 기종에 관심을 가졌다. 테일 로터가 없는 헬리콥터라면 전체 길이가 짧아져 구축함이나 전투함에서 더 많은 대수의 헬기를 운영할 수 있다고 판단했기 때문이다. 항속 거리는 NASA에서 좀 더 연구를 하면 되고, 소음은 군용기에서 큰 문제가 되지 않았다.

NASA와 해군은 HOE-1을 개조하여 H-32로 명명하였는데, 항공모함에서 운영 가능성을 연구하던 중 또 다른 문제점을 발견하였다. 헬기의 안전에서 가장 중요한 부분 중 하나는 자전 강하이다. 자전 강하란 고정익 항공기에 비유하면 일종의 글라이더 비행 같은 것으로, 헬기 엔진이 고장으로 공중에서 정지하더라도 메인 로터의 회전 관성력을 이용하여 비상 착륙할 수 있어야 하는데, H-32는 날개 끝의 커다란 제트 엔진이 저항을 받아 자전 강하 가능 고도가 기존 헬기의 반밖에 되지 않았다. 이 때문에 해군은 H-32의 실용화를 중단할 수밖에 없었다. HJ-1, HEO-1, H-32와 같이 블레이드 끝에 엔진을 장착한 형태를 팁 제트 방식에서도 팁 버닝Tip Burning 방식으로 분류한다.

3-287 XH-17의 거대한 모습. 블레이드 끝단에 추진 장치가 보인다.

힐러사는 날개 끝 부분 엔진을 제거한 새로운 팁 제트 방식을 내놓았다. 엔진을 동체에 내장시키되 메인 로터와 기계적인 연결을 제거하는 방식을 택한 것이다. 힐러사가 제작한 XH-17 플라잉 크레인Flying Crane은 동체에 2개의 J35 터보 제트를 장착하고, J35에서 나오는 엔진 배기가스를 길고 속이 비어 있는 2개의 로터 블레이드를 통해 블레이드 끝으로 보내며, 블레이드 끝에서는 배기가스에 연료를 분사, 연소시켜 추력을 얻는 방식을 사용하였다. 이 XH-17은 헬기 역사상 가장 큰 헬기 중 하나로, 로터 회전면 직경이 무려 100미터에 이른다. 하지만 여전히 효율이 낮아 항속 거리가 50킬로미터 정도밖에 되지 않고, 블레이드를 통해 엔진 핫 가스가 통과하므로 블레이드 냉각과 내열성 등의 난제가 발생하여 실용화에는 실패하였다. XH-17 방식도 팁 제트 방식 중 팁 버닝 방식으로 분류한다. 만일 XH-17의 로터 회전 과정 중 블레이드 팁에서 연료를 분사하지 않고 엔진 핫 가스만 재연소 없이 분출하여 로터를 회전시키게 되면, 이는 팁 제트 방식 중에서 핫 사이클Hot Cycle로 분류한다.

정작 팁 제트 방식의 헬기 중 상용화에 성공한 유일한 기종은 1950년대 말 프랑스의 유러콥터Eurocopter사에서 제작한 드진Djinn이다. 드진은 엔진의 압축 공기를 빼내어 로터 블레이드 안에 있는 관을 통해 블레이드 끝 부분에서 분출시켰고, 분출 제트의 반작용으로 블레이드가 회전하였다. 드진은 상용화에 성공하여 180대를 생산하였고, 주로 군과 농업용으로 판매되었다. 드진의 방식은 팁 제트 방식 중에서도 콜드 사이클Cold Cycle 방식이라 한다. 하지만 여전히 팁 제트 방식은 헬기의 테일 로터를 완전히 대체하지 못했고, 블레이드의 강도 문제와 속도 한계, 자전 강하의 어려움 등의 난제로 성공하지 못하였다.

한편 수직 이착륙기 분야에서도 팁 제트 방식을 주목하였다. 헬기 분야에서는 비행하는 동안 팁 제트

3-288 유러콥터사의 드진. 테일 로터가 없는 최초의 상용 헬리콥터로 180여 대를 생산하였다.

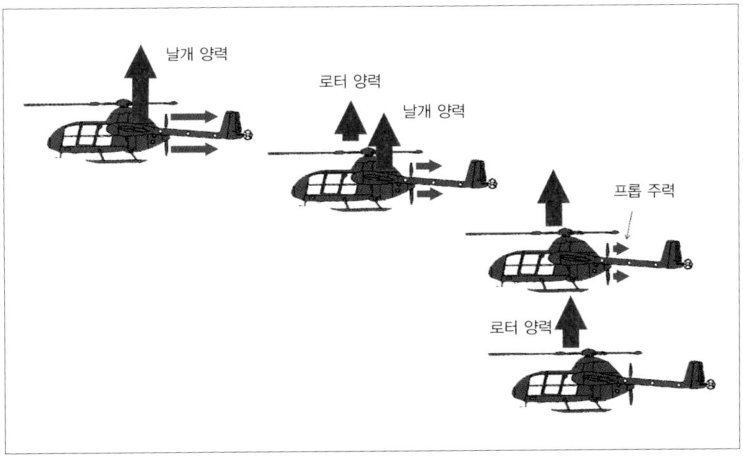

3-289 팁 제트 수직 이착륙 개념.

방식으로 메인 로터를 회전시키지만, 수직 이착륙기에서는 수직 이착륙 시에만 팁 제트 방식을 사용하고, 수평 비행 동안에는 프로펠러와 고정 날개를 통해 비행하는 방법을 택하여 팁 제트의 안전 문제인 자전 강하를 상당 부분 해결하였다. 소음도 이착륙 시에만 문제가 되므로 헬기 방식의 팁 제트보다는 양호한 조건이었다.

팁 제트 방식의 비행 방법을 살펴보면, 먼저 수직 이륙을 위해서는 블레이드 팁으로 압축 공기를 보내 팁 버닝 방식으로 메인 로터를 회전시켜 수직 상승력을 얻는다. 충분한 고도가 확보되면 엔진 동력을 추진용 프로펠러로 연결하여 수평 속도를 증가시키고, 양력은 고정익 형태의 날개가 담당하게 되어 마치 프로펠러 항공기처럼 비행하게 된다. 수직 상승 후 수평으로 전환하는 과정에서는 기체의 전진 속도가 충분하지 않아 고정익의 양력이 부족할 수 있으므로 메인 로터의 관성 회전력Auto-rotation이 천이 비행하는 동안 양력을 보완해 준다. 날개 양력이 충분히 생성되는 속도까지 도달하면 로터는 바람개비처럼 속도에 의해 자유 회전하게 된다. 팁 제트 방식은 로터 회전 속도와 헬기 전진 속도가 같아지는 한계 속도(이를 μ=1 이라 한다)가 없어서 헬기 속도 한계를 넘어 비행이 가능하다.

항공학적으로는 이러한 비행 방식을 컴파운드 오토자이로 Compound Autogyro, 또는 Gyroplane라 부르는데, 오토자이로의 형태를 갖추면서 일반 비행을 위한 고정익 날개를 가지고 있어 두 비행 특성을 합한 개념이라는 의미이다.

11-1 맥도넬McDonnell XV-1

맥도넬사 XV-1은 미 육군과 미 공군이 공동 투자하여 '헬기처럼 이착륙하고 속도는 헬기보다 빨라 거의 일반 프로펠러 추진 항공기만큼 속도를 낼 수 있는 항공기'를 개발하기 위한 연구기였다. XV-1은 시속 322킬로미터를 기록하였는데, 이 속도는 당시 어느 헬기보다 빨랐다. 하지만 다른 성능에서 그리 만족할 만한 이점을 찾지 못하고 속도 가능성만을 확인한 채 XV-1 프로그램은 종료되었다.

1950년 미 공군은 '헬기처럼 수직으로 이착륙을 하고 헬기보다 빠른 속도로 순항 비행할 수 있는 복합 헬기' 구상을 발표하고 공모에 입찰할 회사를 물색하였다. 성능 요구 사항은 '관측 및 정찰 임무가 가능한 저속 특성을 가지며, 2명의 환자와 긴급 의료 병력을 태우고 병원 긴급 후송이 가능한 수직 이착륙기' 였다. 이 연구에 미 육군 수송단이 관심을 가지면서 공군과 육군이 공동 추진하게 되었다. 이 요구 사항에 대해 맥도넬사는 팁 제트 컴파운드 헬리콥터Tip Jet Compound

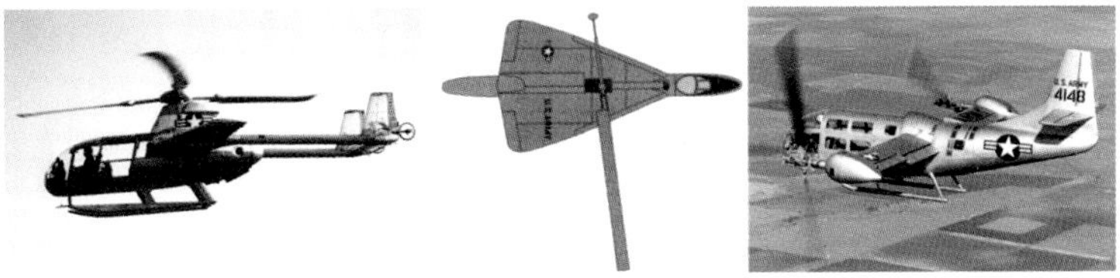

3-290 왼쪽부터 XV-1, XV-2, XV-3. 이 중 XV-2는 제작되지 않았다.

Helicopter 방식의 M-28(미 공군 명칭 XV-1)을 내놓았고, 시콜스키사는 스탑퍼블 로터 에어크래프트Stoppable Rotor Aircraft 방식의 S-57(미 공군 명칭 XV-2)을 내놓았으며, 벨사는 틸트 샤프트 개념의 XV-3[136]를 제안하였다.

1951년 6월 20일, 3사의 안을 검토한 미 공군은 맥도넬사 XV-1을 최종 계약 대상자로 지정하고, 육군과 함께 계약서에 서명하였다. 기체는 2대를 제작하여 구조 시험과 비행 시험을 병행하기로 하였다. 기체가 제작되기 시작하자 명칭은 헬기 지정 명칭인 XH-35로 지정되었다가 수직 이착륙기란 개념의 XV-1으로 다시 지정되었다.

프로그램의 신속한 진행과 예산 절감을 위해 XV-1은 보난자Bonanza, 나비온Navion에서 동체 구조물을 그대로 가져왔다. 맥도넬사는 오스트레일리아의 헬기 로터 전문가를 채용하고 1951년 6월에 제작에 착수하여 22개월 만인 1953년 4월에 기체를 완성하였다. 1954년 2월 11일, 결박 시험 비행을 마쳤으나 팁 제트 부분의 성능 부족이 확인되어 이를 보완하느라 1년을 더 소비하고, 1954년 7월이 되어서야 호버링 비행에 성공하였으며, 1955년 4월 29일 전 과정의 비행에 성공하였다.

XV-1은 수직 이착륙 개념으로 구상되어 랜딩기어 대신 구형

136 1. 틸트 샤프트/로터 참조.

3-291 XV-1은 이착륙은 헬기처럼, 비행은 프로펠러 항공기처럼 하였다.

헬기처럼 튜브 모양의 스키드skid식 랜딩기어를 장착하였다. 또 조종석 후방에 엔진을 장착하고, 엔진 후방에 다시 푸시 형태의 프로펠러를 장착하여 전진 비행을 위한 추력을 생성하였다. 동체 상부에는 고속 비행 시 양력을 얻을 수 있도록 짧은 날개도 장착하였다. 작은 날개에는 롤 기동을 위한 에일러론이 장착되었고, 테일 붐Tail Boom 사이에 연결된 구조물에는 피치를 담당하는 엘리베이터가 장착되었다. 이착륙 시에는 헬기와 같은 형태로 비행을 하므로 전방 동체 조종석은 사방을 투명체로 제작하여 상하좌우 시야를 양호하게 하였다.

수직 이착륙 시 양력을 담당하는 메인 로터의 구동 과정을 보면 먼저 엔진이 압축기를 구동시키고 압축 공기는 블레이드를 통과해 블레이드 끝단 연소 챔버로 보내진다. 압축 공기는 챔버 내에서 연료와 섞인 후 연소되고, 연소 결과로 발생하는 추진력으로 블레이드를 회전시킨다.

엔진은 컨티넨탈Continental사 R-975 왕복 엔진을 사용하였고, 압축 공기를 로터 블레이드에 공급하기 위해 2개의 공기 압축기를 작동시켰다. 압축기는 둘 중 하나가 손상되더라도 나머지 하나로 비상

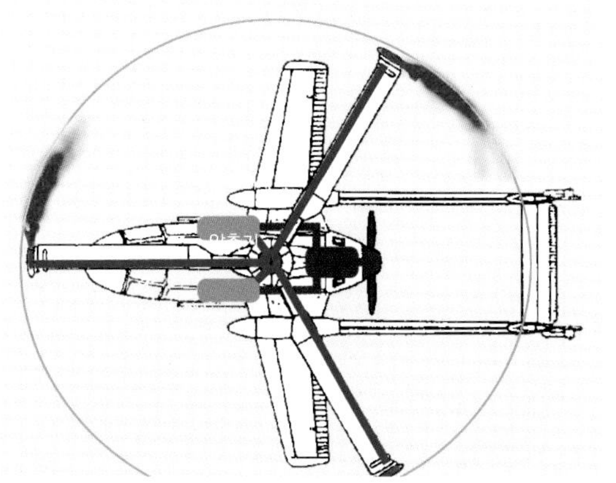

3-292 1개의 엔진이 2개의 압축기를 가동시키고, 2개의 압축기에서 나온 공기는 블레이드 끝에서 연소되어 회전 추력을 만든다.

착륙이 가능한 분량의 압축 공기를 생산할 수 있었다.

XV-1는 비행을 위해 먼저 메인 로터를 회전시켜 헬기처럼 이륙을 한다. 이륙 후 안전 고도에 도달하면 압축기 1개의 작동을 멈추고, 축을 통해 직접 푸시형 프로펠러를 가동하여 전진 추력을 형성한다. 수평 속도가 증가할수록 날개 양력이 증가하고, 메인 로터의 양력 비중은 점점 줄어든다. 충분한 속도에 도달하면 블레이드로 가는 압축 공기는 공급이 중단되고, 로터는 관성력으로 오토 로테이팅Auto-rotating하게 된다. 이때부터 로터는 오토자이로 역할을 하며, 오토자이로에서 발생하는 약 15퍼센트의 양력과 동체에 부착된 고정익 양력으로 비행을 하게 된다.

XV-1의 특징 중 하나는 헬기의 큰 한계로 지적되었던 속도 제한을 극복한 것이었다. 헬기의 속도 한계란 앞서 설명한 바와 같이 전진 속도가 로터의 회전 속도에 근접할수록 메인 로터의 좌우 양력 차이로 인해 헬기가 롤링 상태에 들어가게 되므로 비행 속도는 로터 회전 속도를 넘을 수 없다는 것이다.[137] 하지만 XV-1은 수평 비행 시 프로펠러에 의해 속도를 내고 날개로 양력을 형성하므로 프로펠러 항공기 개념으로 비행한다. 그래서 XV-1에는 헬기의 속도 한계가 적용되지 않는 것이다.

1호기 시험 비행 중 나타났던 단점을 보완하여 2호기가 출고되

137 14-4 참조.

었는데, 가장 큰 변화는 2개의 테일 붐 끝단에 헬기의 테일 로터와 비슷한 프로펠러를 장착하였다는 것이다. 1호기 시험 비행 중 조종사들이 호버링 중 요우 컨트롤에 어려움이 많았음을 지적하였기 때문이다. 물론 속도가 있는 경우에는 2개의 수직 꼬리 날개에 있는 러더가 요우 컨트롤을 담당하였기 때문에 문제가 없었다. 그 외 팁 제트의 특징인 오토 로테이션 기능 저하를 보완하기 위해 블레이드의 공기 역학적인 저항 감소에 주력하였다. 이후 XV-1 1호기도 2호기와 동일한 형상으로 개조되었다.

2호기는 1955년 10월 10일, 헬기로는 처음으로 시속 322킬로미터를 넘어섰다. 당시 가장 빠른 헬기의 기록보다 시속 72킬로미터 더 빠른 기록이었다. 이후 3년 동안 600회가 넘는 시험을 지속하였으나 1957년 XV-1 계약은 취소되어 버렸다.

XV-1의 성능 평가는 그리 좋지 못하였다. 계통은 의외로 복잡하였으나 속도 외의 면에서 기존 헬기보다 그리 높은 성능을 내지 못

3-293 XV-1이 충분한 비행 속도를 유지하여 프로펠러와 고정익 양력으로 비행을 하고 있다. 사진은 플라스틱 모형을 합성한 사진이다.

3-294 팁 제트 방식의 모델 120 스몰 크레인.

하였으며, 왕복 엔진으로는 요구 성능에 도달할 수 없다는 사실도 확인되었다. 당시 개발 중이던 헬기의 성능이 점차 향상되면서 곧장 XV-1의 비행 성능을 넘보는 단계까지 와 있어 XV-1이 크게 매력적이지 않았던 것이다. 그리고 블레이드 끝에서 연소되는 제트 때문에 팁에서 엄청난 제트 소음이 발생하였으며, 연소 불꽃 때문에 야간에는 아주 먼 거리에서도 쉽게 적의 타겟이 될 수 있었다.

하지만 맥도넬사는 XV-1 기술을 응용하여 모델 120이라는 스몰 크레인Small crane 헬기를 제작하고 1957년 11월 첫 비행에 성공하였다.

현재 XV-1 1호기는 육군 항공 박물관에, 2호기는 스미소니언 박물관에 전시되어 있다.

제원

· 승무원	1~2명
· 승객	3~4명
· 길이	15.37미터
· 날개폭	7.92미터
· 로터 직경	9.45미터
· 높이	3.28미터
· 순 중량	1940킬로그램
· 총중량	2497킬로그램
· 엔진	525마력 컨티넨탈 R-975-19 왕복 엔진
· 최고 속도	시속 327킬로미터
· 순항 속도	시속 222킬로미터
· 항속 거리	950킬로미터
· 상승 한도	5000미터
· 상승율	초당 6.6미터

11-2 페어리 로토다인Fairey Rotodyne

페어리 로토다인은 영국의 페어리사에서 제작한 컴파운드 자이로플레인Compound Gyroplane으로 민수용 및 군용 시장을 목표로 하였다. 컴파운드 자이로플레인이란 헬기 모드로 이착륙하고 일반 항공기처럼 프로펠러를 이용한 비행을 하는 것을 말한다.

페어리사는 컴파운드 자이로플레인 방식으로 가장 먼저 FB-1 자이로다인Gyrodyne을 1947년에 개발하였다. 이륙할 때는 엔진이 메인 로터를 회전시켜 보통의 헬기처럼 이륙하고, 고도가 확보되면 메인 로터는 엔진으로부터 동력을 끊고 오토자이로 방식으로 회전하면서 작은 날개와 함께 양력을 형성하였으며, 양 날개에 장착된 수평 비행용 프로펠러로 엔진 동력이 전달되어 추력을 만들었다. 자이로다인은 1948년에 헬기 속도로는 최고 기록인 시속 200킬로미터를 달성하기도 하였다. 그러나 당시 충분히 발달하지 못한 금속 기술 때문에 로터 동력 전달 부분의 금속 피로가 발생하여 기체와 승무원을 모두 잃는 사고가 일어났다. 금속 피로란 반복되는 진동으로 인해 금속이 균열되고 파괴되는 현상을 말한다.

페어리사는 자이로다인의 동력 전달 방식을 달리하여 당시 헬기 동력 방식으로 한창 붐이 일었던 팁 제트 방식을 채택하였다. 이에 따라 기체 명칭을 제트 자이로다인으로 바꾸었고, 1954년에 첫 비행에 성공하였다. 이를 계기로 페어리사는 컴파운드 오토자이로Compound Autogyro 방식의 항공기 제작에 선두적인 위치를 차지하였다.

제트 자이로다인으로 성공한 페어리사는 그들의 특허인 컴파운

3-295 1954년 비행한 제트 자이로다인. 동체에 짧은 날개가 있고 날개 끝에 프로펠러가 장착되어 있다.

드 오토자이로 방식의 비행을 좀 더 큰 규모의 항공기에 확대 적용하고자 하였다.

당시 영국 정부가 주도한 BEAline Bus 프로젝트가 1951년 12월에 발표되었다. 탑승 인원 30~40명 규모의 거대한 헬기를 띄운다는 것인데, 당시 기술로는 엔진 추력 문제로 개발에 어려움이 있었다. 페어리사를 포함한 총 5개의 제작사가 응모하였고, 제트 자이로다인 개발 경험이 인정되어 페어리사가 1953년에 시제기 제작사로 선정되었다. 항공기 명칭은 로토다인으로 붙여졌다.

로토다인은 사실상 실험기 개념의 기체였다. 수직 이착륙을 위해 13미터가 넘는 4개의 대형 메인 로터를 팁 제트 방식으로 구동하였고, 수평 비행을 위한 양력은 프로펠러와 고정익 날개, 그리고 메인 로터의 오토 로테이션 기능을 이용하였다. 엔진과 수평 비행용 추진 프로펠러는 보통의 수송기처럼 날개 하부에 장착되었다. 수평 비행 상태에서 속도를 증가시키기 위해서는 보통의 프로펠러기처럼 프로펠러의 피치 각도를 증가시켰다. 속도가 증가하여 정상적인 수평 비행 속도에 도달하면 자유 회전하는 메인 로터와 주 날개가 각각 필요한 양력의 50퍼센트씩을 담당하였다. 그 덕분에 기체 속도가 계속 증가하여도 헬기에서 발생하는 양쪽 메인 로터의 양력 불균형 현상은 미미하였다. 팁 제트 방식을 적용하면서 대형 로터를 사용하는 헬리콥터의 트랜스 미션 문제를 해결하고, 메인 로터의 토크 문제도 동시에 해결한 것이다.

3-296 로토다인은 블레이드 하나가 13미터를 넘는 대형 수송 헬기로 구상되었다.

엔진은 2800마력의 네이피어 일런드Napier Eland N.E1.7을 2개 사용하였다. 이 엔진은 이착륙 모드일 때 엔진 압축기에서 만들어지는 압축 공기를 블레이드 내 파이프를 통해 팁 제트로 보내고, 고도를 취한 후 수평 비행을 시작하면 팁 제트로 가는 압축 공기를 차단하였다. 이때 회전 동력을 잃은 메인 로터는 회전 관성력으로 서서히 속도가 감소하면서 양력을 일부 유지하였다. 팁으로 보내는 압축 공기를 차단한 주 엔진은 일반 터보 프롭 엔진처럼 프로펠러를 작동시켰다.

N.E1.7엔진은 9단계의 압축기를 가지고 있는데, 수직 이착륙 중에는 엔진 작동을 위한 최소한의 압축 공기만을 남겨 놓고 대부분 내부 덕트를 통해 로터 블레이드 끝으로 보내졌다. 2개의 엔진에서 나오는 압축 공기는 하나로 모아졌다가 다시 4개의 블레이드로 보내지는데, 이 방식은 엔진 1개가 고장 나더라도 4개의 블레이드 모두

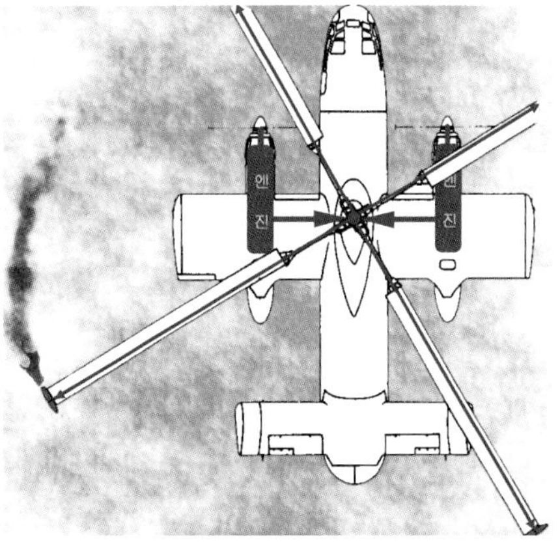

3-297 2개의 엔진에서 나온 압축 공기는 중앙으로 모아졌다가 4개의 블레이드 끝단 연소실로 보내졌다.

에 압축 공기를 공급하기 위한 것이었다. 엔진에 남은 약간의 동력으로 이륙 중에도 프로펠러를 가동시켜서 수직 이착륙 또는 호버링 중에 요우를 컨트롤하도록 하였다.

로터 블레이드 내부에는 3개의 압축 공기 파이프와 1개의 연료 파이프가 설치되어 있었다. 그리고 블레이드 끝단에서는 이 4개의 파이프에서 나온 연료와 압축 공기가 혼합되어 연소실에서 연소되었다. 이때 발생하는 제트 소음은 성능 요구 조건에서 '183미터 거리에서 96데시벨' 로 기준이 명시되었으나, 실제 성능 시험에서는 무려 113데시벨이 측정되어 소음을 줄이기 위해 많은 시간이 소비되었다. 소음의 크기는 데시벨 2.5가 증가할 때마다 약 2배의 강도를 가진다.

로토다인은 엔진과 로터 간에 축으로 연결된 부분이 없으므로 토크는 발생하지 않았으며, 헬기와 같은 메인 로터의 복잡한 구조물도 불필요하였다.

호버링 중 자세 제어는 일반적인 헬기처럼 블레이드의 피치를 조절하는 사이클릭 피치 컨트롤로 롤과 피치를 조절하였고, 크루즈 상태에서는 날개 조종면과 꼬리 날개의 엘리베이터를 활용하였다. 저속일 때는 2개의 프로펠러를 이용하여 요우를 컨트롤하였지만 비행 시에는 러더를 이용하였다.

개발 과정 중 예산 소요가 과다해지자 정부는 민간 소요가 없을 것으로 예상하고 제작사에 프로그램 중단을 요구하였다. 그러나 제작사는 민간 소요에 자신감을 갖고 자체 비용을 대거 투자하면서 어렵게 프로그램을 지속하였다. 엎친 데 덮친 격으로 그동안 페어리사의 컴파운드 오토자이로 방식을 주도해 온 기술자가 미국의 힐러사로 옮겨가면서 프로그램의 진행은 더욱 어려워졌다.

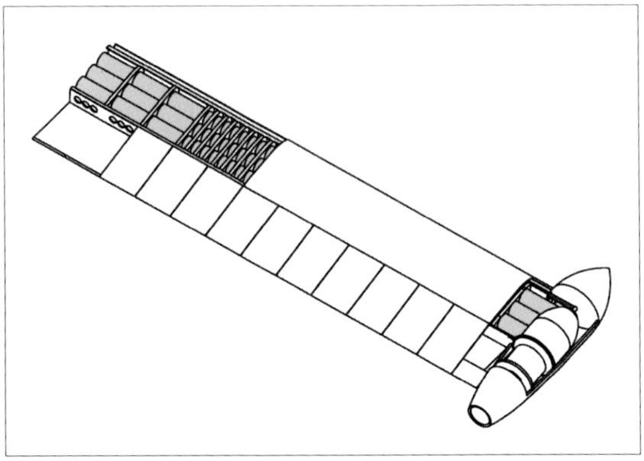

3-298 로토다인의 메인 로터 블레이드. 블레이드 내부로 압축 공기 파이프 3개(청색)와 연료 파이프(적색)가 지나간다. 이들 압축 공기와 연료는 블레이드 끝에서 혼합되고 연소되어 제트 추력을 얻는다.

로토다인은 예산과 기술상의 어려움을 겪는 가운데서도 1957년 11월 6일 첫 시험 비행에 성공하였고, 1958년 4월 10일 천이 비행까지 모두 성공적으로 수행하였다. 몇 번의 시험 비행을 거치면서 애초에 예상했던 순항 속도 시속 209킬로미터가 잘못 설정되었음을 확인하였는데, 최적 속도는 무려 시속 273킬로미터를 기록하였다. 그래서 주 날개가 양력의 80퍼센트 이상을 담당하게 되었고, 메인 로터의 양력이 20퍼센트 이하로 줄었다. 속도가 증가하자 커다란 메인 로터에서 실속이 발생하면서 항공기 전체에 진동이 발생하는 문제가 생겼다. 제작자들은 논의 끝에 받음각 4도로 장착되어 있던 날개를 제거하고 0도로 다시 부착하여 날개 양력을 줄여 주었다.

1958년 페어리사는 로토다인을 이용한 속도 신기록에 도전하기로 하였는데, 100킬로미터 거리를 돌아오는 방식이 가장 유리할 것으로 판단하였다. 1959년 1월 5일 속도 도전에 나섰고, 측정된 평균 속도는 시속 307킬로미터였다. 이전의 헬기 최고 기록보다 시속 79킬로미터가 더 빠른 것이었고, 최고 속도에서도 시속 48킬로미터 더 빠른 기록을 세웠다. 이 기록은 1961년 동축 반전 로터를 가진 러시

3-299 1959년 파리 에어쇼에서 비행 시범을 보이고 있는 로토다인.

아 Ka-22[138] 빈토크릴Vintokryl에게 깨질 때까지 유지되었다.

제작사의 노력 덕분에 1958년 해외에서도 주문 문의가 시작되었다. 카만항공사Kaman Aircraft Corporation에서는 미국 내 면허 생산과 판매와 관련한 협상이 진행되었고, 캐나다의 오카나간헬기사Okanagan Helicopter Group에서도 3대 구매 계약을 하였으며, 향후 면허 생산 등에 대해 논의하기로 하였다. 일본항공사에서도 일본 국내 운영에 대해 관심을 표명하였다.

138 14-1 참조.

당시 도시와 도시를 연결하고, 도시 중앙에 위치한 작은 공간에 이착륙을 할 수 있는 대형 수송 수단Inner-city Heliport에 대해 많은 항공사들이 연구 중이었는데, 로토다인은 날아다니는 버스로 미래 교통수단이 될 것으로 항공사들은 기대하였다.

3-300 도심형 수송 수단으로 민과 군 모두에게서 주목을 받았으나 양산에는 실패하였다.

1959년 6월에는 파리 에어쇼에 출품되어 판촉 활동이 공식적으로 개시되었다. 카만사와 뉴욕항공사는

1964년까지 5대를 구매한다는 의향서를 교환하고, 10대 추가 구매 옵션을 제시하였다. 대당 가격은 최고 5백만 달러였다. 뉴욕항공사는 로토다인을 운영하여 뉴욕 도심과 주변 소규모 도시를 직접 연결하고자 하였다. 뉴욕항공사는 이 목적을 달성하기 위해 2가지 조건을 페어리사에 제시하였다. 1961년 가을까지 약 60인승의 실용기가 완성되어야 하고, 소음 기준이 미 항공 규정을 충족시켜야 한다는 것이었다.

3-301 팁 제트에서 발생하는 제트 소음이 도심 운영에 걸림돌이 되었다.

영 · 유럽항공사British European Airway도 6대 구매 의사와 향후 추가 구매 의사를 발표하였고, 영국 공군은 12대의 군용 수송기 버전을 주문하였다. 이로써 정부 투자가 재개되었으나 민수용에 대해서는 소음 문제가 불거지기 시작하면서 소음 해결 없이 도심 운영이 불가하다는 결론이 내려졌다.

영국 공군은 육군 전차를 수송할 수 있고, 최대 75명을 수송할 수 있는 더 큰 수송 헬기를 요구하면서 5백만 파운드 예산 지원을 약속하였다. 하지만 군 내부에서는 미래의 핵전쟁에 대비하고 있었으므로 이런 재래식 전쟁용 무기 개발에는 별 관심이 없었다. 군의 약속은 지지부진하였고, 군의 요구 사항을 회사 자체 비용으로 진행하기에는 기술적으로나 비용 면에서 어려웠다.

1960년 2월에 헬리콥터 회사의 통폐합 작업이 시작되어 페어리사는 웨스트랜드항공사Westland Aircraft에 통합되어 버렸고, 웨스트랜드 항공사는 로토다인에 그리 큰 비중을 두지 않았다. 정부도 예산 부족으로 개발 예산의 반만 지원하고 추가 증액은 절대 불가능하다고 통보하였다. 개발이 지연되면서 캐나다 오카나간항공사가 계약을 취소하였고, 뉴욕항공사도 개발 지연의 이유를 들어 계약을 취소하였다. 결국 1962년 2월에 모든 프로그램은 종료되고 말았다.

그동안 사용한 금액은 영국 파운드화로 1100만 파운드였고, 소요 기간은 무려 9년이나 걸렸다. 마지막 3년간은 그나마 예산 지출

3-302 로토다인이 거대한 로터를 이용하여 운송 능력을 시험하고 있다.

을 꺼린 결과다. 방대한 예산과 엄청난 기술이 투입되었음에도 1962년 2월 26일 공식적으로 로토다인 프로그램은 종료되었다.

하지만 자이로다인 방식의 수직 이착륙 개념은 아직도 매력적이어서, 현재 카터콥터CarterCopter 사에서 자이로다인 방식을 응용한 소형의 비행체[139]를 개발하고 있으며, '시티 투 시티' 운송 수단으로는 V-22의 민수용 버전인 BA609가 상용화되었다.

3-303 과도한 예산과 소음 문제 등이 겹쳐 1962년에 프로그램이 종료되었다.

139 14-4 참조.

제원

· 승무원	2명
· 승객 수	48명
· 길이	17.9미터
· 로터 직경	27.4미터
· 높이	6.76미터
· 최대 이륙 중량	1만 7000킬로그램
· 엔진	2800마력 네이피어 일런드 터보 프롭 엔진 2대
· 최고 속도	시속 343킬로미터
· 항속 거리	830킬로미터

12 호버링을 위한 추력 증강 장치 사용 – 이젝터(Ejector)

호버링을 할 때 추력 증강 장치Augmented Power Plant for Hover를 동력으로 활용하는 방식이다. 추력 증강 장치란 항공기의 동력원, 즉 엔진은 같은데 추력을 내는 방식을 달리하여 추력을 더 높게 만드는 장치를 말한다. 제트 엔진의 후기 연소 장치도 일종의 추력 증강 장치에 속한다. 그렇다면 비행 내내 항상 추력 증강된 방식을 쓰면 될 텐데 왜 굳이 수직 이착륙을 할 때와 통상 비행을 할 때 추력 방식을 다르게 사용하는 것일까? 그 이유는 엔진의 효율이나 추력이 외기 온도, 압력, 비행기의 속도 등에 따라 다르기 때문이다. 따라서 비행 조건에 맞추어 엔진을 설계하고 선택하게 된다. 예를 들어 항상 저고도, 저속 비행을 하는 스포츠용 항공기나 농업용 항공기는 프로펠러 방식이 효율이 높고, 고고도에서 일정한 속도로 비행하는 여객기는 고바이패스 팬 엔진이 효율적이며, 전투기는 연료 효율을 고려하지 않고 고고도에서 고속을 낼 수 있는 제트 엔진을 사용한다. 또 고공 극초음속에서는 램 제트 엔진의 효율이 높아 SR-71과 같은 고공 정찰기에 사용되었고, 미래의 초음속 여객기에도 사용될 전망이다. 추력 증강 장치는 이처럼 비행 환경에 맞게 추력 방식을 전환시키는 방식으로, 수직 이착륙 시에는 추력 증강 장치를 사용하여 저고도, 저속에서 효율이 높은 추력 방식을 사용하고, 이륙 후 고도가 높아지고 고속이 되면 일반 제트 추력으로 전환하는 방식을 사용한 것이다. 이렇게 추력 발생을 변환하는 장치를 어그먼터Augmentor라고 한다.

추력 증강 방식에서 가장 이해하기 쉽고 대표적인 방법이 JFS F-35에서 사용하는 리프트 팬Lift Fan 방식이다. 수직 이착륙 시에는 주 엔진의 동력을 리프트 팬에 연결하여 팬 추력과 주 엔진 추력으로 이착륙하며, 비행 시에는 팬과의 연결을 차단하고 순수 제트 엔진만 이용하여 일반 전투기처럼 고속 비행을 한다. 리프트 팬 방식 외에는 XV-4A에서 적용하였던 이젝터 어그먼트Ejector Augment 방식과, AH-56 헬기에 적용하였던 로터 방식이 있다.

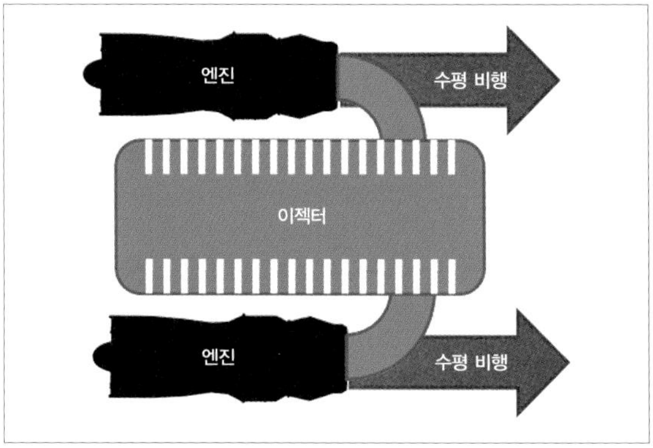

3-304 수직 이륙 시에는 배기가스가 이젝터를 거치도록 하고, 수평 비행 시에는 후방으로 직접 분사한다. 설명 그림은 XV-4A에서 적용한 엔진과 이젝터의 연결 방식이다.

이 3가지 중 여기서 설명할 이젝터 방식은 고압, 고속의 제트 엔진 배기가스를 이젝터를 거쳐 지면으로 분사하면서 수직 이착륙을 하는 방식이다. 이젝터 장치는 배기가스와 대기 중의 차가운 공기가 섞이게 하여 배출 공기량을 늘려 추력을 높인다. 엔진 노즐에서 배출되는 가스는 속도가 매우 높아 베르누이 원리에 따라 압력이 낮아지고, 상대적으로 높은 압력의 주변 공기가 이젝터 내로 함께 빨려 들어가 엔진 배기가스와 함께 배출된다. 즉 엔진 배기가스 외에 대기 중의 공기를 추가로 배출하여 순수 제트 추력보다 더 큰 동력을 얻는 원리이다. 이젝터 방식을 적용한 기종으로 XV-4A와 XFV-12A가 제작되었으나 예상보다 효율이 낮았고, 무거운 기체를 들어 올리기에는 역부족이었다.

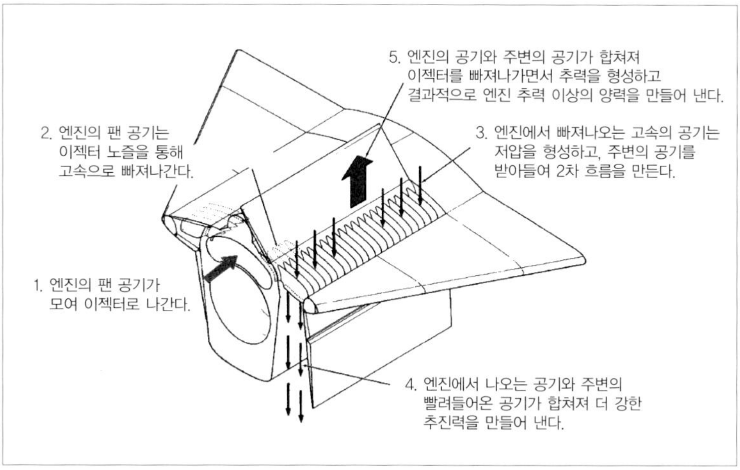

3-305 XV-4A에 적용되었던 이젝터 방식.

12-1 록히드Lockheed XV-4A 허밍버드Hummingbird

록히드 XV-4 허밍버드는 1961년에 미 육군이 주도하고 록히드사가 개발을 추진한 수직 이착륙기이다. XV-4는 XV-4A와 XV-4B가 있는데, 추력 방식으로 보면 XV-4A는 2개의 제트 엔진을 장착하고, 수직 이륙 시에는 어그먼트 이젝터라는 장치를 통해 추가 추력을 얻어 이륙하며, 이륙 후에는 추력을 후방으로 보내 일반 제트기처럼 비행하는 방식이다. XV-4B[140]는 리프트 전용 엔진과 벡터드 트러스트 방식의 리프트와 크루즈 겸용 엔진을 사용하는 방식이다.

XV-4A는 1500킬로그램 추력의 플랫 앤 휘트니 JT12 엔진 2대를 동체 좌우에 장착하고, 추력은 수직 이착륙을 위한 어그먼트 이젝터로 배출하는 방식과 통상 수평 비행을 위해 후방 배출하는 방식 중 선택할 수 있었다.

140 10-4 참조.

3-306 록히드사 행거 앞에서 수많은 관계자들이 지켜보는 가운데 호버링 테스트를 하고 있다.

수직 이륙 시 두 엔진 추력은 동체 중앙으로 모여서 어그먼트 이젝터를 통해 아래로 배출시켰다. 이때 동체 상하부의 도어를 통해 공기가 이젝터로 유입되도록 유도하여 추력을 더 높였다. 고속의 배기가스를 아래로 배출시키면 베르누이 원리에 따라 고속의 공기 흐름으로 인한 낮은 압력이 생성되어 상대적으로 높은 압력의 공기가 빨려 들어갈 수 있다. 결국 작용-반작용으로 비행하는 제트 엔진 원리에 따라 더 많은 공기를 유입하고 배출하면 그만큼 추력도 높아지는 것이다. 통상 수직 이착륙 시 엔진의 결함으로 인한 추력 상실은 치명적인데, XV-4A는 두 엔진의 추력을 하나로 모아서 이젝터를 통과하도록 하여 한쪽 엔진 결함 시 균형을 상실하고 급격하게 추락하는 일이 없도록 하였다.

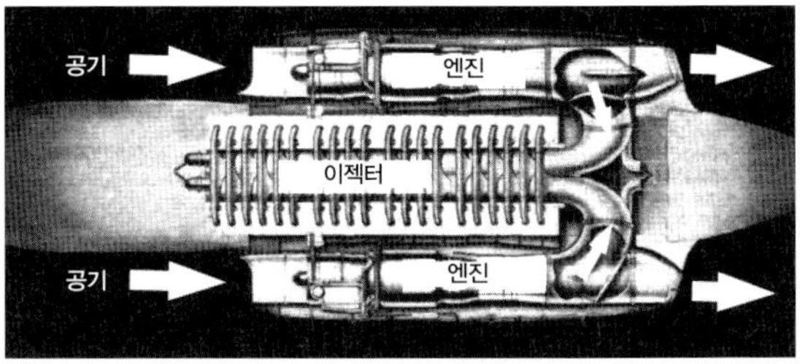

3-307 XV-4A의 엔진 구조. 2개의 엔진에서 나온 배기가스는 수직 이착륙 시 이젝터로 가고, 수평 비행 시에는 직후방으로 배출된다.

수평 비행으로 전환 시 먼저 엔

진 1개의 추력을 후방으로 분사하여 속도를 얻고, 어느 정도 속도가 증가하여 날개 양력으로 기체 무게를 유지할 정도가 되면 나머지 엔진 추력을 후방으로 보내어 수평 비행을 하였다. 여느 항공기와 마찬가지로 꼬리 날개 부분과 날개 끝에 제트 노즐을 설치하여 호버링 중 자세를 조정하였다.

하지만 XV-4A 비행 결과, 이론상의 추력과 실제 비행 시 추력은 엄청난 차이를 보였다. 계산상으로는 10퍼센트 이상의 여유 추력(중량 대 추력 비 1.1 이상)이 있었으나 실제 비행을 하여 측정된 수치로는 4퍼센트만의 여유 추력(중량 대 추력 비 1.04)을 보였다. 이 정도의 여유 추력은 이륙 중 핫 가스의 유입, 주변 온도, 습도 등으로 인해 발생하는 추력 감소에 대비하기에는 부족한 양이었다. 엔진 여유 추력이 부족하면 이륙 시 엔진 성능이 약간만 저하되어도 동체를 들어 올리지 못하게 되어 수직 이륙을 할 수 없으며, 천이 비행을 위해 엔진 추력을 바꾸면 동체 무게를 지탱할 추력이 부족하여 고도를 잃게 된다.

XV-4A는 1962년 7월 7일 수평 이착륙 시험을 거친 후, 1963년 5월 24일 호버링 비행 시험에 성공하였다. 부족한 추력만으로도 1963년 11월 8일 천이 비행에 성공하였으나 1964년 6월 10일 추락하여 조종사가 사망하고 동체는 완전 손실되었다.

엔진 추력 문제를 개선하기 위해 2호기는 추력 증강 정도가 기대에 못 미쳤던 이젝터를 들어내고, 리프트 전용 엔진으로 1369킬로그램 추력의 J85-GE-19 엔진 4대를 장착하였다. 동체 측면에 장착된 기존 엔진도 J85-GE-19 엔진으로 교체되었으며, 기체 명칭은

3-308 계산상으로는 여유 추력이 충분하였으나 실제 비행에서는 추력이 부족하였다. 결국 이젝터 방식을 포기하고 수직 이륙용 엔진 4대를 장착하게 된다.

XV-4B로 붙여졌다.

하지만 엔진이 추가되면서 기체가 무거워졌고, 여전히 추력 부족 문제는 개선되지 않았다. 목적을 달성하지 못한 상태에서 1969년 3월 추락 사고가 발생하여 이후 XV-4 프로그램은 취소되고 말았다.

제원

· 승무원	1명
· 길이	10.3미터
· 날개폭	7.9미터
· 높이	3.58미터
· 순 중량	5260킬로그램
· 운영 중량	5698킬로그램
· 최대 이륙 중량	5706킬로그램
· 엔진	1500킬로그램 추력 플랫 앤 휘트니 JT12 터보 제트 2대
· 최고 속도	시속 541킬로미터

12-2 록웰Rockwell XFV-12A

록웰 XFV-12A는 수직 이착륙기 중에서는 상당히 최근인 1972년에 개발 착수되었으며, 함상 운용 수직 이착륙기로써 마하 2급 이상의 초음속 전투기 개발을 위해 미 해군이 추진한 실험기이다. 당시 해리어를 능가할 것으로 예상되는 성능으로 주목을 받았으나 예상치 못한 엔진 추력 부족으로 프로그램이 취소되었다.

1972년 미 해군은 차세대 초음속 수직-단거리 이착륙 전투 공격기 개발에 대한 요구서를 내놓았고, 이에 록웰사가 제안한 XFV-12를 채택하여 개발 추진을 결정하였다. 당시 해리어기의 수직 이착륙 기술과는 다른 차원의 이젝터 방식을 사용하였고, 기술적인 위험요소가 많았으나 초음속 성능을 포함한 해리어를 능가하는 성능으로

3-309 미 해군은 함상 초음속 전투기로 이젝터 방식을 이용한 수직 이착륙기를 구상하였다. 항공모함에서 이착륙하는 XFV-12A의 상상도에는 4개의 날개에 이젝터를 설치하여 이젝터를 개방한 상태에서 이착륙을 하고 있다.

설계되어 미 해군의 관심을 끌기에 충분했다. 당시 미 해병대는 이미 영국 해리어기를 채용하고 있었으나 일반 함정과 항공모함에서 수직 이착륙할 항공기로 영국제를 사용한다는 사실에 자존심이 허락하지 않았고, 제한된 해리어의 성능도 극복하고자 하였다.

3-310 NASA 풍동 실험용 모형.

개발 비용 절감을 위해 기수 부분과 랜딩기어는 A-4 스카이호크Skyhawk에서 가져왔고, 공기 흡입구는 F-4에서 가져왔다. 1974년부터 NASA 연구소에서 실물 크기 풍동 실험Full-Scale Wind Tunnel이 시작되었으며, 실험 결과 엔진 성능과 설계 성능이 일치하여 매우 고무적인 결과를 얻었다.

XFV-12는 수직 이착륙 시 추력 보강Thrust Augmented Wing 개념을 적용하였다. 주 날개와 주 날개 면적의 50퍼센트나 되는 커다란 커나드Canard, 전방 날개를 동체 전방에 설치하여 마치 복엽기처럼 보이기도 했다. XV-4A와 유사한 이젝터를 주 날개와 커나드 각각 4군데에 장착함으로써 추력이 아래로 향할 때 주변 대기를 함께 빨아들여 추력을 높이는 방식을 사용하였다.

후기 연소기를 사용하는 P&W F401 엔진의 최대 추력은 1만 3600킬로그램이었고, 기체 무게는 9060킬로그램이었으므로 충분한 여유 추력이 예상되었다. 수직 이착륙 시 엔진의 모든 추력은 이젝터를 통해 배출하도록 하였다. 롤, 요우, 피치는 4개의 이젝터 배기구Diffuser 각도와 가스 분사량으로 조절하였다.

3-311 XFV-12는 해군의 함상 전투기로 해리어를 대체할 것으로 기대되었다.

기체를 완성하고 1977년 7월부터 지상 시험이 시작되었다. 본래 시제기를 2대 제작하기로 하였으나 예산이 과다하게 소모되어 2호기 제작은 취소되었다. 줄로 묶은 호버링 테스트는 1978년에 시행되었

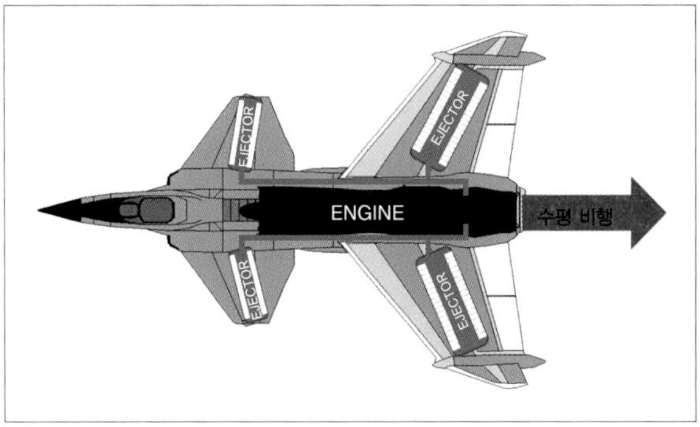

3-312 XFV-12는 하나의 엔진에 4개의 이젝터를 사용하였다(왼쪽). 전방 날개 커나드의 이젝터가 보인다(오른쪽).

는데 6개월 동안의 수직 이착륙 시험 결과 풍동 실험실에서 측정되었던 엔진 추력에 훨씬 못 미치는 추력이 측정되었다. 실험실에서는 50퍼센트의 여유 추력이 있었으나 실제 측정 결과는 주 날개에 19퍼센트, 커나드에 6퍼센트로 전체적으로 12퍼센트의 여유 추력뿐이었다. 원인은 엔진의 추력 방향을 바꾸는 긴 덕트의 비효율에 있었다. 엔진에서부터 좁고 긴 관을 통해 이젝터로 배출되는 엔진 배기가스는 배기관 마찰과 관의 꺾임 때문에 속도 에너지가 감소하여 계산상의 속도와 압력에 훨씬 못 미쳤다. 최종적으로 조종사가 탑승하고 연료를 채운 상태에서 측정된 추력은 운용 중량의 75퍼센트밖에 되지 않았다. 즉 이륙 자체가 불가능한 것이었다.

이미 예산은 다 써 버렸고 추력 부족 문제는 쉽게 해결할 방법이 없었다. 추력을 살리기 위해서는 수많은 설계 변경과 제작이 뒤따라

3-313 줄로 묶은 상태에서 XFV-12의 호버링 추력 시험을 하고 있다.

야만 했던 것이다. 따라서 해군은 더 이상의 프로그램 추진은 비효율적이라 판단하게 되었고, 1981년에 프로그램 취소를 결정하였다. 한때 제작사에서는 이젝터 방식의 수직 이륙 개념을 C-130에 적용하려는 시도도 있었다. 당시 이란 내 미국 대사관 인질 구출 작전에 실패한 미 정부는 C-130의 수직 이착륙 능력을 고려하던 차였다. 하지만 V-22의 등장으로 이젝터를 활용한 수직 이착륙 방식은 이론에서만 끝이 나고 말았다.

제원
_ 설계목표

· 승무원	1명
· 길이	13.4미터
· 날개폭	8.7미터
· 순 중량	6259킬로그램
· 운영 중량	8850킬로그램
· 최대 이륙 중량	1만 1000킬로그램
· 엔진	플랫 앤 휘트니 F401-PW-400 1대
· 최대 추력	1만 3600킬로그램
· 최고 속도	마하 2.2~2.4
· 중량 대 추력비	1.5

호버링을 위한 추력 증강 장치 사용 – 팬(Fan) 13

리프트 팬(Lift Fan, 양력 팬) 또는 덕티드 팬(Ducted Fan), 덕티드 로터(Ducted Rotor), 덕티드 프로펠러(Ducted Propeller)라고 불리는 수직 이착륙 방식이다.

이착륙할 때는 엔진 동력의 일부 또는 전체를 이륙 전용 팬이나 프로펠러로 구동하고, 고도를 확보한 후에는 엔진 추력 일부를 전진 추력으로 사용하면서 수평 속도를 서서히 증가시킨다. 기체가 실속 속도 이상이 되면 팬 추력을 중단하고 모든 추력을 수평 비행으로 전환한다.

수직 이륙 장치인 리프트 팬은 두꺼운 날개 속이나 동체 내에 들

3-314 리프트 팬 개념의 수직 이착륙. 최초 이륙 시에는 날개에 들어 있는 팬 추력으로만 이륙하다가 팬 추력을 조금씩 엔진 추력으로 전환하면서 수평 비행을 하게 된다.

3-315 독일의 포케울프사에서 2차 세계 대전 중에 계획하였던 팬을 이용한 수직 이착륙기 상상도. 리프트 팬 개념의 수직 이착륙기로 최초로 구상된 방식이다.

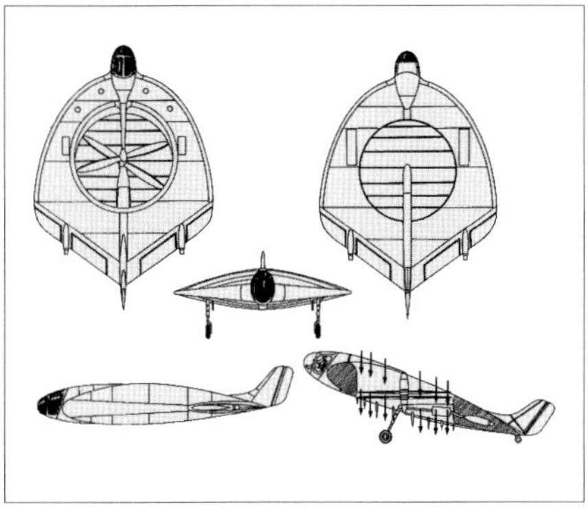

3-316 포케울프 리프트 팬 수직 이착륙기 개념도.

어가 있으며, 리프트 팬을 사용하지 않는 수평 비행 동안에는 덮개를 덮어서 날개(또는 동체)가 온전한 날개 형태를 유지하도록 하여 저항을 최소화한다.

로터 방식으로 이륙하는 유사한 시스템인 틸트 로터[141]나 틸트 윙[142]에서는 천이 비행을 위해 거대한 회전 구성품인 로터나 날개를 사용하지만 리프트 팬은 이러한 복잡하고 거대한 구조물이 필요 없어 대체적으로 간단한 구조를 하고 있다. 무엇보다도 수직 이착륙과 비행에 동일한 엔진을 사용하여 별도의 무게 증가가 없다. 반면 팬 방식은 팬이 날개 속에 들어가면서 그 공간만큼의 연료 적재 공간이 줄어든다는 약점이 있다.

다만 팬의 최소 필요 두께 때문에 고속 비행용의 얇은 날개 속으로는 팬이 들어갈 수 없었고, 저속 항공기에서도 팬을 수용하기 위해 날개를 두껍게 만들다 보니 날개에서 공기 역학적으로 손해를 보았다. 때문에 현대의 효율적인 항공 역학적 날개에서는 팬 시스템 적용이 어려워 결국 도태되고 말았다.

날개 속에 팬을 설치한 수직 이착륙 개발기로는 뱅가드 옴니플레인Vanguard Omniplane과 리안 XV-5가 있으며, 최근 개발된 항공기로는 동체에 리프트 팬을 설치한 F-35B가 있다. 동체 내 팬 형상을 최초로 구상한 것은 독일이 2차 세계 대전 중 개발한 포케울프였다.

141 5. 틸트 로터 참조.
142 4. 틸트 윙 참조.

2차 세계 대전 중 독일의 포케울프사는 당시 상당히 독창적인 수직 이착륙 헬기를 개발하였던 회사 중 하나로, 상당수의 헬기와 오토자이로를 개발하였다. 1940년 중반 효율이 높고 파워가 강화된 제트 엔진이 등장하자 포케울프사는 새로운 도전을 하였다. 헬기의 메인 로터가 동체 밖으로 나와야 한다는 고정 관념을 깨고 메인 로터를 동체 안에 넣은 것이다. 동축 반전 로터 개념으로 서로 반대로 회전하는 2개의 프로펠러를 엔진과 축을 통해 회전시킴으로써 회전 토크를 상쇄시켰다. 2개의 회전 프로펠러를 거친 공기는 두 부분으로 나뉘어져, 전방 부분은 수직 하방으로 추력을 발생시키면서 빠져나가고, 후방 부분은 연료를 분사시켜 마치 현대 제트 엔진의 후기 연소기처럼 추력을 증강시켰다.

3-317 힐러사가 개발한 플라잉 플랫폼. VZ-1. 개인용 비행체로 항공기로는 분류되지 않는다.

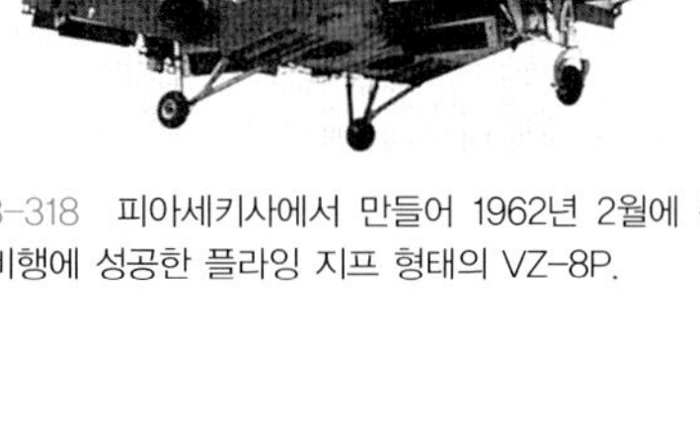

3-318 피아세키사에서 만들어 1962년 2월에 첫 비행에 성공한 플라잉 지프 형태의 VZ-8P.

기체 조종은 동체 하부에 위치한 베인의 각도를 조절하여 회전, 전진 등을 할 수 있었다. 이 기체는 실제 제작되기 전에 전쟁이 끝나면서 사장되었는데, 이 설계 개념을 미국의 힐러사가 가져가 계속 연구하였다. 힐러사 연구 결과 포케울프에서 연구했던 리프트 팬 방식은 동력이 약하여 이륙이 불가능하고, 기체 자세 제어가 매우 어렵다는 것을 확인하였다. 하지만 힐러사는 이 기체를 응용해 일종의 개인용 수직 이착륙기인 플라잉 플랫폼Flying Platform VZ-1 포니Pawnee를 개발하였고, 피아세키사는 플라잉 지프Flying Jeep VZ-8P(1955년에 첫 비행)를 개발하게 되는데, 이 장치들도 실용화에 성공하지 못하였다. 플라잉 지프, 플라잉 플랫폼 방식도 리프트 팬을 이용한 수직 이착륙 장치이지만 날개가 없이 단순 수직 이착륙만 하는 장치이기 때문에 항공기로 분류하지 않는다.

13-1 에이브로 캐나다Avro Canada VZ-9 에이브로카Avrocar

에이브로 캐나다 VZ-9 에이브로카는 미국 비밀 무기 개발 프로젝트의 한 부분으로 캐나다의 에이브로 에어크래프트사에서 개발한 수직 이착륙 실험기이다.

개발 당시인 1950년대는 미국과 소련이 대립하던 냉전 시대로 비밀 무기 개발을 위해 상당한 비용을 지출하던 시대였으며, 개발되는 대부분의 무기는 비밀에 부쳐졌다. VZ-9의 형태는 마치 비행접시처럼 생겼으며, 중앙의 리프트 팬이 기체를 수직으로 들어 올리고, 상승 후에는 원형 동체의 후방으로 추력을 바꾸어 동체 전체가 날개Lifting Body가 되어 양력을 형성하면서 비행한다. 이 독특한 기체의 비행 가능성을 증명하기 위해 2대의 시제기가 제작되었지만 시제기 비행 과정에서 추력 부족과 심한 기체 불안정성, 비행 성능 부족Flight Envelope 등이 확인되면서 개발 계획은 취소되고 말았다.

비행접시처럼 생긴 이 기체는 여러 가지 이름으로 불렸다. 처음에 에이브로사에서 자체적으로 시작할 때에는 프로젝트 Y라고 불렸고, 미 공군이 이 프로그램에 비용을 투자하면서부터는 WS 606A, 프로젝트 실버 버그Project Silver Bug 등으로 불렸다. 이후 미 육군이 참가하면서 최종적으로 육군의 수직 이착륙기 프로그램 명칭인 VZ 시리

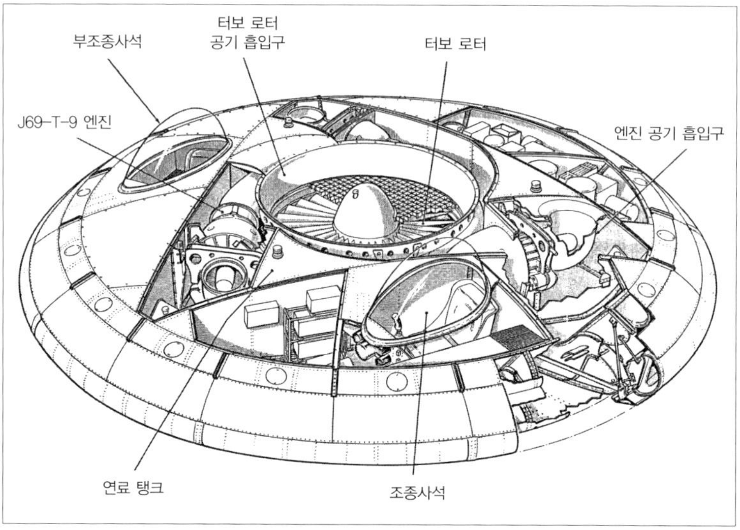

3-319 캐나다 에이브로사의 에이브로카. 매우 독특한 형태를 한 수직 이착륙기 중 하나다.

즈를 붙여서 VZ-9이 되었고, 기체 이름은 제작 회사 명칭을 따서 '에이브로카' 라고 정해졌다.

에이브로사가 1952년 맨 처음 시작한 프로젝트 Y에서 구상된 에이브로 에이스Avro Ace는 나무로 만든 목업 단계에서 종결되었다. 당시 에이브로사는 프로젝트 Y의 개발 예산이 부족한 상태였기 때문에 미국이 프로젝트에 개입해 주기를 바라면서 개발 프로그램을 의도적으로 공개하기도 하였으나 미국은 별 관심을 보이지 않았다.

1952년 3월, 당시 미국의 F-100 전투기를 라이센스 생산 중이던 에이브로사의 생산 현장에 미국방부 관계자가 방문하게 되었다. 이때 에이브로사는 방문 계획에 없던 특수 설계팀으로 이들을 안내하여 프로젝트 Y2의 설계 도면과 모형을 보여

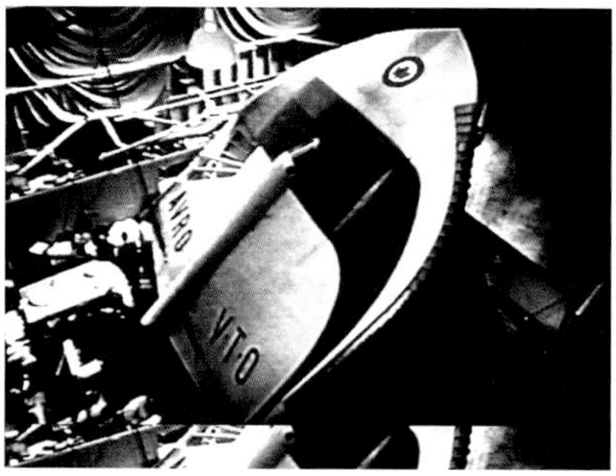

3-320 프로젝트 Y의 에이브로 에이스.

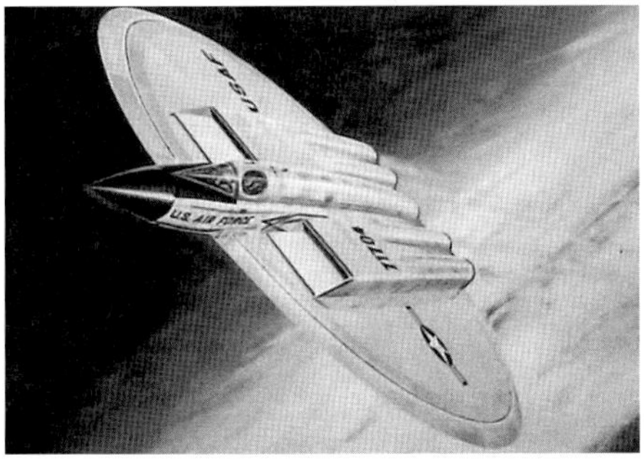

3-321 미 육군이 구상한 것은 플라잉 지프 형태의 지상 전투용 항공기였으며, 공군이 구상한 것은 고공, 고속의 전략 핵 폭격기였다.

주었다. 미 국방부 관계자는 매우 흥미를 가졌으며, 1955년에 75만 달러의 개발 지원금을 투자하게 되었다. 이후 프로그램의 성공 가능성이 보이자 1956년 250만 달러 계약을 통해 시제기 1대 생산 계약을 맺었고, 미 국방부는 1957년 프로젝트를 WS 606A로 명명하였다. 당시 미 공군이 요구한 형태는 고공 고속 비행이 가능하고 핵폭탄 탑재가 가능한 전투기로 이 프로그램의 비밀성을 유지하고자 실버 버그Silver Bug라는 별칭으로 불렀다. 1958년 미 육군이 이 프로그램에 참여하면서 보다 작은 플라잉 지프 형태로 규모가 축소되었고, 프로그램 명칭도 육군 계열인 VZ-9-AV라 명하였다.

에이브로카는 디스크 형태의 항공기로 원반 모양이다. 윗부분은 구형이고, 아랫부분은 납작하였다. 디스크의 직경은 5.5미터, 두께는 고작 1.1미터에 불과하였다. 주요 기골 구조는 원형 내부를 정확히 3등분하는 삼각 구조물이었으며, 이 삼각 구조물을 중심으로 모든 부수적인 구조물이 장착되었다.

중앙에는 124개의 블레이드로 된 터보 로터Turbo rotor가 장착되었다. 이 터보 로터는 J69 엔진 3대의 배기 추력으로 회전하였으며, 방향 전환 장치 없이 바로 아래로 추력을 배출하였다. 이 중 일부 동력은 원형 디스크의 바깥으로 보내어 자세 제어와 방향 조절에 사용하였다. 기체는 무게를 가볍게 하기 위해 대부분 알루미늄을 사용하였

3-322 중앙의 커다란 터보 로터가 기체를 상승시키는 리프트 팬 역할을 했다.

고, 총무게는 약 1400킬로그램이었다.

엔진의 모든 추력을 중앙의 터보 로터로 모아 회전시켜 기체를 상승시키며, 기체가 상승하면 엔진 추력 일부를 후방으로 분사시켜 전진 추력을 얻고, 실속 속도 이상의 속도가 되면 원반처럼 스스로 양력을 얻어 터보 로터 추력 없이도 비행이 가능하도록 하였다. 에이브로카는 2인승으로 2명은 서로 완전히 다른 조종석에 앉았다. 무게 중심 측면에서나 공간 운영상 2명이 동시에 앉을 공간적 여유가 없었기 때문이다.

에이브로카 1호기는 1959년 3월에 출고되었고, 1959년 10월까지 지상 시험이 이루어졌다. 시험 과정 중 호버링 상태에서 터보 로터에서 나온 뜨거운 공기가 다시 엔진 흡입구로 들어가 엔진 추력이 급격하게 떨어지는 현상이 확인되었다. 이는 수직 이착륙기에서 흔히 볼 수 있는 현상이기도 하다. 또 터보 로터 추력은 너무나 약해서

3-323 탑승 인원은 2명으로 1명만이 조종사이다.

기체를 조금 들어 올릴 뿐이었으며, 터보 로터 덕트 전체가 효율이 낮아 원하는 추력이 나오지 않았다. 이러한 덕트 비효율과 추력 손실 때문에 지면 효과 이상의 고도에서 추력이 고작 1430킬로그램 밖에 나오지 않았으며, 이 추력으로는 기체 무게인 1944킬로그램을 들어 올리는 것이 불가능하였다. 이는 지면 효과를 떠나서는 절대 기체가 호버링할 수 없다는 의미이다. 추력 손실이 너무 커서 회사의 연구만으로는 추력 대 중량비를 1 이상으로 끌어올릴 방법이 없었다.

전진 비행에서도 극심한 불안전성을 보였는데, 동체의 무게 중심보다 양력 중심이 과도하게 앞에 있어서 기체가 자꾸만 들렸다. 하지만 자세 조정은 어느 정도 조종사에게 부담이 되었지만 통제가 가능할 정도라고 판단하였다. 또 다른 문제점은 중앙에 위치한 커다란 터보 로터였다. 터보 로터는 마치 커다란 자이로스코프처럼 작동하여 에이브로카의 자세 변화를 방해하였다. 자이로스코프는 팽이 원

3-324 지상 시험 결과, 성능이 예상 외로 너무 부족하여 1미터 이상 상승이 불가하였다. VZ-9 전후로 케이블이 연결된 것으로 보아 결박 비행 시험 중인 듯하다.

리와 같이 고속 회전하는 물체가 수직(자전거에 속도가 생기면 바퀴가 저절로 세워지는 원리) 또는 수평(팽이의 회전 속도가 빠르면 안정적으로 회전하는 원리)으로만 자세를 유지하려는 성질을 갖는다. 지상 시험 후 에이브로카는 개선 사항을 연구하고자 NASA로 보내졌다.

2호기는 1959년 8월에 완성되었다. 결박 상태 비행 테스트 과정에서 에이브로카는 원형으로 빙글빙글 돌면서 심하게 요동을 쳤다. 지면 효과가 있는 상태에서는 기체 아래에 안정적으로 갇혀 있던 공기가 기체가 상승하자 기체의 가장 가벼운 부분을 들어 올리면서 한쪽으로 빠져나갔고, 공기가 빠져나간 후에는 그 부분이 급격하게 내려왔다가

3-325 추력 노즐을 따라서 아주 작지만 조종면으로 플랩이 있었다.

다시 그 옆쪽이 들리는 식의 반복이었다. 조종사는 이런 상황이 발생하면 추력을 줄여 다시 지면 효과가 미치는 고도로 내려와야만 했다. 설계자들은 동체 하부에 여러 개의 구멍을 뚫어 하부에 에어큐션air cushion 시스템을 만들었다. 에어큐션은 동체 아래에 갇힌 공기가 구멍을 통해 동체 상부로 빠져나가도록 유도하는 장치이다. 하지만 문제를 완화시켰을 뿐 여전히 불안정성은 설계 자체의 고유한 문제로 인식되었다. 당시로는 컴퓨터를 이용한 자동 안정 장치가 없었던 때라 기체 설계 자체에서 안정성을 찾아야만 했다.

개조 후 2호기는 1959년 11월 12일 첫 비행을 하였다. 호버링 중에는 문제가 없었으나 전진 비행을 시작하면서 자세 제어를 위해 플랩을 작동하면 터보 로터의 추력 불균형이 발생하여 기체가 기울어졌다. 계속되는 문제로 5회의 시험 비행만 하고 추가 시험 비행은 중지되었다. 결국 수차례의 시험 끝에 플랩을 재설계하여 이 문제를 해결하였다.

3-326 NASA는 VZ-9의 안전성을 향상시키기 위해 꼬리 날개 장착을 고려하고 실험하였으나 효과가 없었다.

1961년, VZ-9은 대대적인 개조 후 풍동 실험실에서 시험이 재개되었고, 실험실에서 나타난 성능은 개조 전보다 훨씬 향상되어 안정성도 좋아졌다. 높이 상승하지는 못하지만 속도는 시속 190킬로미터까지 향상되었다. 개조 전보다 시속 56킬로미터 증가한 속도다. 하지만 여전히 피치 불안과 원하지 않는 급작스런 기수 들림 현상이 가끔 발생하였고, 그 원인을 찾지 못하였다. NASA는 수직, 수평 꼬리 날개 장착이 개선에 도움이 될 것이라 판단하고 이를 풍동 실험실에서 테스트하였으나 별 도움이 안 된다는 결론을 내리고 본래대로 되돌려 놓았다.

NASA의 실험실 연구가 진행되는 동안 에이브로사 설계팀은 문제가 많은 에이브로카를 포기하고, 완전히 새로운 기체 설계를 구상하였다. 1220킬로그램 추력의 J85 엔진 2대를 장착하고, 중앙의 터보 로터 직경을 약 2미터로 확대하여 수직 이륙 능력을 증가시키고자 한 것이다. 그리고 에이브로카에서 겪었던 고질적인 불안정성 해결을 위해 실험 기체 1대는 수직 꼬리 날개를 장착하고, 또 다른 1대는 동체 측면에 윙릿Winglet을 장착하는 방법으로 2대를 제작하여 실험적으로 운영할 계획이었다.

NASA 테스트 후 1961년 6월, 에이브로카의 실제 비행 테스트가 재개되었다. 하지만 실제 속도는 시속 37킬로미터에 불과하였다. 더구나 이번에는 시계추처럼 흔들리는 더치롤[143] 현상이 발생하였고, 그 외에 조종 안정성도 문제가 되었다. 에이브로카 개조가 완료되기 전인 1961년 3월에 이미 예산은 바닥이 나고, 에이브로사의 개량형 제안도 거부되었다. 1961년 12월 미 국방부는 공식적으로 에이브로카 프로그램의 종결을 결정하였다. 에이브로사는 독자적으로 몇 가지의 개량형 원형 비행체를 구상하였으나 캐나다는 물론 미국을 포함한 다른 어떤 나라도 관심을 갖지 않았다.

에이브로카의 최종 평가는 실패로 결론지어졌다. 이 기체는 사

143 가랑잎이 나무에서 떨어질 때 좌우로 왔다 갔다 하면서 떨어지는 모양의 실속 현상.

람 키 이상의 높이로 날지 못하였으며, 접시 모양의 형상은 고속 비행에 적합하지 않았다. 또 엔진에서 나오는 소음은 조종사를 포함해 외부에 있는 사람들에게도 매우 참기 어려운 정도였다. 하지만 호버크래프트의 시작이 바로 VZ-9에서 시작되었다는 데 에이브로카의 항공 역학적 의미가 있다. 에이브로카의 원형 동체 주변으로 스커드를 만들어 공기를 동체 아래에 효율적으로 가두고, 기체가 높이 날지 않는다면 에이브로카는 영락없는 호버 크래프트다. 실제로 1959년에 취역한 손더스Saunders Roe SR.N1이라는 세계 최초의 호버 크래프트는 에이브로카의 모습을 매우 닮았으며, 동력 방식도 유사하다. 비행접시와 닮은 이 형태는 이후에도 많은 항공학자들의 관심을 끌었고, 몰러Moller라는 개인 연구가는 에이브로카와 유사한 형태의 XM-2, XM-3, XM-4라는 개인용 비행체를 만들기도 하였다.

기체는 미 국방부에서 비용을 대었다는 이유로 미국이 가져갔는데, 1대는 미 육군 수송 박물관에 저장 상태로 있으며, 또 다른 1대는 2008년부터 미 공군 라이트 패트슨 박물관에서 전시되고 있다. 캐나다는 복제판을 제작하여 캐나다 서부 항공 박물관에 전시 중이다.

3-327 계속 개조를 하였으나 VZ-9 개발 프로그램은 성능 미달로 1961년에 종결된다.

3-328 SR.N1 호버 크래프트.

3-329 몰러의 1인승 수직 이착륙기 XM-4.

3-330 라이트 패트슨 박물관에 전시하기 위해 복원 작업 중이다.

제원

· 승무원	2명
· 길이	5.5미터
· 높이	1.07미터
· 운용 중량	1944킬로그램
· 최대 이륙 중량	2522킬로그램
· 엔진	300킬로그램 추력 컨티넨탈 J69-T-9 3대
· 최고 속도	추정 시속 480킬로미터, 실제 시속 56킬로미터
· 항속 거리	추정 1601킬로미터, 실제 127킬로미터
· 상승 한도	추정 3048미터, 실제 0.91미터

13-2 뱅가드 옴니플레인Vanguard Omniplane

1959년 2월, 헬기 제작사 피아세키Piasecki에서 나온 2명의 엔지니어가 창설한 뱅가드 에어마린Vanguard Air&Marine사는 리프트 팬 방식을 이용한 수직 이착륙기 설계를 시작하였다. 그들은 이미 피아세키사와 굿이어사, 커티스라이트사 등을 거치며 항공기 설계에 있어 충분한 경험을 갖고 있었다. 그들은 첫 항공기 모델명을 옴니플레인 모델 2COmniplane Model 2C라고 붙였다. 미 공군 라이트 연구소와 NASA 항공 연구 센터에서는 그들의 설계에 대해 기술 검토와 풍동 실험을 지원하였다.

그들은 2차 세계 대전 중 독일의 포케울프사가 설계했던 모델도 참고하였다. 하지만 설계 개념은 많이 달랐다. 포케울프의 리프트 팬 설계는 리프팅 바디Lifting Body 형태로 동체 전체가 날개 형태인데 비해 옴니플레인 2C 모델은 외형적으로는 통상의 항공기와 유사하나 추진 시스템이 색달랐다. 동체 양쪽에 날개라고 보기 어려울 정도의 두꺼운 날개가 있고, 그 내부에 수직 이착륙을 위한 팬이 들어가 있었다. 커다란 팬을 감싸고 있는 구조물은 날개지만 워낙 팬의 직경이 커서 마치 팬 덕트 역할만 하는 것처럼 보였다. 언뜻 보기에는 틸트 덕트처럼 보이기도 하지만 틸트 덕트와는 달리 추력은 별도의 프로펠러가 담당하고 날개 내 팬은 오로지 수직 이착륙만을 담당하였다.

비행을 위해서 엔진에 시동을 걸면 엔진은 날개 내 리프트 팬 2개를 회전시키면서 수직 이륙을 하게 된다. 안전 고도에 오르면 엔진 출력의 일부가 꼬리 날개에 부착된 추진용 프로펠러를 구동시켜

3-331 뱅가드 설계자 2명이 지상 시험을 하고 있다.

전진 비행을 하고, 실속 속도 이상이 되면 날개의 팬은 클러치 연결을 끊어 동력 전달을 정지시킨다. 수평 비행하는 동안 동력은 수평 추력 팬으로 공급되어 푸시 타입Push Type 프로펠러 항공기처럼 비행한다.

날개 양쪽에 크게 차지하고 있는 팬Fan in Wing은 서로 반대 방향으로 회전하여 토크를 상쇄시켰다. 이 거대한 팬은 이착륙 시 매우 양호한 양력을 제공하지만, 수평 비행 동안에는 팬을 수용하는 두꺼운 날개와 함께 비행 속도에 많은 저항을 유발하는 불필요한 구조물이 되었다. 옴니플레인에 사용된 날개의 두께는 코드 대비 21퍼센트[144]였다. 옴니플레인은 애초 설계 시 수평 비행 단계에 들어가면 리프트 팬의 상부를 덮어서 날개 저항을 줄이고자 하였으나, 이와 관련된 사진이나 수평 비행하는 사진이 하나도 남아 있지 않다. 단지 당시 신문에 소개된 모형 사진 하나만이 날개 위에 덮개가 있었다는 것을 말

144 날개 앞뒤 길이의 21퍼센트.

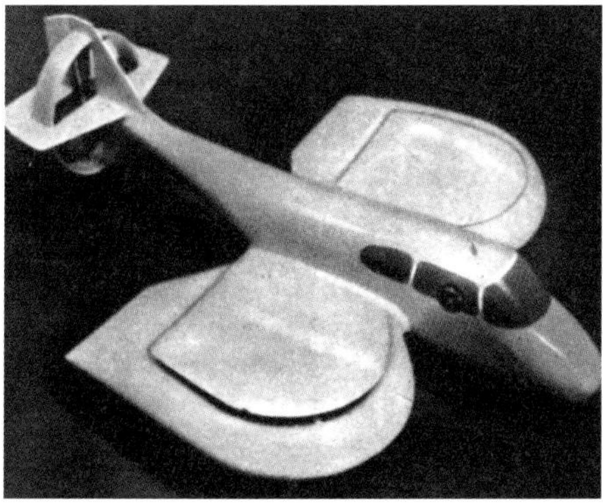

3-332 당시 과학 잡지에 소개된 뱅가드 모형. 날개 위에 팬을 덮을 수 있는 도어가 설치되어 있다.

3-333 추력을 위한 팬과 요우, 피치를 담당하는 조종면이 보인다.

해 주고 있다.

옴니플레인은 제작 기간 단축과 비용 절감을 위해 제이콥스Jacobs 104의 부품을 많이 사용하였다. 동체를 가볍게 하기 위해 알루미늄을 사용하고, 좌석은 조종사와 승객이 서로 옆에 앉는 사이드 바이 사이드[145] 식으로 배치하였다. 수직 이착륙기인 점을 고려하여 조종석의 상하좌우로 투명창을 많이 설치함으로써 조종사의 시야를 양호하게 하였다.

캐노피 바로 후방에는 265마력의 라이커밍사 O-540-A1 6기통 왕복 엔진을 2대 장착하였으며, 각 엔진은 서로 동력을 공유하여 한 엔진이 정지하여도 급격한 좌우 추력 불균형이 없도록 하였다. 각 엔진은 축을 통해 약 183센티미터의 3개 블레이드로 된 팬으로 동력을 전달하여 수직 이착륙을 하였다. 수직 이착륙 중 자세 조종은 팬 블레이드의 피치 각 조절과 팬 아래쪽에 있는 베인 각 조절을 이용하였다. 수평 비행을 할 때는 후방에 위치한 152센티미터 크기의 팬을 두 엔진과 축으로 연결하여 추력을 만들었다. 팬 후방에는 +자형의 수직 수평 안정판이 있었고, 여기에 부착된 엘리베이터와 러더를 통해 피치, 요우 기동을 하였다. 롤링은 통상의 항공기처럼 날개의 에일러론으로 기동하였다.

145 조종사가 여객기 조종석처럼 좌우로 앉는 방식.

옴니플레인은 1959년 8월에 지상 시험을 완료하였으며, NASA

의 지원을 받아 대형 풍동기에서 공력 시험을 하였다. 1962년에는 추력을 보강하기 위해 엔진을 860마력의 라이커밍 YT53-L-1으로 교체하고, 기수 부분에도 리프트 팬을 설치하였다. 새로운 엔진 장착으로 속도는 시속 320킬로미터, 항속거리는 880킬로미터 정도로 예상되었다.

기수 부분에 팬을 설치하기 위해 동체 길이도 1.5미터 증가하였고, 개조 후 명칭은 옴니플레인 2D로 불렸다. 기수 부분에 설치된 팬 덕분에 수직 추력이 증가하였으며, 훨씬 더 안정적인 기체 조종이 가능하였다.

1962년 옴니플레인 2D는 호버링에 성공하였으나, 이후 시험 비행 중 기계적인 문제로 지상에 충돌하였다.

뱅가드사는 여기서 멈추지 않고 여러 가지 군용 및 민수용 파생형을 설계하였다.

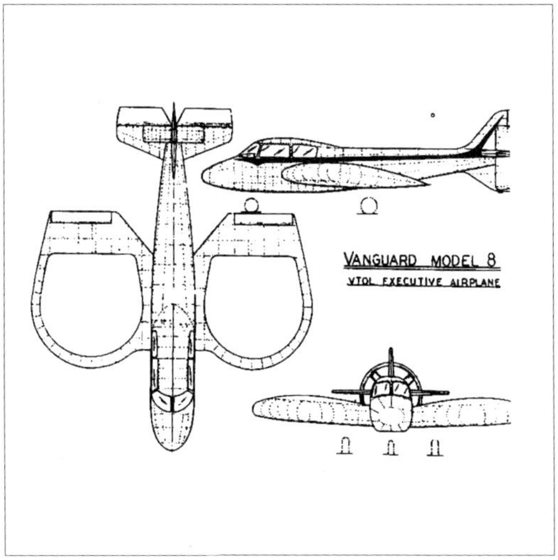

3-334 NASA 풍동 실험실의 뱅가드 옴니플레인. 아래쪽은 뱅가드 모델 8의 설계도.

예를 들어 모델 6은 군용 관측 수직 이착륙기로, GE사 T-58 엔진 2개를 사용하여 최고 속도 시속 560킬로미터, 적재 중량 4톤 정도로 구상되었다. 모델 7의 경우는 수송기형 수직 이착륙기로 앨리슨사 T-61 엔진 2대를 사용하여 32명 이상의 보병을 태우고 시속 460킬로미터로 비행 가능한 기체였다. 또 모델 8은 520마력의 라이커밍사 ISO-720 엔진을 사용하는 비지니스용 수직 이착륙기로 최고 속도 시속 420킬로미터, 항속 거리 880킬로미터로 구상되었다. 그 외에도 최고 속도 시속 600킬로미터의 군용 정찰 수직 이착륙기 모델 9, 대잠수함 작전용 수직 이착륙기 모델 12, 구조용 수직 이착륙기 모델 16, 앨리슨 T-56 엔진 2개를 장착한 40명급 인원 수송기 모델 18 등 청사진을 내놓았다. 하지만 수요자가 나서지 않아 제작된 기체는 하나도 없으며, 프로그램은 사실상 2D 모델에서 종결되고 말았다.

제원

· 승무원	2명
· 날개폭	6.7미터
· 길이	7.7미터
· 탑재 중량	약 250킬로그램
· 엔진	265마력 라이커밍 O-540-A1 2대(860마력 라이커밍 YT53-L-1 1대로 교체됨)
· 항속 거리	250킬로미터

13-3 리안Ryan XV-5 버티팬Vertifan

리안 XV-5 버티팬은 1960년대 미 육군이 제트 엔진 수직 이착륙 실험기 개발을 위해 추진한 프로그램 중 일부이며, 당시 XV-4 허밍버드의 경쟁기로 개발되었다. XV-5 버티팬은 수직 수평 비행 시 동일한 엔진을 사용하며, 수직 이륙 시에는 3개의 리프트 팬을 이용한 증강 추력을 사용한다.

1961년 미 육군 수송 연구 사령부는 리안사, GE사와 2대의

3-335 J85-GE-5 엔진으로 3개의 팬을 작동하는 XV-5의 추력은 제트 엔진보다 2.7배 이상 증가하였다.

XV-5 제작에 대한 계약을 맺었다. GE사가 프로그램을 주관하기로 하였고, 리프트 팬도 제작하였다. 리안사는 하부 계약자로서 이전에 테일 시터 방식의 X-13[146]과, 디플렉티드 슬립스트림Deflected Slipstream 방식의 VZ-5[147]를 제작한 경험이 있었다. XV-5는 비록 처음부터 개념 연구기로 지정이 되었지만, 크기나 성능으로 보아 사실상 구조, 수색 임무기로 실용화가 가능하였다. GE사는 엔진 제작 경험을 바탕으로 리프트 팬을 설계하여 당시 최대의 풍동 실험기를 갖춘 NASA 연구 센터에서 600시간 이상의 운용 시험을 하였다.

XV-5의 날개에는 직경 1.52미터의 팬을 각각 설치하였고, 기수 부분에는 0.91미터 팬을 설치하였다. 기수 부분의 팬은 수직 이착륙 시 피치 작동에도 매우 유용하였다. 엔진은 J85-5B 터보 제트 2대를 사용하였다. 리프트 팬은 제트 엔진의 추력을 이용하여 회전시켰으며, 회전수는 2640RPM으로 고정되어 있었다.

146 8-4 참조.
147 6-3 참조.

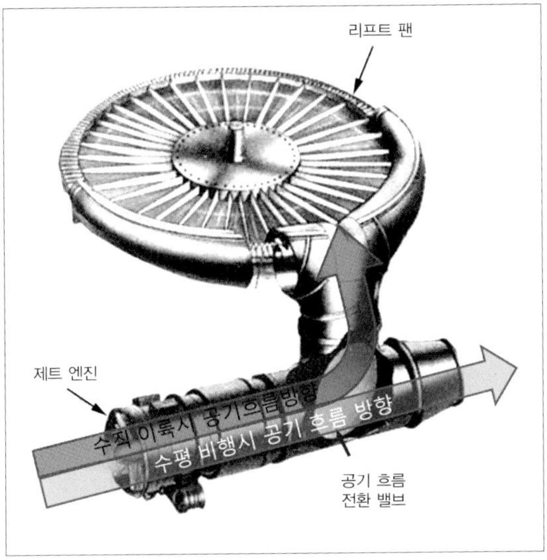

3-336 리프트 팬 구동은 제트 엔진을 이용하였으며, 전진 비행을 할 때는 디버터 밸브를 작동시켜 엔진 추력이 직후방으로 가도록 하였다.

과거의 리프트 팬과 유사한 덕티드 팬[148] 방식(벨 X-22, 도악 VZ-4, 노드 500 카뎃)에서는 엔진에서 구동축을 통해 팬을 회전시켰는데, 제트 추력을 이용한 XV-5 방식은 팬을 구동하기 위한 축이나 팬을 틸트시켜 주는 기계 장치 등이 없어 무게를 줄이고 시스템을 단순화하는 데 유리하였다. 구조가 단순하면 고장율이 줄어들고 정비가 쉬워지며, 그 결과 항공기 가동 시간이 늘어나게 된다. 제트 엔진 배기구 쪽에 배기가스 방향을 바꿀 수 있는 흐름 전환 밸브, 즉 디버터 밸브Diverter Valve를 설치하여 수직 이착륙 시에는 제트를 팬으로 보내고, 수평 비행 시에는 엔진 직후방으로 보내 수평 추진할 수 있도록 하였다.

XV-5는 이륙 중량 5600킬로그램이며, 두 엔진이 낼 수 있는 추력은 2413킬로그램으로 수평 비행에는 적당하나 수직 이착륙은 불가능하다. 하지만 엔진 추력을 리프트 팬으로 전환시켜 낼 수 있는 추력은 6700킬로그램으로 기체를 충분히 들어 올릴 수 있었다. 추력 증강 장치를 통해 무려 추력이 2.7배나 증가한 것이다. 다른 추력 방식의 수직 이착륙기는 수직 이착륙 전용 엔진이나 틸팅을 위한 구조물 때문에 수평 비행 시 방해가 되고 기동에 역효과를 가져왔으나, XV-5는 가벼운 팬만이 수직 이착륙 전용이라 무게 측면에서 매우

148 3. 틸트 덕트 참조.

유리하였다.

3-337 XV-5의 팬 추력은 대부분 대기를 이용하므로 수직 이착륙 시 활주로 열 손상 우려가 없었다.

팬 추력 증강법은 고속 비행이 요구되지 않는 여객기에 대형 팬 엔진을 장착한 것과 같은 원리이며, 엔진에서 나오는 추력만을 이용하므로 연료 소모율 면에서 통상 이착륙 방식과 비슷하여 경제적이고, 체공 시간을 늘이는 데 도움이 되었다. 또 하나의 장점은 팬을 통해 지면으로 배출되는 추진 공기는 대기를 사용하므로 지면의 열 손상이 없었다는 점이다. 해리어나 YAK-38처럼 제트 엔진 배기가스를 지면으로 직접 분사하는 경우, 활주로나 갑판의 열 손상이 불가피하였다.

하지만 이 시스템에도 단점이 많다. 먼저 날개 속에 팬을 장착하면서 날개 두께가 제약을 받았으며, 비행 중에는 날개 표면을 부드럽게 곡선으로 유지하여야 양력이 많이 발생하는데, XV-5는 비록 비행 중 리프트 팬을 덮는다고는 하지만 덮개로 인해 여전히 돌출 부분이 있어서 항공 역학적인 매끄러운 날개 표면을 기대하기 어려웠다. 즉 비행 중 저항으로 인한 양력 손실이 크고, 고속 비행에 적합하지 않다는 단점이 있었다. 또 날개에 저장하는 연료량을 감소시켜 항속거리가 동급 항공기에 비해 짧은 점도 문제였다.

XV-5는 수직 이착륙기의 비행 불안정성을 완화하기 위해 컴퓨터 비행 안정 시스템을 도입하였다.

리프트 팬은 제트 엔진에 비해 대형이어서 제트 엔진 추력을 조절하면 쉽게 리프트 팬 회전 속도가 감소하거나 증가하였고, 좌우 엔

3-338 수평 비행 중인 XV-5. 날개 하부에는 베인을 작동시키기 위한 장치들이 외부로 드러나 있어 저항을 유발한다.

3-339 XV-5의 날개 하부 베인. 베인 각도 조절은 호버링 중 요우 조절 및 단거리 이착륙 등에 사용되었다.

3-340 수평 비행 중에는 날개의 덮개를 닫고 일반 날개 모양이 되도록 한다.

진 추력을 이용하여 롤 기동하는 데는 전혀 문제가 되지 않았다. 피치 조절은 기수 부분에 있는 팬의 추력을 조절함으로써 가능하였다. 요우는 리프트 팬 하부에 장착된 베인을 통해 조절하였는데, 러더를 이용한 요우 기동은 시속 60킬로미터 이상이 되어야 가능하였다. 수직 이륙 후 전진 비행을 하고자 하면 엔진 추력 중 약 40퍼센트를 후방으로 보내 후기 연소 장치를 가동시킴으로써 추력을 증가시켰다. 수평 비행을 위해 후기 연소 장치를 사용한 이유는 엔진 추력의 상당 부분을 수평 비행에 사용하게 될 경우, 팬 추력이 낮아지면서 고도가 급격하게 떨어지기 때문에 팬의 추력을 그대로 유지한 채 수평 추력을 증가시키기 위해서였다. 따라서 천이 비행 동안 엔진 전체 추력의 약 60퍼센트를 리프트 팬으로 보내도 고도 하락 없이 안전한 것으로 나타났다. 날개 양력이 충분하게 생성되는 속도가 되면 리프트 팬으로 보내는 모든 추력은 수평 비행용으로 사용되고, 조종사는 리프트 팬의 커버를 닫고 팬 아래에 있는 베인을 모두 접어서 저항을 최소화하였다.

연료를 대부분 소모하고 착륙할 때의 기체 무게는 3600킬로그램 정도인데, 이때에는 엔진 하나가 멈추어도 수직 착륙이 가능하였으며, 리프트 팬 아래의 베인을 45도 정도로 고정시키고 단거리 이륙도 가능하였다.

조종석은 사이드 바이 사이드 방식으로 배치되고, 수직 꼬리 날개는 T-테일, 주 날개는 삼각 날개 형태였다. 공기 흡입구는 엔진에 핫 가스가 재유입되지 않도록 하기 위해 동체 상부에 위치시켰다.

기체를 완성한 후 NASA의 도움을 받아 풍동 실험을 한 결과 대부분의 성능이 계획한 대로 나왔다. 단지 리프트 팬 아래에 달려 있는 베인이 강한 팬 추력에 버티지 못하고 쉽게 떨어져 나가는 문제가 있었다.

첫 비행은 수평 비행으로 1964년 5월 25일에 있었다. 대체로 모든 기능은 정상으로 작동하였다. 1964년 7월 16일에는 첫 수직 이착륙 시범이 있었다. 약 30회의 수직 이착륙 시험에서 대체로 만족스러운 성능을 보였고, 헬기보다도 기동성이 좋고 비행 통제가 쉬우며 우수하다는 평가를 받았다.

시험 비행을 통해 나타난 보완점은 수직 이착륙 중 측풍이 있으면 기체가 물 위의 배가 흐르듯이 움직인다는 점과 고도를 세밀하게 조정하기 어렵다는 점이었다. 측풍에 약한 것은 날개 위의 팬 덮개가 바람의 영향을 받아서 생기는 문제였다. 고도 조절 문제는 조종사들이 팬 아래에 있는 베인을 적절하게 이용하는 방법을 고안함

3-341 NASA의 XV-5 풍동 실험용 모델.

으로써 해결하였는데, 그래도 헬기보다는 고도 조절이 쉬웠다고 한다. 수직 이착륙에 걸리는 시간은 엔진 과열을 고려하여 10분으로 제한되었다.

그러나 1965년 4월 27일에 일어난 사고로 XV-5 1호기 기체와 조종사 모두를 잃었다. 당시 사고는 취재진과 정부 관계자들이 모인 상태에서 시험 비행을 하던 중 발생한 것이어서 충격은 더욱 컸다. 기체는 약 250미터 높이에서 깊숙이 다이빙하면서 지상에 충돌하였다. 조사 결과 고속의 수평 비행 단계에서 급하게 수직 착륙 단계로 전환을 하면서 추력이 상실되었고, 컴퓨터가 계산 착오를 일으키면서 사고가 발생하였다는 발표가 있었다. 사고 조사팀은 당시 조종사가 여러 차례 XV-5로 수직 이착륙을 한 경험이 있었으므로 의도적인 오작동을 한 것이 아니라 무의식중에 수직 이착륙 모드용 스위치를 건드린 것으로 판단하였다. 그래서 2호기부터는 동일한 사고를 방지하기 위해 수직 이착륙 모드 스위치의 위치가 변경되었다.

새로이 제작된 XV-5 2호기는 1호기의 사고 1년 후 임무를 재개하였다. 당시는 베트남 전쟁 중이었으며, 적지에 추락한 조종사 구출 작전에 헬기가 투입되었는데 속도가 느린 것이 문제가 되었다. 국방부는 XV-5가 고정익 모드로 신속하게 적지에 추락한 조종사에게 도달하고, 호버링 상태로 조종사를 구출한 후, 신속하게 적지로부터 이탈이 가능한지 시험할 것을 요구하였다.

3-342 XV-5 사고 당시 소개된 현장 사진.

XV-5는 구조 임무를 위해 상당 부분

개조되었다. 컴퓨터를 개조하여 안전성을 강화하였고, 조종사가 구출 작전 중 조작해야 하는 스위치와 보아야 하는 계기 등을 단순화하였다. 두 엔진은 수평 비행 모드와 수직 이륙 모드로 서로 개별적으로 작동할 수 있도록 하여 세밀한 고도 조정, 수평 속도 조절 능력 등이 보강되었다.

3-343 마네킹을 이용하여 구조 임무 시범을 보이고 있다.

1966년 10월 5일, 구조 능력 평가를 위해 모의 조종사인 마네킹을 들어 올리던 도중, 마네킹이 날개 리프트 팬으로 들어가 팬 추력이 급격히 감소하면서 기체가 흔들렸다. 조종사는 사출하였으나 낙하산이 펴지지 않아 추락사하였다. 그런데 마네킹이 부서지면서 팬을 다 통과하자 팬 추력은 정상으로 돌아왔다. 기체는 자동 안정 시스템으로 수평을 유지하고 조종사 없이 스스로 활주로에 착륙하였다. 비록 랜딩기어와 날개 일부는 손상되었지만 수리 가능한 범위였다. 이 사건은 아직도 항공 역사상 신기한 사고로 꼽히고 있다.

2번의 사고와 만족스럽지 못한 성능으로 미 육군은 XV-5 프로그램을 취소하였다. XV-5는 총 338회의 비행과 138시간의 비행시간을 기록하였다. 한편 수직 이착륙 성능에 주목한 NASA는 XV-5를 수리하여 수직 이착륙 실험을 계속하기로 하였다.

1967년 3월, 기체는 캘리포니아의 리안사로 옮겨져 수리와 함께 NASA의 요구대로 성능 향상 개조를 시행하였다. 랜딩기어 위치는 리프트 팬의 바깥쪽으로 옮겨졌으며, 조종면 등이 개조되어 총중량이 조금 증가하였다. 이 기체는 XV-5B로 이름 붙여졌고, 외부는

3-344 NASA는 손상되었던 XV-5A를 복구하여 XV-5B로 재탄생시켰고, XV-5B로 수직 이착륙 시험을 계속 하였다.

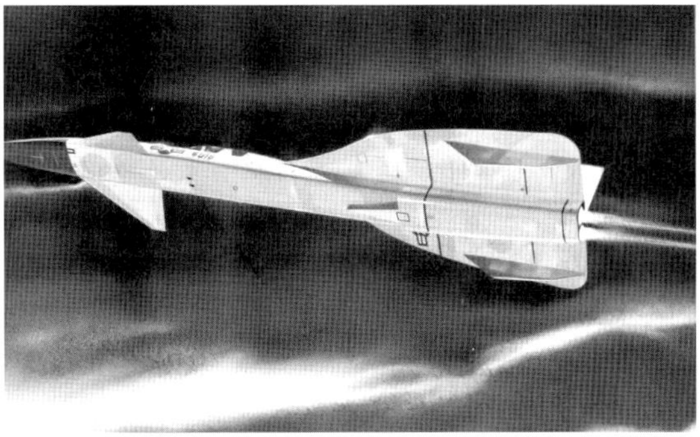

3-345 리안사가 구상하였던 리프트 팬을 이용한 요격기 4016 프로그램. 기수 부분과 날개 부분에 리프트 팬 장착 형태가 보인다.

하얀색으로 채색되었다. XV-5B는 1968년 7월 시험 비행에 성공하였으며, NASA는 1974년 1월까지 수직 이착륙 실험에 이를 사용하였다. 리안사는 XV-5B의 성공에 힘입어 팬 추력 방식의 확대된 수송기 형태를 고려하였으나 실용화하지는 못하였다. 당시 NASA에서 연구했던 리프트 팬은 향후 F-35 리프트 팬 설계에도 영향을 미쳤다. 현재 XV-5B는 앨라배마 주 육군 항공 박물관에 전시되어 있다.

제원

· 승무원	2명
· 길이	13.56미터
· 날개폭	9.09미터
· 높이	4.50미터
· 순 중량	3420킬로그램
· 최대 이륙 중량	수평 이륙 시 6170킬로그램, 수직 이륙 시 5580킬로그램
· 엔진	1250킬로그램 추력 제너럴 일렉트릭 J85-GE-5 터보 제트 2대
· 최고 속도	시속 880킬로미터
· 항속 거리	1610킬로미터
· 상승 한도	1만 2200미터
· 상승률	초속 40.7미터

13-4 록히드 마틴Lockheed Martin X-35

X-35는 미국의 통합 전투기 개발 프로그램인 JSF에서 미 해병대와 영국 공군이 요구하는 수직 이착륙 성능 충족을 위한 수직 이착륙 실험기로 개발되었다. 리프트 팬 방식을 이용한 수직 이착륙기로 당시 경쟁기였던 벡터드 트러스트 방식의 보잉 X-32[149]를 누르고 JSF 프로그램의 승자가 되어 F-35로 탄생하였으며, 지금까지 40여 년을 지켜온 수직 이착륙기의 걸작인 해리어를 대체할 것으로 기대된다. 최초의 JSF 프로그램은 JASTJoint Advanced Strike Technology로 1993년에 시작하였다. 여기서 'Joint'라는 의미는 여러 군軍, 여러 국가가 하나의 통합된 형상을 만들어서 개발 및 연구 비용을 절감하고, 운영 단계에서는 통합 군수를 통해 운영 비용을 절감한다는 구상이다. 이때 제기된 각 소요군의 요구 사항은 다음과 같다.

149 7-4 참조.

3-346 F-35는 미 해병대와 영국 해군, 공군의 요구에 따라 STOVL 항공기로 탄생하였다.

3-347 노드롭 그루만, 맥도넬, BAe사 연합 방안.

- **미 해군** 전쟁 초기에 중요한 공격 임무를 수행하며, 전쟁 중 F-18을 보조하여 임무를 수행한다.
- **미 공군** 기본적으로는 공대지 임무를 수행하고, 공대공 임무를 겸한다. F-16과 A-10 임무를 대체하고, F-22의 임무를 지원한다.
- **미 해병대** F/A-18과 AV-8 해리어를 대체하고, 해병대의 주 공격 임무를 수행하며,

STOVL, 즉 단거리 이륙 수직 착륙 능력이 있어야 한다.

- **영국 해군, 공군** 해리어기를 대체하면서 STOVL 능력이 있어야 한다.
- **기타 우방국** F-16, F-18, 해리어를 이을 후계기.

이러한 제안을 바탕으로 1994년에 미 국방성으로부터 JAST 개념이 공표되었다. JAST의 요구 사항을 바탕으로 개념 정의 및 설계 연구 단계[150]에 들어가면서 업체로부터 3개의 구체안이 나왔다. 보잉이 제안한 구상안은 STOVL 구현을 위해 해리어기의 추력 방식인 벡터드 트러스트 방식을 적용한 X-32였다.

록히드사는 리프트 팬 방식을 사용한 것이었다. 엔진 축을 이용하여 동체 중앙의 팬을 구동시키고, 팬 추력과 엔진 추력으로 수직 이착륙하는 방식이다.

그 외에 노드롭 그루만사, 맥도넬 더글러스사, BAe사가 연합한 또 하나의 모델도 제안되었다. 이 모델은 스텔스 성능 보강을 위해 수직 미익이 없고 전방은 거의 F-22와 유사한 형태였으나, 실물 크기 시험 단계로 진입하지 못하고 앞의 두 모델에 패하였다. 국방부는 보잉과 록히드사의 제안에 각각 X-32, X-35라는 명칭을 부여하고 1995년부터 시험기 제작에 들어갔으며, 2000년에 첫 비행을 하였다. 2001년 10월 26일, X-35는 X-32를 누르고 JSF 프로그램의 승자로 결정되었다.

JSF 프로그램은 여러 수요자의 요구 사항을 하나의 개발과 시험 및 생산 과정을 통해 관철하며, 운영에서도 80퍼센트 이상의 부품

150 개념 정의: CDP(Concept Definition Phase), 설계 연구: SDD (System Design and Development).

공통성을 유지하여 비용을 절감하는 방식이다. 과거 미 국방부가 추진하였던 JSF 프로그램은 F-111이 최초였지만 사실상 미 해군은 성능에 만족하지 못하여 공군만의 프로그램으로 진행되었으며, 이후 F-4는 해군이 주도하여 개발하였으나 결과적으로 공군이 함께 쓰는 JSF가 되었다. 각 군에서 요구한 성능 조건은 3가지 형태로 생산되었다.

- **X-35A** 통상 이착륙 방식으로 미 공군의 F-16을 대체하는 전력으로 운영하였다.
- **X-35B** X-35A의 단거리 이륙, 수직 착륙 버전으로 미 해병대와 영국 공군, 영국 해군의 요구 사항을 반영하였다. 해리어를 대체하는 기종이다.
- **X-35C** 미 해군이 함상 전투기로 요구하는 버전으로 함상 이착륙이 용이하도록 날개를 대형화하여 이착륙 속도를 줄이

3-348 날개가 큰 F-35C 해군형. F-35는 향후 전 세계 전투기 시장을 석권할 것으로 예상된다.

고, 무장 장착을 늘인다. 그리고 항공모함 운영 공간에 적합하도록 날개를 접을 수 있도록 설계한다. F-18을 보조하는 임무를 수행한다.

이 항공기에는 JSF 프로그램 단계부터 성능 요구 사항을 제출하고 20억 달러 비용을 공동 투자한 영국 외에도 이탈리아 10억 달러, 네덜란드 8억 달러, 터키 1억 7500만 달러, 캐나다 1억 5000만 달러, 오스트레일리아 1억 5천만 달러, 덴마크와 노르웨이가 각각 1억 2500만 달러를 투자하였다. 미국 무기 체계 개발에 해외 국가들이 투자하는 구조는 이미 F-16에서 성공적으로 수행되었다. F-16도 유럽 5개국이 공동 투자하였으며, 투자국은 군수 지원에 우선권을 갖게 되었다.

금액에 따라 영국은 '레벨 1' 파트너로 지정되었고, '레벨 2'는 이탈리아, 네덜란드이다. 그 외 캐나다, 터키, 오스트레일리아, 노르

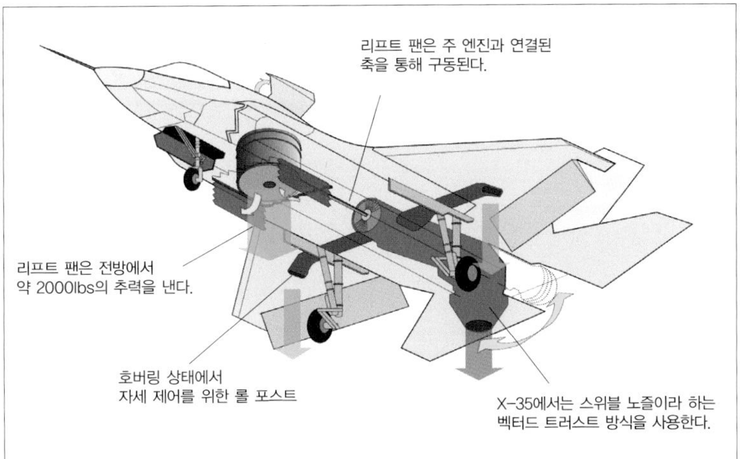

3-349 X-35의 수직 이착륙 구조.

웨이, 덴마크는 '레벨 3' 파트너로 지정되었다. 이 레벨에 따라 기술 이전, 부품 하청 구매, 생산 분배, 우선 인도권 등에서 차이가 난다.

2010년부터 제기되었던 한국 공군의 차세대 전투기 사업에서 한국 공군이 F-35를 선택할 경우, F-35가 인도되는 시기는 한국이 필요로 하는 시기보다 훨씬 늦어질 것이라는 문제가 제기된 바 있다. 그 이유는 바로 이러한 공통 투자 국가들에게 우선권이 있기 때문이다.

외부적인 설계 형태를 보면 X-35는 F-22 랩터Raptor의 단발 엔진 축소형으로 보인다. F-22도 록히드사에서 제작되었으며, 같은 스텔스 기술이 적용된 점을 고려한다면 공통점이 많은 것은 당연하다. 록히드사는 X-35 설계 단계에서부터 유사한 수직 이착륙 방식을 적용하였던 YAK-41[151]의 설계 데이터와 비행 데이터를 구매하여 활용했다고 알려져 있다. YAK-41은 수직 이륙 시 하나의 엔진을 벡터링Vectoring하여 후방 수직 추력으로 사용하고, 동체 중앙부에 2개의 소형 리프트 엔진을 사용하여 전방 수직 추력을 담당하였다. X-35는 YAK-41의 중앙 부분 리프트 엔진 대신에 리프트 팬을 적용하였다.

X-35가 X-32와의 경쟁에서 승리할 수 있었던 가장 큰 이유는 바로 수직 이착륙 기술이다. 해리어가 성공을 거둔 가장 큰 이유는 바로 페가수스 엔진이었는데, X-32는 40여 년 전의 해리어 기술을 그대로 적용하여 패배한 것이다. X-35가 채택한 수직 이착륙 기술 중 가장 주목받는 핵심적인 기술이 바로 리프트 팬이다.

롤스로이스에서 제작한 리프트 팬은 서로 반대로 회전하는 2단 팬으로 구성되어 있으며, 공기량을 최적화하기 위해 인렛 가이드 베

151 10-7 참조.

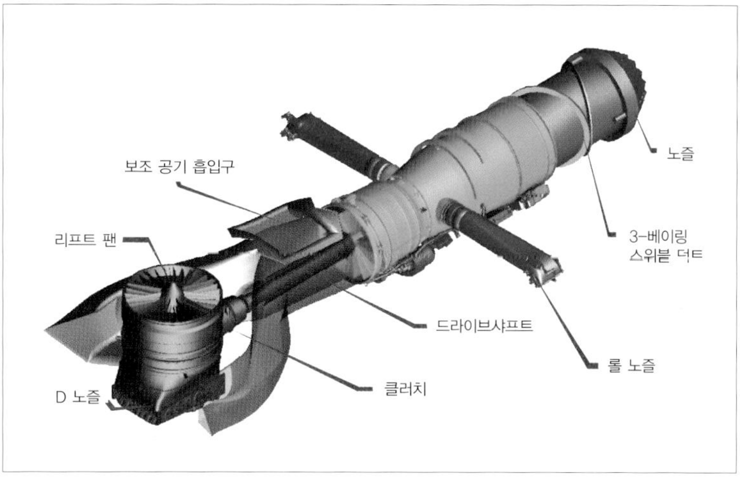

3-350 F-35의 수직 이착륙 기술의 핵심은 리프트 팬이다.

인Inlet Guide Vane[152]을 팬 입구에 설치하였다.

팬의 정식 명칭은 SDLFShaft Driven Lift Fan이며, 추력은 약 2만 lbs(9060킬로그램)를 낸다. 팬 추력은 수직 이착륙 시 주 엔진 노즐을 통해 나오는 후방 추력과 거의 같다.

SDLF는 록히드 마틴에서 고안한 장치이며, 1995년에 대형 모형기 시험에서 실용성을 검증하였다. 록히드사에 따르면 이 팬을 선택함으로써 얻는 장점은 크게 3가지라고 한다.

첫 번째 장점은 주 엔진과 필요에 따라 연결되고 차단되면서 주 엔진이 초음속 비행하는 데 수직 이륙 장치가 전혀 방해되지 않아 기존 엔진의 개량으로도 단거리 이착륙을 해낼 수 있다는 것이다. 두 번째는 팬 추력이 매우

152 공기량을 조절할 수 있는 일종의 블라인드 커튼 같은 장치.

3-351 조립 과정 중 리프트 팬을 장착하고 있다.

효율적이어서 수직 이륙 전용 엔진보다 훨씬 가벼우면서도 수직 이륙에 필요한 충분한 추력을 만들어 낼 수 있다. 마지막 장점은 팬을 통과한 추력이 연소된 핫 가스가 아니어서 온도가 낮으며, 팬에서 나온 공기가 다시 주 엔진 공기 흡입구로 들어가도 엔진 추력을 잃어버릴 위험이 매우 낮다는 것이다. 또 부수적 효과로 갑판이나 활주로, 수직 착륙하는 일반 도로 등의 열 손상도 방지한다. 팬을 통과한 공기는 X-32나 해리어의 전방 노즐에서 나오는 공기 온도보다 거의 200도 이상 낮다.

YAK-41, YAK-38, 닷소 발자크 등에서 사용했던 리프트 엔진은 수평 비행이 시작되면 쓸모없고 거추장스러운 무게에 지나지 않았고, 연료 효율도 낮았으며, 이착륙 시 활주로나 항공모함 갑판의 열 손상을 감수해야만 했다.

팬 추력은 엔진을 움직이지 않고 노즐만으로 전방 15도에서부터 후방 45도까지 추력 방향 조절이 가능하도록 하였다. 록히드 설계팀은 방향 조절이 가능한 노즐의 모양이 D자 형태라 하여 D 노즐이라 이름 붙였다. D 노즐은 총 4개의 섹션으로 되어 있으며 마지막 부분은 고정식 베인이 장착되어 있다. D 노즐은 추력을 전후로 조절하면서 단거리 이륙, 수직 착륙, 공중에서 브레이크 역할 등을 한다.

3-352 롤스로이스와 앨리슨사가 공동 제작한 리프트 팬. 아래 D 노즐이 뻗어 나온 모습.

YAK-41에서는 2개의 수직 이착륙 전용 엔진을 전방 7.5도, 후방 17.5도까지 움직일 수 있도록 하였다.

배기가스 노즐은 벡터드 트러스트 방식을 응용하여 사용하는데, 노즐 덕트는 3개의 회전하는 구성품으로 연

3-353 D 노즐은 전방 약 15도로 분사하여 공중에서 감속할 수 있게 하며, 중앙의 사진은 수직 착륙 시 추력을 수직 아래로 분사하는 장면이다. 후방으로 약 45도 각도로 분사하는 경우는 단거리 이륙에 사용된다. 실제 D 노즐 작동에는 흰색 가스가 보이지 않으나 가시화하기 위해 가스를 사용하였다.

결되어 3개의 구성품이 각자 회전을 하면서 덕트의 굽힘 각도를 만들어 낸다. 이러한 방식을 스위블 노즐이라 하는데, 특히 F-35에서는 '3BSN(3Bearing Swivel Nozzle)'이라 한다.

롤스로이스에서 개발한 3BSN은 YAK-41의 스위블 노즐에서 착안하였는데, YAK-41은 1992년 판보로 에어쇼에서 스위블 노즐을 처음 공개하였다. 미국에서도 1970년대 초 컨베어사에서 초음속 수직 이착륙기 컨베어 200을 개발하면서 스위블 노즐의 개념에 대한 연구가 시작되었지만 구체화되지는 못하였다. 컨베어사는 록히드 마틴으로 합병되면서 X-35 설계 시 스위블 노즐 방식을 도입하는 데 큰 도움이 되었다.

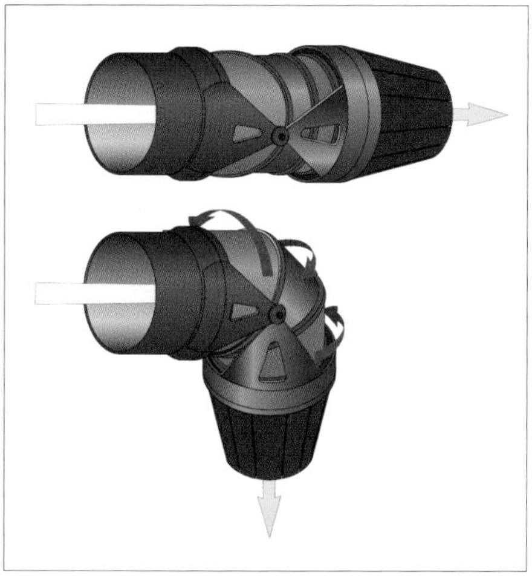

3-354 배기 덕트를 회전시켜 추력 방향을 변화시킨다. 이를 스위블 노즐이라 한다.

해리어가 단거리 이륙을 주로 사용하듯이 X-35의 기본적인 이륙 방식도 단거리 이륙이다. 수직 이착륙 시 연료 소모가 많고 무장 제한

3-355 F-35 엔진의 스위블 노즐이 시운전실에서 노즐 각도 105도, 40도, 0도를 보여 주고 있다. 이는 이미 YAK-41에서 사용된 방식이다.

이 따르기 때문이다.

단거리 이륙을 위해서는 먼저 리프트 팬 공기 흡입구를 최소화하여 약간의 공기만 들어가도록 한 후, 클러치를 이용하여 주 엔진과 축을 연결한다. 다음은 공기 흡입구를 최대한 열어서 공기량을 증가시켜 추력을 최대화한다. 그리고 D 노즐을 뒤로 회전시켜 추력이 45도 후방으로 가게 하고, 주 엔진 추력도 40도 후방으로 향하게 하여 단거리 이륙을 한다. 이륙 후 속도와 고도가 충분해지면 팬 공기 흡입구를 닫으면서 엔진과 연결된 클러치를 차단하여 팬 작동을 중단시키고, D 노즐을 동체 안으로 끌어당긴다. D 노즐이 완전히 들어가면 팬 공기 흡입구와 노즐을 완전히 닫아 비행 중 저항이 발생하지 않도록 한다. 이 과정 중 주 엔진은 직후방으로 향해 수평 비행에 최적화된다.

역으로 수직 착륙을 할 때는 먼저 리프트 팬의 흡입구와 배기구를 열고, 엔진과 팬을 축으로 연결하여 리프트 팬을 가동시킨다. 주 엔진 배기 노즐은 수직보다 15도 더 전방으로 향하게 하여 105도를 만들고, D 노즐도 전방 15도로 추력을 분사하여 역추진력을 만들며 기체를 호버링 상태로 만든다. 만약 호버링 중에 역추진을 시키면 기체는 뒤로 비행이 가능하다. 기체를 호버링 상태로 만든 후, D 노즐과 주 엔진 노즐을 다시 직하방으로 향하게 하여 추력을 조금씩 줄이면 기체는 서서히 착륙하게 된다. 수직 착륙 시 주 엔진에서 팬으로 전달되는 동력은 주 엔진의 약 20퍼센트 정도이다.

3-356 컨베어사는 1970년대 초기에 초음속 수직 이착륙기 컨베어 200을 구상하면서 현재의 F-35와 유사한 추력 방식과 스위블 노즐 개념을 고려하였다.

날개로 이어진 2개의 덕트(Roll Nozzle)는 롤 기동을 위한 것으로 엔진의 팬 압축 공기를 이용한다. 노즐 끝에는 압축 공기량을 제어하는 장치가 있어서 양쪽 날개에 가해지는 추력을 달리하여 롤을 컨트롤한다. 그리고 주 엔진의 스위블 노즐을 좌우로 움직여서 요우 기동을 하며, 피치 기동은 전방 팬 추력과 후방의 스위블 노즐 추력을 변화시켜서 만들어 낸다.

수직 이륙 시 엔진은 최대 출력을 위해 더 많은 공기를 필요로 한다. 비행 중에도 많은 공기를 필요로 하지만 항공기 전진 속도가 있어서 공기 흡입구에는 저절로 충분한 공기가 들어오게 되어 있다. 하지만 정지 상태에서 호버링을 할 때는 공기량이 부족하므로 보조 공기 흡입구를 통해 공기를 최대한 더 빨아들인다. X-35에는 리프트 팬 바로 후방에 보조 공기 흡입구가 있다.

3-357 X-35 상부에 팬 공기 흡입구와 그 후방에 보조 공기 흡입구가 열려 있다.

수직 이착륙기는 보통의 전투기에 비해 구조가 복잡하고, 수직 이착륙 특성에 따른 엔진과 랜

3-358 X-35B 버전으로 리프트 팬과 스위블 노즐을 이용하여 수직 이착륙 테스트 중이다. 수직 상태의 스위블 노즐은 좌우로도 움직일 수 있어서 요우 기동을 할 수 있다.

딩기어의 내구성이 필수적이며, 신뢰도 향상을 위해 일반적으로 정비가 더 많이 요구된다.

하지만 미 공군이나 미 해군은 항공기 요구 사항에 정비 요구도 감소를 항상 포함시킨다. 해외로 파병되어 전투에 투입되는데, 일선급 정비Flight Line Maintenance나, 야전급 정비Field Level Maintenance 시설이 모두 따라가는 불편함과 빈번한 정비로 항공기 가동률이 낮아지는 것을 방지하기 위함이다. F-35는 정비성을 높여 정비 요구도를 낮추고, 정비 간 시간[153]을 늘렸다. 대부분의 계통 문제는 항공기 스스로가 자동으로 진단하여 수리 방법까지 정비사에게 제시하여 준다.[154]

심지어는 비행 도중 일시적으로 항공기에 문제가 발생해도 네트워크 체제[155]를 통해 지상의 정비 센터로 문제점을 전송하여 정비사가 비행기 착륙 전에 정비를 준비할 수 있도록 함으로써 다음 출격 준비 시간을 최소화한다.

X-35중에서도 B 버전은 수직 이착륙 기술을 적용하여 미 해병대, 영국 공군, 영국 해군에서 해리어기를 대체하여 운용하도록 설계되었다. 해리어기는 세계 최초로 실용화되어 명실공히 수직 이착륙

153 Mean Time Between Maintenance. 무기 체계에 정비 소요가 얼마나 자주 발생하느냐를 측정하는 요소이다.

154 항공기 정비에서 이 기능을 BIT(Built In Test), 또는 'Self Diagnostic'이라고 한다.

155 미 공군의 표준 네트워크인 Link-16을 말한다.

기의 대명사로 40여 년 왕좌를 지켰는데, 이제 F-35B에게 그 자리를 물려주려 하고 있다.

2005년부터 미 공군은 F-35의 기존 엔진인 F135의 대체 엔진으로 F136 엔진을 개발하고자 예산을 요청하였다. 국방부는 F-15, F-16에 플랫 앤 휘트니사의 F100엔진과 GE사의 F110 엔진을 모두 사용할 수 있게 하여 구매자의 선택에 따라 예산을 절감했던 경험이 있었다. F-35의 대체 엔진 개발에는 약 21억 달러의 예산이 소요될 것으로 예상되었고, 플랫 앤 휘트니사와 경쟁 관계인 GE사와 영국의 롤스로이사가 상호 개발 계약을 맺었다. 하지만 F-35 예산이 급격하게 증가하자 미 의회에서는 F136 엔진 개발 예산을 승인하지 않았다. 미 공군은 F135와 F136을 병행 운용하면서 예산을 절감할 수 있다고 주장하였으나 의회는 오히려 대체 엔진 개발을 위한 비용이 낭비라고 판단하였기 때문이다. 심지어 대체 엔진 개발로 인해 F-35 항공기 40여 대가 삭감될 수 있다고 주장하였다. 결국 2011년 3월 24일, 의회가 예산을 전액 삭감해 버림으로써 논쟁에 종지부를 찍었다.

3-359 군수 지원이 없는 지역에서 작전 가동률을 높이기 위해 정비 요구도를 낮추었다. 고장률을 낮추고 가동률을 높이는 것은 성능 못지않게 중요하다.

아무튼 실전기 F-35에 더욱 강력한 엔진을 장착하기 위해 플랫 앤 휘트니사는 F135 엔진의 추력 증강 방안을 계속 연구하고 있다. 현재 F135 엔진의 최대 추력은 5만 파운드(2만 2620킬로그램)까지 측정되었는데, F-16과 F-15의 엔진이 2만 9000파운드(1만 3140킬로그램)를 내는 것과 비교해 볼 때 엄청난 성장이다. 이에 따라 머지않은 미래에 F-16이 장악했던 자리를 F-35가 대신할 것으로 기대되고 있다.

3-360 F-35는 해리어의 수직 이착륙 역사를 이어갈 것이다.

3-361 현존하는 진정한 5세대 항공기로 F-22와 F-35가 꼽힌다. 두 주력 전투기 모두 록히드 마틴에서 생산하면서 록히드 마틴은 군용기 시장에서 부동의 1위 자리를 지킬 것으로 예상된다.

제 원 _ F-35기준

· 승무원	1명
· 길이	15.37미터
· 날개폭	10.65미터
· 높이	5.28미터
· 순 중량	1만 1793킬로그램
· 탑재 중량	1만 9960킬로그램
· 최대 이륙 중량	2만 7220킬로그램
· 엔진	최대 1만 9500킬로그램 플랫 앤 휘트니 F135 터보 팬 엔진 1대
· 최고 속도	마하 1.6(시속 1930킬로미터)
· 전투 반경	2222킬로미터
· 추력 대 중량비	연료 충전 시 0.968, 연료 50퍼센트 충전 시 1.22

14 호버링을 위한 추력 증강 장치 사용 – 로터(Rotor)

추력 증강 장치의 로터 방식은 사실상 헬기와 동일한 개념에서 출발한다. 근본적으로 헬리콥터는 회전익을 통해 양력을 얻고, 양력 방향을 전방으로 향하면서 양력 중 일부를 추력으로 사용한다. 즉 메인 로터가 리프트와 크루즈를 모두 담당한다.

로터 수직 이착륙 방식에서는 이착륙 시 헬리콥터처럼 메인 로터를 회전시켜 이륙을 하지만 전진 비행에서는 별도의 프로펠러나 덕티드 프로펠러를 사용하여 추력을 내며, 양력은 고정익을 사용하여 만들거나 고정익과 로터가 함께 만들어 낸다.

기체 형식상 분류에서는 이러한 비행 방식을 컴파운드 헬리콥터 Compound Helicopter라 부른다. 컴파운드 헬리콥터는 속도 면에서 헬기 이상의 속도를 얻을 수 있으며, 헬기의 특성을 그대로 살려서 한곳에 장시간 체공할 수 있으므로 수색이나 구조 임무 등에 매우 적합하다.

이 방식은 사실상 수직 이착륙 분류 방식에서 이미 제시된 팁 제

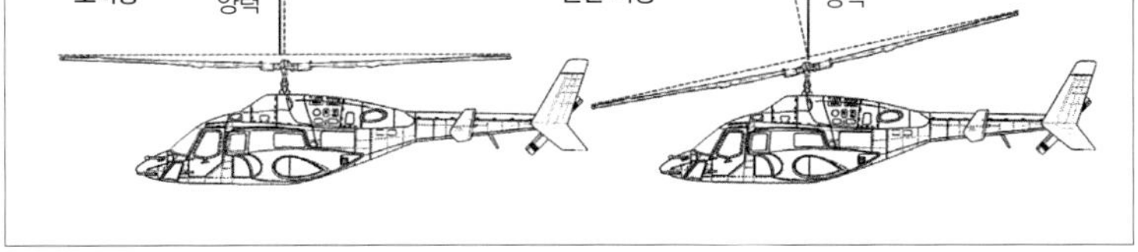

3-362 일반 헬기는 메인 로터를 앞으로 기울여서 양력 일부를 추력으로 사용한다.

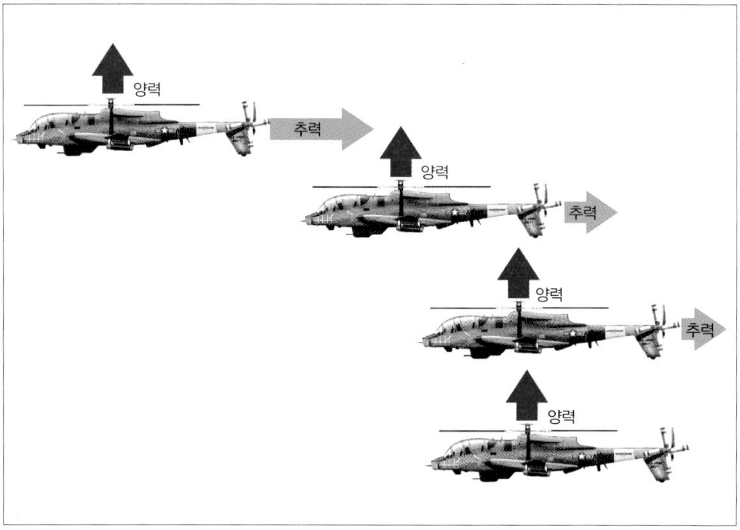

3-363 로터를 이용한 수직 이착륙기인 AH-56의 비행 방법으로, 추력을 담당하는 프로펠러와 양력을 담당하는 로터가 각각 따로 있다. 로터는 전진 비행 중에도 항상 지면의 수평을 유지하면서 오로지 양력만을 담당한다. 추력은 추력용 프로펠러가 따로 담당한다.

트 방식과 비행 방식이 동일하며, 단지 메인 로터를 회전시키는 방식이 다른데, 로터 방식은 헬기와 동일하게 엔진과 축을 통해 메인 로터를 회전시키며, 팁 제트 방식은 메인 로터 끝단에 제트 장치를 설치하여 로터를 회전시킨다. 두 방식에서 구조적인 차이가 생기는데, 팁 제트 방식은 안티 토크를 위한 구조가 불필요하지만, 로터 방식은 안티 토크를 위한 구조, 즉 2개의 메인 로터를 사용하거나 테일 로터, 링 테일 등이 필요하다.

이에 해당하는 기종으로는 Ka-22 빈토크릴Vintokryl, 피아세키Piasecki 16H-1, 록히드 AH-56 샤이안Cheyenne 등이 있으며, 카터콥터Cartercopter 뮤원Mu1, 피아세키Piasecki X-49A 스피드호크Speedhawk가 개발 중에 있다.

14-1 카모프Kamov Ka-22 빈토크릴Vintokryl

카모프사[156]사의 Ka-22 빈토크릴Vintokryl[157]은 소련 공군을 위해 제작한 컴파운드 헬리콥터이다. 컴파운드 헬리콥터란 이착륙은 헬기 방식으로 하고, 비행은 일반 고정익 항공기처럼 하는 형태를 말한다.

수직 이착륙기에 대한 관심이 고조되던 1950년 초, 전 세계는 헬기의 유용성을 인식하고, 항속 거리를 연장하고 속도를 증가시키기 위한 일련의 노력을 기울였다. 소련에서도 속도가 빠르고 대형 수송 능력을 가진 수직 이착륙기에 대한 구상이 진행되었다. 이에 카모프 설계국은 헬리콥터에서 로터가 양력을 계속 공급하고 프로펠러가 항공기를 끄는 방식으로 추력을 공급할 경우, 속도를 더 높이고 항속 거리를 연장할 수 있을 것이라 생각하였다. 일정 속도 이상이 되면 나타나는 메인 로터의 롤링 현상과 대형 로터 끝단에서 발생하는 충격파를 방지하기 위해 동체에 날개를 추가하는 아이디어도 내놓았다.

설계자들의 고안을 받아들인 정부는 높은 속도와 연장된 항속 거리에 매료되어 연구 개발 예산을 승인하였다. 카모프 설계국은 헬리콥터를 기반으로 수송기의 날개와 프로펠러를 결합한 Ka-22 설계안을 성공적으로 완성하고 풍동 실험을 마쳤다. 1954년 6월 11일, 구체적인 설계안이 소련 공군에 의해 받아들여져 총 3대의 시제기 제작 지시가 떨어졌다. 그러나 1호기를 제작하던 1956년, 제작사의 생산 라인 공정 문제와 카모프 공장 이동, 양산 중인 헬기의 긴급한 제작 등의 문제로 2, 3호기 제작은 취소되었다.

Ka-22 1호기는 1959년 6월 17일에 호버링을 실시하였고, 8월

156 러시아의 대표적인 헬기 제작 회사로 권위 있는 동축반전 헬기 제작 회사이다.
157 러시아 명으로 로터 윙이라는 의미. NATO명은 후프(Hoop)이다.

3-364 카모프 설계국은 대형 헬기에 수송기 비행 방식을 결합한 컴파운드 헬리콥터 Ka-22를 제작하였다.

15일에는 전 과정의 비행을 마쳤다. 시험 운영 기간 중 확인된 설계상의 문제점을 해결하기 위해 1년을 소비한 후, 1960년 7월에 3대를 양산하라는 지시가 다시 내려졌다.

동체 상부에는 28미터 길이의 직선익 형태 날개가 설치되었으며, 날개 끝에는 5900마력의 TV-2VK 터보 샤프트 엔진이 장착되었다(이후 이 엔진은 신뢰성이 향상된 5500마력의 D-25VK로 교체됨). 엔진 상부에는 직경 22.5미터의 4엽 블레이드 로터가 장착되어 수직 이착륙 기능을 담당하고, 전방에는 수평 추진력을 위한 4엽 블레이드 프로펠러가 장착되었다. 엔진은 크로스 링크 샤프트로 연결되어 하나의 엔진이 멈추는 경우에도 두 프로펠러를 균등하게 회전시키도록 하였다.

동체에는 3명이 앉을 수 있는 조종석이 있었고, 화물칸에도 2명의 승무원이 탑승할 수 있었다. 화물칸에는 16.5톤의 화물을 적재할 수 있었는데, 보병의 경우 총 80명까지 탑승이 가능한 공간이었다.

3-365 화물칸은 대형 화물을 실을 수 있도록 조종석 아랫부분이 열리게 되었으며, 날개 끝에는 같은 엔진에 의해 구동되는 로터와 프로펠러가 장착되었다. 로터는 수직에서 약 5도 전방으로 기울어져 이륙 후 전진 비행이 쉽도록 하였다.

화물은 동체 전방에서 적재할 수 있으며, C-5 수송기처럼 조종석 아래가 좌측 힌지를 중심으로 열리게 되어 있어 대형 화물 적재가 용이하도록 하였다.

수직 이륙을 할 때 프로펠러는 작동하지 않으며, 메인 로터의 바람이 날개에 미치는 영향을 줄이기 위해 날개 플랩을 90도 아래로 향하게 하였다. 헬기 모드에서 Ka-22의 메인 로터는 약 5도 정도 숙여진 상태로 설계되어 이륙하면서 약간의 전진 비행이 시작되었다. 충분한 고도가 확보된 후에는 프로펠러로 동력을 증가시키면서 전진 비행을 시작하였다. 속도가 충분해져 날개 양력으로 비행이 가능해지면 로터의 동력은 완전히 차단되고, 마치 프로펠러로 비행하는 고정익처럼 비행하였다. 이때 메인 로터는 바람개비처럼 그냥 속도의 힘으로 회전을 하였다. 호버링 중 롤링, 요우잉, 피칭은 프로펠러와 로터를 이용하였다.

Ka-22는 추력용 프로펠러와 고정익을 이용하여 짧은 운영 기간 동안 세계 기록을 8개나 수립하였다. 1961년 10월 7일에는 시속 356.3킬로미터라는 최고 기록을 수립하였고, 11월 24일에는 화물 16.5톤을 적재하고 2557미터를 비행하는 최장 거리 수송 기록을 세웠다. 이에 고무된 카모프사는 확장형 Ka-34 제작을 계획하기도 하였다.

3-366 Ka-22의 대형 모델 Ka-34의 구상도. 프로펠러가 4개로 늘어나고, 총 4개의 로터를 사용하여 이륙 성능을 향상하였다.

기록 수립 후 1962년 8월 28일, 1호기와 3호기가 제작 공장에서 모스크바로 이동하기 위해 이륙하였다. 그러나 1호기가 중간 기착지였던 한 기지에 착륙하던 도중 전복되어 승무원 6명 전원이 사망하는 사고가 발생하였다. 사고 조사 결과 메인 로터의 제어 계통에서 기계적인 결함이 확인되었고, 다른 잔여 3대를 조사한 결과 모두 동일한 문제점이 있다는 사실이 확인되어 대대적인 개량이 진행되었다.

1964년 8월 12일, 소련 공군과 민간 조종사가 탑승한 가운데 Ka-22 3호기의 시험 비행이 진행되었는데, 일반 항공기처럼 수평 이륙을 하였다. Ka-22는 이륙 후 15분 만에 시속 310킬로미터에 도달하는 엄청난 속도 성능을 보여 주었으나, 갑자기 우측으로 기울어지면서 기수를 아래로 향한 채 다이빙 자세로 지상에 급추락하였다. 3명은 추락 도중 긴급하게 탈출하여 목숨을 건졌으나 조종사를 포함

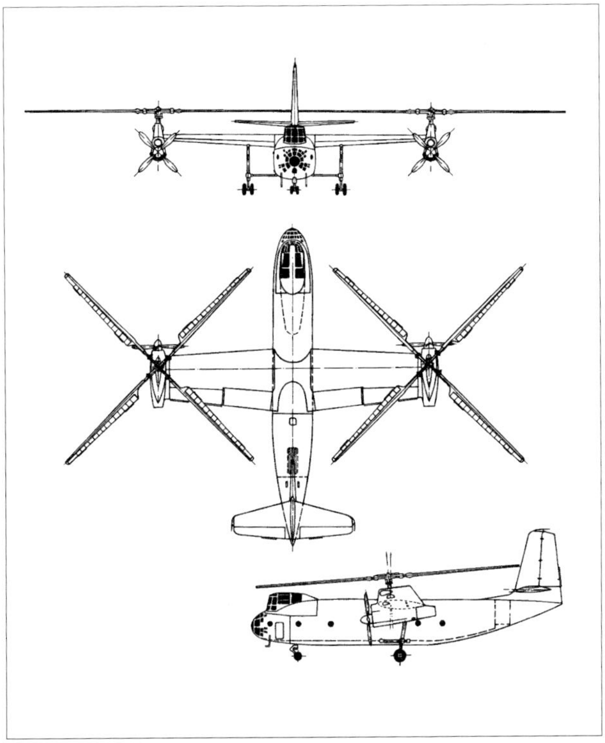

3-367 2번의 사고로 Ka-22는 실험기로 마치게 되었다.

해 2명이 사망하였다.

연이은 사고에 소련 공군은 대형 헬기 구매를 밀[Mi]사로 돌려 Mi-6를 구매하고, Ka-22의 추가 개발과 Ka-34의 개발을 중단하였다. 양산 2, 4호기는 운영이 중지된 후 분해되어 고철로 활용되었다.

제원

· 승무원	5명
· 화물 능력	1만 6500킬로그램
· 길이	27미터
· 메인 로터 직경	22.5미터
· 날개폭	28.0미터
· 화물칸 높이	2.8미터
· 기체 높이	10.04미터
· 총중량	4만 2500킬로그램
· 엔진	5500마력 D-25VK 터보 샤프트 2대
· 최고 속도	시속 350킬로미터
· 항속 거리	1100킬로미터
· 상승 한도	3500미터

14-2 피아세키Piasecki 16H-1 패스파인더Pathfinder

피아세키 16H-1 패스파인더는 컴파운드 헬리콥터 개념의 수직 이착륙기로 1960년에 개발 및 생산되었다.

피아세키사는 당시 미래 항공 수요를 연구한 결과 단거리, 도심 간, 적은 화물량, 잦은 이동이 가능한 항공기가 미래의 주요 수송 수단이 될 것으로 전망하였다. 피아세키사는 미래 수송 환경에 적합하도록 수직 이착륙이 가능하고, 헬기보다 빠른 운송이 가능한 컴파운드 헬리콥터 개념의 16H-1 패스파인더를 개발하였다.

이 헬기는 처음에는 순수하게 헬기로 개발되어 고정익 형태의 날개도 없었고, 푸시형의 추력 프로펠러도 장착되지 않았으며, 저속 비행을 고려하여 랜딩기어도 고정식으로 장착되었다. 첫 비행은 1962년 2월 21일에 있었다. 이후 16H-1은 속도를 증가시키고 기동성을 향상시키기 위해 기존 헬리콥터에 고정익기의 특징을 결합하여 컴파운드 헬리콥터 개념으로 개조되었다. 헬기 형태에 접이식 날개

3-368 사진은 군용 요구 사항으로 개량된 패스파인더 II형태이다.

를 부착하고, 전진 비행 시 기체 직후방으로 추력을 만들어 낼 수 있는 별도의 푸시형 프로펠러를 테일 로터 위치에 장착한 것이다. 이렇게 하여 수평 추력과 수직 양력을 완전 분리하게 되었다.

추력과 양력을 모두 로터 하나로 해결해야 하는 기존 헬기는 속도를 증가시키면 로터가 진동하고, 로터 블레이드 끝의 충격파가 발생하여 효율이 감소하며, 소음이나 실속Stall 등의 문제점이 발생하는데, 16H-1처럼 양력을 담당하는 별도의 날개와 추력을 담당하는 프로펠러를 사용할 경우 이런 문제의 상당 부분이 해결 가능하다. 속도가 빠를수록 고정익 날개가 담당하는 양력은 커지고 회전익 로터가 담당하는 양력 부담은 줄어들어 메인 로터의 회전 속도와 피치 각도를 낮출 수 있다. 또 헬기 고유의 사이클릭 피치 컨트롤과 플래핑 힌지 등의 복잡한 구조물이 제거되어 중량이 감소하였으며, 신뢰성도 높아졌다. 탑승 인원도 4명이 탑승할 수 있도록 공간과 탑재 능력이 확장되었다.

16H-1 패스파인더는 안티 토크 컨트롤Anti Torque Control, 반작용 상쇄을 위한 테일 로터를 장착하지 않았는데, 안티 토크 컨트롤은 프로펠러 덕트 후방에 장착된 수직 베인 각을 조절하여 해결하였다. 엔진은 405마력의 PT6 터보 샤프트 엔진 하나를 사용하였고, 로터는 전체 직경 12.5미터의 3엽 블레이드를, 추력용 프로펠러는 직경 1.7미터 3엽 블레이드를 사용하였다. 최고 속도는 시속 273킬로미터를 기록하였다.

이 항공기의 성능에 관심을 가진 미 육군과 해군은 공격 헬기로서의 가능성을 염두에 두고 AAFSSAdvanced Aerial Fire Support System, 선진형 공중 화력 지원 체계 프로그램을 추진하게 되었고, 그 가능성을 확인하기 위한 중간 단계의 실험기로 16H-1 패스파인더를 지정하였다. 미 육군과 해군이 피아세키사에 제시한 군용기형의 요구 사항은 적재 하중은 16H-1보다 3배 증가, 속도는 시속 370킬로미터였다. 제작사와 군은 1964년 5월에 계약을 체결하였고, 1965년 여름까지 개조를 거친 후, 1965년 11월 15일에 첫 비행을 하였다. 이 기체는 16H-1A 패스파인더 II로 이름 붙여졌다.

3-369 피아세키사는 패스파인더를 통해 컴파운드 헬리콥터 기술 분야의 선두 주자가 되었다.

16H-1A는 군 요구 성능 달성을 위해 동체를 더욱 확장하여 8명이 탑승할 수 있도록 하였고, 1250마력의 제너럴 일렉트릭 T58-GE-5 엔진을 장착하였다. 메인 로터와 테일 프로펠러는 더 큰 것으로 장착하였다. 1966년 5월까지 시험 비행한 결과, 군이 요구한 속도인 시속 370킬로미터에 조금 못 미치는 시속 361킬로미터를 달성하였고, 더불어 기대하지 않았던 비행 능력으로 후진 속도 시속 52킬로미터의 성능도 선보였다.

이후 미 육군과 해군은 컴파운드 헬리콥터의 실험 자료를 모두 획득한 후 더 이상의 연구를 중단하였고, 16H-1A 패스파인더 II의 실험 자료를 기초로 본격적인 AAFSS 개발에 착수하여 AH-56 샤이안Cheyenne을 탄생시켰다.

군 성능 시험을 마친 후 패스파인더 II는 제작사로 보내졌고, 제

3-370 패스파인더 초기형. 개량형인 패스파인더 II에 비해 동체가 짧다.

작사는 자체 개량을 진행하였다. 엔진은 1500마력 T58-GE-5 엔진으로 교체되고, 공기 흡입구와 날개 등이 개량되어 모델명은 16H-1C로 바뀌었다. 이후 16H-3H, 16H-3J, 16H-3K, 16H-1HT 등의 개량을 거치면서 최고 속도 시속 325킬로미터, 항속 거리 708킬로미터까지 달성하였다. 현재 피아세키사는 컴파운드 헬리콥터 분야에서 선두를 달리고 있으며, 기존 헬기인 AH-64 아파치, AH-1Z 코브라, UH-60 블랙호크(X-49 스피드 호크) 등에 컴파운드 헬리콥터 개념을 적용하는 방안을 연구하고 있다.

제원
_ 16H-1A 패스파인더 기준

· 승무원	2명
· 최대 탑승 인원	6명
· 길이	11.4미터
· 날개폭(로터 불포함)	10.0미터
· 메인 로터 직경	13.4미터
· 높이	3.45미터
· 순 중량	2165킬로그램
· 총중량	4870킬로그램
· 엔진	1250마력 제너럴 일렉트릭 T58-GE-5 터보 샤프트 1대
· 최고 속도	시속 370킬로미터
· 순항 속도	시속 280킬로미터
· 항속 거리	1530킬로미터
· 상승 한도	5700미터

14-3 록히드Lockheed AH-56 샤이안Cheyenne

록히드사의 AH-56 샤이안은 4엽의 블레이드와 단일 엔진을 가진 공격 헬기로, 미 육군의 AAFSS[158] 개발 프로그램으로 제작된 컴파운드 헬리콥터이다. 군용기로서 컴파운드 헬리콥터의 성능과 실용성은 16H-1A 패스파인더 II에서 이미 검증된 바가 있다.

AH-56 샤이안의 가장 큰 설계 특성은 헬기 추진력을 제공하는 푸셔 타입 프로펠러와 고정 날개이다. 실험 결과 추진용 프로펠러와 짧은 날개는 고속에서 헬기에 요구되는 양력의 80퍼센트를 만들어 내는 것으로 확인되었다. 최고 속도는 시속 370킬로미터를 기록하였으나 추진용 프로펠러를 사용했다는 이유로 진정한 헬리콥터로 분류되지 않아 헬리콥터 최고 속도 기록으로는 인정되지 않았다.

사실상 AH-56 샤이안 이전에는 순수하게 공격 임무를 위한 헬

158 Army's Advanced Aerial Fire Support System.

3-371 고속 비행을 고려한 AH-56 사이안의 동체 모양은 물고기처럼 길고 가는 형상이다.

기가 없었고, 단지 수송용 헬기에 무장을 장착하여 공격 임무를 수행해 왔을 뿐이었다. 공격 헬기는 1962년 베트남전에서 필요에 의해 15대의 벨 UH-1A 헬기에 무장을 장착하여 운용했던 것이 시초이다.

3-372 공격 헬기의 시초는 월남전에서 UH-1 헬기에 기총을 탑재하여 지상군을 지원 운영한 것이다.

3-373 D-255 이로코이스 워리어 실물 크기 모형.

이후 UH-1A 무장 헬기의 유용성을 감지한 벨사는 UH-1B를 기반으로 설계 시부터 공격 헬기 개념을 반영한 D-255 이로코이스 워리어Iroquois Warrior[159] 공격 헬기를 육군에 제안하였고, 육군은 이를 바탕으로 성능 요구서를 작성하여 육군성[160]에 승인을 요청하였다. 이 헬기의 속도는 시속 259킬로미터, 적재 하중은 680킬로그램이었다. 하지만 육군성은 오히려 육군이 요구한 사양보다 더욱 높은 수준의 혁신적인 설계 개념을 적용하라는 지침을 하달하였다.

육군성의 요구 사양을 반영하여 AAFSS 공격 헬기의 성능 요구 사항이 다시 작성되었는데, 순항 속도는 시속 361킬로미터로 향상되고, 최고 속도는 무려 시속 407킬로미터까지 가능하도록 하였다. 최고 상승 고도[161]는 1830미터였다. 이 정도의 속도와 고도라면 웬만한 육군 고정익기의 호위까지도 가능한 것이다. 육군성은 육군의 수정 성능 요구 사항을 수락하면서 AAFSS 개발이 장기화할 것을 예상하여 육군에 AAFSS 개발 기간 동안 임시로 전력을 지원할 개조형 헬

159 북미 인디언 부족의 하나로 AH-56 이후 미국의 공격 헬기는 전통적으로 인디언 부족의 이름을 붙였다. AH-64 아파치, AH-66 코만치, AH-56 샤이안 모두 인디언 부족의 이름이다.
160 미국은 육군 → 육군성 → 국방부 구조이다.
161 지면 효과 없는 최고 호버링 고도를 말한다.

기도 수용할 의사가 있다는 사실을 내비쳤는데, 애초에 육군이 요구한 D-255 이로코이스 워리어보다는 성능이 낮은 UH-1B의 개량형 공격 헬기를 염두에 둔 것이었다.

3-374 조연으로 탄생한 AH-1 코브라가 전 세계 히트 작품이 되었다.

이런 기류를 읽은 벨사는 공격 헬기의 필요성을 감지하고, 신속하면서도 독자적으로 UH-1 이로코이스Iroquois를 개조한 모델 209 AH-1 코브라를 개발하여 1965년에 첫 비행을 하였다. 예상보다 AH-1의 성능이 매우 우수하자 육군성은 AH-1을 구매할 것인지 고민에 빠졌다.

육군은 즉각 반대 의사를 표명하였다. 원래 획득하고자 했던 AAFSS 계획이 위협받을 수 있기 때문이었다. 하지만 결국 "베트남에서 우리 육군이 죽는 것은 지금이지 미래가 아니다. 공격 헬기는 지금 당장 필요하다."라는 육군 참모총장의 말에 AH-1의 구매가 시작되었다.

그래서 AH-1 코브라 공격 헬기는 첫 비행 후 단지 1년 만에 베트남전에 투입되었다. 벨사가 AH-1으로 엄청난 돈방석에 앉게 되는 순간이었다.

AH-1 코브라를 구매한 후에도 본래 목적이었던 AAFSS는 지속되었다. 미 육군은 새로운 성능 요구 사항을 헬기 제작 업체에 공개하였다. AH-1 코브라 헬기로 자신감을 얻은 벨사는 애초 육군에게 제출했던 D-255를 좀 더 개량하여 D-262를 제출하였지만 여전히 기존 재래식 헬기 개념을 고수함으로써 D-255를 약간 변형한 수

3-375 시콜스키사의 S-66의 구상도. S-66은 테일 로터의 90도 회전이 가능하여 저속에서는 주 로터의 안티 토크에 사용되고, 고속에서는 추력용 프로펠러로 작동한다.

준에 머물렀다. 시콜스키사는 S-66을, 록히드사는 CL-840 설계안을 내놓았다.

1965년 2월 개념 연구 단계에서는 록히드사와 시콜스키사의 안이 채택되었고, 1965년 11월에는 록히드 CL-840안이 최종 선발되었다. 이 안이 선발된 주요 이유는 좀 더 비용이 저렴하고, 기술적인 난관이 적어 안정적이며, 신속한 개발과 전력화가 가능하다는 것이었다. 이 결정은 베트남전이 강한 영향을 끼친 것으로 보인다.

1966년 3월 23일 육군은 록히드사와 10대의 시제기 생산 계약을 맺고 공식 명칭으로 AH-56A라 불렀다. 1972년에 첫 전력화를 하고, 1970년 말까지 육군의 공격 헬기로 완전 교체한다는 계획이었다. 1967년 3월 AH-56A 첫 시제기가 출고되었고, 지상 시험을 거친 후 1967년 9월 21일에 첫 비행을 하였다. 시험 비행 결과, 약간의 문제는 있었으나 대체로 만족스러웠다.

승무원은 2명으로 조종사는 후방에 앉고, 사수는 전방에 앉았다. 캐노피 주변의 금속 프레임을 줄이고 대부분 투명창을 설치하여 시야는 매우 좋았으나 적의 사격에 조종사가 피격될 수 있다는 단점이 있었다. 속도 성능을 중요시 여긴 덕분에 동체는 전체적으로 물고기처럼 매우 날렵하고 가느다란 구조를 하였다. 동체와 날개 연결 부분의 불룩한 공간에는 랜딩기어를 수납할 수 있도록 하였는데, 비행 중 랜딩기어는 반만 들어갔다. 날개는 3미터로 약간의 상반각을 가진 후퇴익이 장착되었다. 단발의 엔진은 조종석 바로 후방에 장착되었고, 공기 흡입구는 조종석 후방 측면에 2개가 설치되었다.

3-376 샤이안의 꼬리 부분에는 안티 토크를 담당하는 테일 로터와 추력을 담당하는 프로펠러가 함께 장착되어 있다.

4엽의 메인 로터는 이륙 시 항공기의 주 양력을 생성하였고, 자동화된 비행 조종 시스템의 통제를 받으면서 양력 정도를 조절하는 피치 컨트롤 기능을 갖고 있었다.

테일 로터는 AH-56의 큰 특징 중 하나이다. 길게 쭉 뻗은 동체 끝단에는 2개의 테일 로터가 장착되어 있는데, 직경 3미터의 4엽 블레이드 로터는 일반 헬리콥터의 안티 토크를 위한 것이며, 다른 하나는 마치 배의 스크류처럼 후방을 바라보면서 장착된 3미터의 3엽 블레이드 로터로 AH-56의 전진 추력을 만들어 내는 추진식 로터(Pusher Type Rotor)이다. 속도를 증가시키려면 추진 프로펠러의 피치각을 조절하였다. 당시 헬리콥터 성능에서 샤이안이 보여 준 높은 속도 성능과 민첩한 기동력은 바로 이 테일 로터가 만들어 낸 결과이다.

AH-56은 테일 로터 형상과 더불어 꼬리 날개 모양도 특이하였다. 대부분 헬기의 테일 로터는 위로 향한 수직 핀의 끝에 장착되어 테일 로터가 지면에 부딪치는 것을 방지하는 역할을 하는데, AH-56은 수직 핀을 아래로 향하게 하고 그 아래에 바퀴 하나가 설치되었다. 바퀴는 이륙 후 핀 내부로 반만 접혀 들어가도록 되어 있었다. 또 동체의 메인 랜딩기어와 테일 로터 쪽의 랜딩기어로 지상에 주기해 있을 때는 항공기처럼 수평 상태를 유지하였다. 반면 AH-64 아파

3-377 3개의 로터가 회전하면서 비행하는 AH-56의 뒷모습은 날개와 추력용 프로펠러가 더해져 매우 복잡하다.

치 헬기의 경우는 지상 주기할 때 기수가 약간 들린 상태가 된다.

엔진은 GE사의 3425마력 단발 터보 샤프트 T64-GE-16이 장착되었다. 향후 이 엔진은 개량을 거쳐 3925마력으로, 9호기 이후에는 T64-GE-716으로 개량되어 4275마력으로 성능이 증가되었다.

AH-56은 비행 시험을 통해 놀라운 성능을 선보였다. 대개 가속이나 감속을 위해서는 로터를 숙이거나 들어 올리면서 동체의 기수가 내려가거나 올라가는 것이 일반적인데, AH-56은 추진용 프로펠러를 이용하여 수평 상태에서도 가속과 감속이 가능하였으며, 반대로 제자리 호버링 상태에서 기수 업, 다운이 가능하였다. 이는 대지 공격 시 조준 사격의 정확성을 높이는 획기적인 기동이었다.

1968년 1월 국방장관은 초도 375대를 생산하기 위한 예산을 승인하였고, 1969년 말까지 계획대로 10대의 시제기가 모두 생산되었다.

1969년 3월, 3호기 시험 비행 중 로터가 동체를 쳐 테일 로터가 떨어지면서 기체가 추락하여 조종사가 사망하는 사고가 발생하였다. 사고 원인 분석 결과, 헬기에 처음 적용한 리지드Rigid, 강직성 로터 시스템과 비행 제어 시스템에 문제가 있음이 드러났고, 육군은 11개 항목의 개선을 요구하면서 재발 방지를 위한 개수 명령을 하였다. 육군 내에서도 이러한 안전 개수 명령이 록히드의 비용 상승을 동반하고, 이로 인한 프로그램의 전체적인 지연이 불가피하다는 것을 인지하고 있었으며, 결국 군은 1969년 양산 계약을 철회하고 말았다. 하지만 개발 계획 자체는 계속 유지하였다.

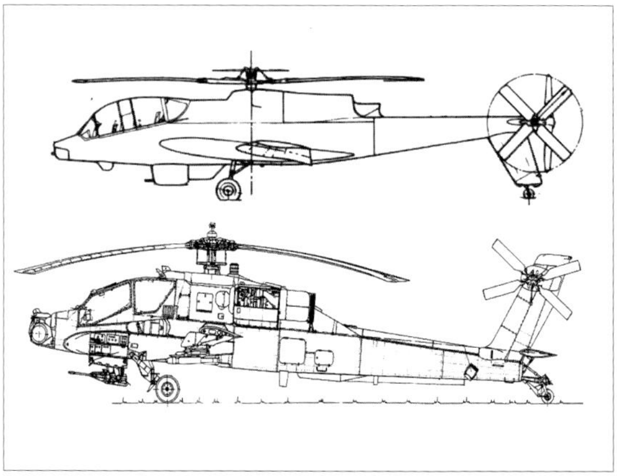

3-378 위 그림이 AH-56이고, 아래가 AH-64이다. AH-56은 정지 상태에서 로터의 처짐이 없다.

1969년 9월, NASA에서 10호 시제기를 이용한 개량 연구 결과 검증이 있었으나, 여전히 일부 문제점은 해결되지 않은 것으로 확인되었다. 특히 고속에서 로터 진동Vibration이 발생하여 로터가 동체를 치는 문제는 여전히 존재하여 실용화시킬 수 없다는 결론에 도달하게 되었다.

록히드사는 나름대로 안전성을 보강하기 위해 헬기에 사출 좌석까지 장착하였는데, 전방석은 기수 방향으로, 후방석은 기체 아래 방향으로 사출하는 방식을 채택하였다. 엔진의 개량, 캐노피 형상 변경, 무장 발사 시험 등의 테스트가 계속되었으며, 1970년 말에는 육군의 요청에 따라 TOW[162] 미사일, 야시경 장치까지 시험하게 되었다.

162 Tube-launched, Optically-tracked, Wire command data link, guided missile.

3-379 총 10대의 시제기 중 3대가 편대 비행 중이다.

그리고 사고를 유발하였던 로터 안정성 문제도 점차 해결이 되고 있었다.

그런데 새로운 정치적 이슈가 등장하였다. 육군의 지상 전투 시 CAS^Close Air Support, 공중 근접 지원^ 임무를 육군이 하느냐, 공군이 하느냐 하는 문제가 정치 쟁점화된 것이다. 공군은 육군의 AAFSS 프로그램이 1948년에 결정된 CAS 임무의 공군 권한을 침해한다고 강력하게 주장하였고, 국방부는 육군의 AH-56 헬기는 공군이 CAS 임무기로 추진 중인 A-X프로그램[163]과 해병대의 해리어 구매 사업에 영향을 주지 않을 것이라는 약속까지 하였다. 하지만 각종 청문회와 토의를 거친 끝에 AH-56의 프로그램은 잠정 보류키로 결정되었다.

1971년에는 결국 공군에게 밀려서 AAFSS 헬기 요구 성능이 공군 영역을 침범하지 않는 범위로 축소되어 다시 공고가 나갔고, 벨 309 킹코브라^King Cobra^, 시콜스키^Sikorsky^ S-67 블랙호크^Blackhawk^, 그리고 AH-56을 놓고 처음부터 다시 평가하였으나 벨사와 시콜스키사의 성능은 육군 요구 사항에 미치지 못하였다.

육군은 이미 막대한 예산을 투입하여 완성 단계에 왔던 AH-56

163 향후 A-10가 탄생하게 된다.

프로그램을 강행하여 무장 시험을 지속하였다. 하지만 1971년, 하필 많은 사람이 모인 공개 시험에서 이전에는 한 번도 실수가 없었던 TOW 미사일 발사 시범 중 미사일이 오발하면서 가뜩이나 잡음이 많던 AH-56에 대한 많은 사람의 인식이 변하기 시작하였다.

3-380 CAS 임무 시범을 보이고 있는 AH-45.

1972년 근접 지원 임무인 CAS 전력에 관한 미 상원의 보고서가 나왔는데, 공군의 A-X 프로그램과 해병대의 해리어 구매 계획을 언급하였으나, 육군의 AH-56에 대해서는 언급을 하지 않았다. 단지 '육군 자체적으로 육군의 생존성 향상을 위해 헬기를 연구 개발한다'는 짧은 문구만이 언급되어 예산이 상원에서 승인되는 데 심각한 타격을 입게 되었다. 감정적인 쟁점으로까지 번진 CAS 임무를 위한 AAFSS 헬기 개발 사업은 1972년 8월 육군성 장관이 개발 포기를 선언하면서 모든 논란에 종지부를 찍었다.

3-381 AH-56의 메인 로터 구조는 일반 헬기의 구조보다 매우 단순하다.

한편 벨사는 기나긴 AAFSS 프로그램이 지연된 덕분에 이미 1000대가 넘는 AH-1 코브라 헬기를 육군에 공급한 상태였다. 그리고 질질 끌어오던 AH-56 프로그램은 시간이 지나면서 시대적으로 뒤처진 기술이 되어 버렸다. 이미 아날로그 시대는 지나고 디지털 시

3-382 AH-56은 정치적인 논쟁으로 시간이 흐르면서 양산 전에 이미 구형이 되어 버렸다.

대가 도래하면서 향후 20년을 내다보고 생산하기에 AH-56은 진부해졌으며, 다시금 무장 성능을 향상시키거나 디지털 체계로 설계를 변경하기에는 너무나 예산이 많이 들었다. 육군도 AH-1G를 운영하면서 정밀도, 전천후 성능, 운영 비용 등에 많은 노하우가 쌓이고, AH-1G의 성능이 향상되자 AH-56에 다소 의문을 던지기 시작하였다.

엔진이 하나인 것도 불만 중 하나였는데, 개발 당시에는 몰랐지만 10여 년이 지난 시점에서 저렇게 낮은 성능의 헬기에 비싼 예산을 들여 구매할 필요가 있나 하는 것이었다.

1972년 육군은 완전히 새로운 각오로 헬기 구매 사업을 다시 시작하여 AHH(Advanced Attack Helicopter, 선진형 공격 헬리콥터) 프로그램을 가동하였다. 베트남전에서 얻은 헬기 운영 경험과 코브라 헬기의 운영 경험을 바탕으로 새로운 요구 성능을 제시하였으며, 록히드사는 다시 한번

AH-56의 부활을 위해 AH-56의 기체를 일부 개량하여 2개의 엔진을 장착하고, 추진식 프로펠러가 없는 CL-1700을 제시하였다. 하지만 승리는 보잉사의 AH-64 아파치에 돌아갔다. 1965년부터 시작된 AH-56의 패배가 최종적으로 확정되는 순간이었다.

그 후에도 록히드사는 자체적으로 샤이안의 비행을 계속하여 연구 개발을 통해 헬기 시장에 남으려고 했으나 시콜스키, 벨, 보잉사의 벽을 결국 넘지 못하였다.

3-383 록히드사는 AH-56의 개량형 CL-1700으로 아파치와 경쟁을 벌였으나 결국 패하고 말았다.

3-384 AH-56 샤이안을 이기고 공격 헬기 시장을 장악한 AH-64 아파치. 사진은 아파치 초기 형상인 YAH-64형이다.

제원

· 승무원	2명(전방석은 사수, 후방석은 조종사)
· 길이	16.66미터
· 로터 직경	15.62미터
· 높이	4.18미터
· 순 중량	5540킬로그램
· 운영 중량	8300킬로그램
· 최대 이륙 중량	1만 1740킬로그램
· 엔진	3925마력 제너럴 일렉트릭 T64-GE-16 터보 샤프트 1대
· 로터	4엽 메인 로터, 4엽 테일 로터, 3엽 푸셔 타입 프로펠러
· 최고 속도	시속 393킬로미터
· 순항 속도	시속 362킬로미터
· 항속 거리	1971킬로미터
· 호버링 한도	6100미터
· 상승률	초속 15.23미터

14-4 카터콥터CarterCopter 뮤원Mu1

카터콥터 뮤원 항공기는 카터항공사Carter Aviation Technologies에서 컴파운드 오토자이로Compound Autogyro 개념을 실험하기 위한 실험기로 제작되었다.

뮤원 항공기는 기본적으로 자이로콥터 개념이 적용되었는데, 회전 로터를 기존의 로터보다 강하고 무겁게 제작하고, 고정식 날개가 부착되었다는 점이 기존의 자이로콥터와 달랐다. 무거운 로터를 회전시켜 헬기처럼 수직 상승한 후 곧바로 고정익 날개와 프로펠러를 이용하여 고속의 수평 비행을 하고, 로터를 이용하여 헬기처럼 다시 수직으로 착륙할 수 있게 한 것이다. 이에 따라 기존 자이로콥터에서 실현할 수 없었던 회전익의 속도 벽을 뛰어넘은 뮤원은 헬기 속도의 신기원을 마련하였다.

뮤원이 헬기의 속도 벽을 깼다는 것은 무엇을 뜻하는 것인가? 속도 한계가 기존 회전익(헬기)의 특징 중 하나라는 것은 앞에서도 여러 차례 언급하였다. 비행 중 로터 회전 속도와 항공기 전진 속도가 합해져서 앞으로 나아가는 로터 회전면과 뒤로 돌아가는 로터 회전면 사이에는 심각한 양력 불균형이 생긴다.

3-385 카터콥터사의 뮤원.

그림 3-386에서 왼쪽의 그림은 호버링 상태이다. 예를 들어 로터의 회전 속도가 시속 100킬로미터라면 모든 부분에서 로터 끝의 회전 속도는 시속 100킬로미터

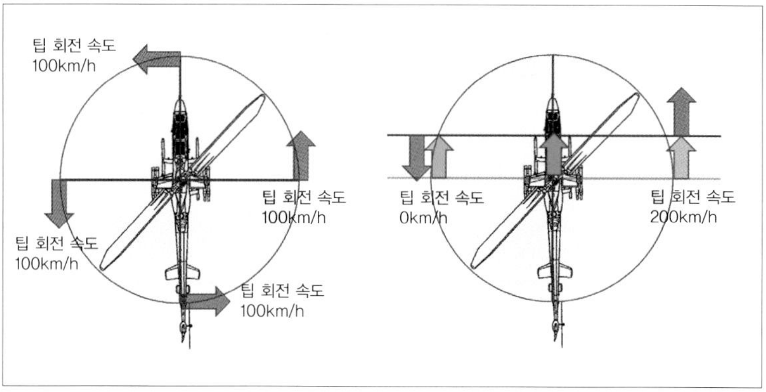

3-386 헬리콥터 속도 한계가 발생하는 개념.

로 동일하고, 로터 회전면 전체에서 균등한 양력이 발생한다. 하지만 헬리콥터가 시속 100킬로미터로 전진하게 되면(그림 3-386의 오른쪽) 전진하는 로터 쪽(조종사 기준 오른쪽)의 속도는 전진 속도와 회전 속도가 합쳐져서 시속 200킬로미터가 되지만, 그 반대쪽 속도는 '0'이 된다. 헬기의 전진 속도와 로터 회전 속도 비를 공학적으로 μ(뮤)라 하며 헬기 속도와 로터 회전 속도가 같아지는 시점을 'μ=1'이라 한다(μ=기체 속도/블레이드 끝단 회전 속도). 그래서 카터콥터사는 헬기 속도 한계인 'μ=1'을 돌파한다는 의미로 기체 이름을 'Mu 1'이라 지었다.

호버링에서 전진을 계속할수록 로터가 전진하는 우측 블레이드는 점점 속도가 증가하여 양력이 증가하는 반면, 좌측은 속도가 감소하면서 양력이 줄어들게 되며, μ=1이 되면 헬기의 좌측 로터 회전면에는 양력이 거의 발생하지 않게 된다. 이는 곧 고정익에서 한쪽 날개만 가지고 비행한다는 의미인데, 이 경우 헬기는 양력 불균형으로 뒤집혀 버리게 된다. μ값이 1이 되기 전까지는 로터 블레이드의 받음각을 변화시키는 사이클릭 피치 컨트롤과 로터 블레이드가 관절을

3-387 뮤원은 고정식 날개를 장착하여 회전익 속도의 벽을 넘는다.

통해 움직이게 하는 플래핑으로 양쪽의 균형을 맞출 수 있지만 로터 끝 속도가 '0'이 되는 시점, 즉 μ값이 1이 되는 시점에서는 어떠한 방법으로도 양력 균형을 맞출 수 없다.

속도 증가를 위해 로터 회전 속도를 더 빠르게 할 수도 있지만 그렇게 되면 로터 회전 속도가 가장 빠른 부분에서 음속 돌파 현상이 발생하고, 블레이드 효율이 급격하게 떨어져 속도 증가의 벽에 부딪친다. 그래서 회전익 항공기는 로터 회전 속도보다 항상 낮은 속도로 비행할 수밖에 없다. 뮤원은 이 문제를 고정식 날개 장착으로 해결하였다.

뮤원은 이륙 단계에서 조종사가 메인 로터의 블레이드 피치를 '0'으로 하고 로터를 고속 회전시킨다. 즉 양력이 발생하지 않는 상태로 로터에 강한 관성을 가하는 것이다. 로터의 끝부분에는 무게를 충분히 실어 관성력Momentum을 높였다. 통상 비행체의 재료는 가벼운 것을 택하는데 반해 뮤원이 무거운 재료로 로터를 만든 이유는 바로 관성력을 크게 하기 위해서였다. 로터 회전력이 충분해지면 로터로 가는 엔진 파워는 끊어지고, 동체 후방의 크루즈용 프로펠러로 엔진 동력이 연결된다. 동시에 관성력으로 회전 중인 메인 로터 블레이드 피치 각을 높인다. 그러면 플라이 휠Fly Wheel처럼 돌아가는 로터에 양력이 발생하여 동체가 스프링 튕기듯 공중에 띄워지는 동시에 프로펠러의 힘으로 앞으로 나아간다.

3-388 뮤원은 2005년 6월에 처음으로 μ=1에 도달하였다.

엄밀하게 보면 수직 이륙은 아니지만 조종사의 의도에 따라 수직 이륙도 사실상 가능하다. 뮤원식의 이륙은 지상에서 곧바로 수평 비행 모드로 들어갈 수 있어서 과거 대부분의 수직 이착륙기에서 보아 왔던 천이 비행 시 추력 분배의 어려움이나 호버링 중 조종의 어려움 등이 없으며, 호버링 중 자세 제어를 위한 조종면 구조물도 필요 없었다.

단 기체가 공중에 떠오르면 조종사는 후방 추진용 프로펠러에 최대한의 추력을 공급하여 속도를 증가시킨다. 기체가 가속되기 전인 저속에서는 관성력으로 회전 중인 메인 로터가 양력 대부분을 담당하고, 메인 로터 관성력이 점점 떨어지는 동안 항공기는 가속하여 고정익의 양력이 점차 증가하게 된다.

기체 속도가 시속 140킬로미터로 증가하면 고정익이 대부분의

3-389 뮤원의 개량형 PAV.

양력을 담당하게 된다. 이때 조종사는 메인 로터 피치 각을 '0'으로 하여 양력과 항력을 최소화하게 되는데, 이 경우 메인 로터는 그저 전진 속도에 따라 회전하는 바람개비 수준이 된다. 고정익은 고속에서만 양력을 담당하므로 일반 이착륙하는 고정익 항공기와 같이 큰 날개가 필요하지 않아 뮤원은 가늘고 비교적 짧은 날개를 가졌다.

뮤원은 1998년 첫 비행을 한 이래 2005년 6월 17일에 처음으로 μ=1에 도달하였다. 당시 속도는 시속 273킬로미터였으며, 메인 로터의 RPM은 107정도였다. μ=1 상태로의 비행은 조종사가 인식할 수 없을 정도였으며, 랜딩 후 비행 데이터 분석 과정 중 확인되었다. μ=0.9 상태에서는 약 20초가량 비행하였는데, 조종사는 기체 움직임에 어떠한 변화도 느낄 수 없었다고 하였다. μ=1은 고속 상태이므

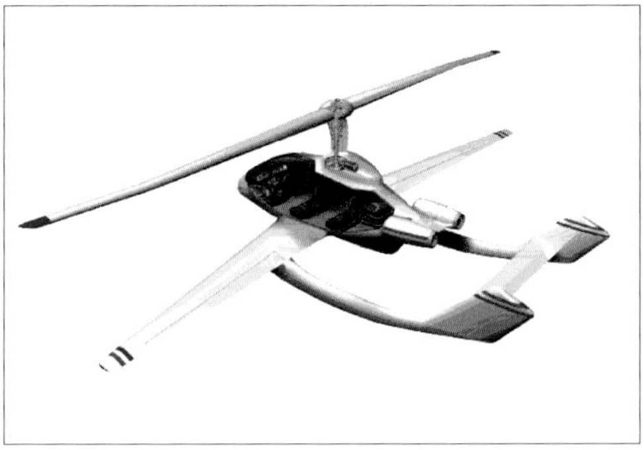

3-390 카터 에비에이션사가 구상 중인 제트 추진식 7인승 소형 수송기.

로 고정익에서 대부분의 양력을 담당하게 되고, 로터가 부담하는 양력이 거의 없기 때문이다.

유원의 이론상 최고 속도는 시속 800킬로미터이다. 이는 통상 헬기 속도의 2배 이상에 해당한다. 참고로 UH-60의 최고 속도는 약 시속 300킬로미터이다. 2010년 12월, 유원의 개량형인 PAV Personnel Air Vehicle가 비행에서 달성한 최고 속도는 시속 270킬로미터로 아직 군용 헬기의 속도에는 못 미치는 실정이다. 하지만 동급의 중량 헬기가 카터콥터의 속도를 달성하기 위해서는 2배의 엔진 출력과 연료가 소모된다는 점에서 이미 절반의 성공으로 평가받고 있다.

카터항공사는 유원의 성공 여부에 관계없이 제트 엔진으로 동력을 공급하는 컴파운드 오토자이로 개념의 2인승 소형에서부터 100인승 대형기까지 여러 형태의 항공기를 구상 중이다.

제원

· 총 탑승 인원	5명
· 날개폭	9.75미터
· 높이	3.40미터
· 길이	6.81미터
· 순 중량	1134킬로그램
· 최대 이륙 중량	1905킬로그램(수직 이륙)
· 엔진	600마력 V6 NASCAR 왕복 엔진
· 로터 직경	13.26미터
· 프로펠러	2.44미터
· 순항 속도	시속 270킬로미터(목표 속도: 시속 800킬로미터)
· 상승 한도	3000미터
· 항속 거리	3860킬로미터

14-5 피아세키Piasecki X-49A 스피드 호크Speed Hawk

피아세키사는 1960년대 16H-1A 패스파인더 II를 제작하면서 컴파운드 헬리콥터 분야에서 세계적인 권위를 갖게 되었고, 이제는 기존 헬기를 개조하여 속도 혁명을 가져오고 있다.

미 육군은 1990년대 초, 피아세키 항공사와 VTDPVectored thrust Ducted Propeller164 개념을 적용한 컴파운드 헬리콥터 개발 계약을 체결하였다. 대상 기종은 AH-64 아파치, AH-1W 슈퍼코브라였다. 개발 목표는 시속 370킬로미터를 넘어야 하고, 수평 속도 가감속에 50퍼센트 이상의 개선, 회전 반경은 50퍼센트 이상 감소해야 했다(참고로 AH-64 아파치의 최고 속도는 시속 290킬로미터, AH-56 샤이안 헬기는 시속 370킬로미터임). 하지만 실험 결과에 대한 구체적인 공개는 없었다.

이후 미 해군도 1995년, 육군과 별도의 프로그램으로 4개 블레이드 형상의 AH-1W/AH-1Z에 대해 VTDP 적용 가능성 검증을 위한 1600만 달러 규모 계약을 피아세키 항공사와 맺었다. 실제 비행은 하지 않았으나 지상 테스트와 시뮬레이션 개발 등이 이루어졌다.

이후 피아세키 항공사는 미 해군, 육군과의 계약과 개발 성과를

3-391 VTDP와 날개를 장착한 AH-1, AH-64.

164 추력 방향 전환이 가능한 덕트형 프로펠러.

통해 VTDP 시스템의 성능과 효과에 자신감을 가지고, 미 해군에 먼저 AH-1W 실증기 제작을 제의하였다. AH-1 VTDP 실험 결과에 만족한 미 해군은 피아세키사가 제안한 AH-1W 대신에 한층 발전된 방안으로 YSH-60F를 이용한 실증기 제작을 수정 제시하였고, 제작사가 이를 수용함에 따라 2000년 9월에 2600만 달러 규모의 계약을 하게 되었다.

3-392 X-49A에 장착된 VTDP. 크기를 짐작할 수 있다.

미 국방부는 미 해군에서 추진 중인 YSH-60F VTDP를 면밀하게 검토한 결과, 현재 운영 중인 UH-1, UH-60, AH-64 등을 VTDP로 개조 또는 추가 생산할 경우, 차기 대체기가 나올 2030년까지 수명을 연장하여 사용 가능하고, 더불어 기존 성능을 현격하게 증가시킬 수 있으며, 새로운 헬리콥터 개발에 소요되는 거액의 예산을 절감할 수 있을 것으로 판단하였다. 그래서 국방부는 이를 검증하고자 제작사보다 더 적극적으로 추진하였다. 한편 미 국방부와 해군이 주도하는 이 프로그램에 미 공군도 구조 및 정찰 탐색 헬기인 HH-60의 업그레이드 방안으로 관심을 가지면서 3군 헬리콥터 개조라는 거대한 프로젝트로 확대되었다.

2003년 5월, VTDP를 장착한 YSH-60F 시제기는 X-49A라는 명칭이 부여되었다. 2004년에는 프로그램을 주도하는 주체가 해군에서 육군으로 바뀌었으며, 시험 비행을 위한 지상 테스트가 시작되었다. 기존 YSH-60F 시제기에 테일 로터 대신 2.44미터 직경의 대형 덕트가 장착되고, 덕트 내부에는 5엽 블레이드의 추진용 프로펠러가 장착되었다. 추진용 VTDP 구동을 위해 별도로 엔진 하나를 테일 붐에 추가하였다. 주 엔진은 SH-60에 장착했던 T700-GE-701C 엔진 2대를 그대로 사용하였다. VTDP 장착을 위해 동체 길이는 약 1미터 더 길어지고, 외부의 공기 저항을 유발하는 각종 부착물이 제거되어 고속에 적합하게 개조되었다.

VTDP의 프로펠러 후방에는 수직, 수평의 베인과 방향 조절이 가능한 노즐이 장착되어 추력 발생은 물론 기존 헬리콥터에서 테일 로터와 엘리베이터가 수행하던 기능인 피치와 요우, 안티 토크 기능까지 모두 수행하였다. 제작사는 VTDP의 형태를 참고하여 새롭게 고안된 이 장치에 링 테일Ring Tail이라는 이름을 붙였다.

이 헬기에서 외형적으로 더욱 특징적인 것은 고정익 날개이다. 고정익 날개는 고속에서 양력을 제공해 주고, 향후 테스트 결과에 따라 무장 장착을 위한 파일런 공간도 제공하게 될 것이다. 날개에는

3-393 X-49A 스피드 호크. 새로운 헬기 개발보다 경제적일 것으로 예상한다.

고정익 항공기와 같이 조종면이 장착되어 기존 헬기의 조종 방식과 고정익 조종 방식이 결합되었다. 고정익 비행 방식이 추가되기는 했지만 컴퓨터 프로그램을 개선하여 기존 조종 방식에 통합 운영함으로써 조종사의 부담은 별반 증가하지 않았다. 개조로 인한 무게 증가분은 날개를 포함하여 약 725킬로그램에 달한다. 하지만 피아세키사는 기존 항공기를 개조하면서 덧붙인 구조물 때문에 무게 증가분이 커졌으며, 양산형의 무게는 실험기보다 훨씬 줄어들 것이라고 설명하고 있다.

VTDP와 고정익 날개의 결합은 국방부가 요구했던 속도인 시속 370킬로미터 이상을 충족시키는 동시에 기존 헬기의 기동 능력을 훨씬 능가하는 결과를 가져왔다. 그 외에도 헬기 고유의 진동이 격감하여 기골 피로도를 낮춤으로써 전체적인 정비 요구도가 감소하였고, 수명을 늘리는 효과도 부수적으로 얻었다.

제작사는 H-60 기반의 VTDP 개량형은 공중 급유를 하지 않고도 행동 반경은 최대 1411킬로미터, 항공모함에서 운영 시에는 963킬로미터(수직 이륙, 수직 착륙만으로 운영)에 달할 것이라고 평가하고 있다. 현재 UH-60의 전투 행동 반경이 약 600킬로미터인 점을 고려하면 엄청난 성능 향상이다.

3-394 YSH-60F를 개조하면서 테일 로터를 제거하고 VTDP 기술을 적용하고 있다.

X-49A의 첫 비행은 2007년 6월 29일 보잉 비행 시험장에서 있었다. 이 15분간의 비행을 통해 호버링, 급회전, 측면 비행 능력 등을 선보였으며, 링 테일로 테일 로터의 기능을 완벽하게 수행하였다. 시험 비행 결과의 상세한 내용은 공개

3-395 개발 관계자들이 지켜보는 가운데 시험 비행을 하고 있다.

되지 않았지만 군의 모든 요구 사항을 충족한 것으로 확인되고 있다. 단지 군은 기존 헬기의 개조 비용과 소요 기간, 개량형 제작 비용과 운용 가능 시기, 대체 헬기 개발 비용과 시기 등을 고려하여 비용과 전력 공백 등의 측면에서 효과성을 검토 중에 있다.

보잉사는 AH-64 아파치 헬기를 제작한 회사로 X-49A의 비행 결과에 매우 흥미를 가지고 있다. 항공기 제작 및 개조 능력이 부족한 피아세키사에 대해 보잉은 상당 부분 기술 자문을 무상으로 지원하였다. 향후 AH-64의 대체기 확보 계획인 JMR Joint Multi-Role 공격 헬기 사업에서 국방부가 AH-64 VTDP를 선택할 경우, 보잉이 AH-64에 이어 향후 20년 이상 공격 헬기 분야에서 주도권을 계속 이어갈 수 있을 것이라는 판단에서이다.

냉전 시대처럼 국방부에서 새로운 항공기 개발에 비용을 분담하던 시대는 지나고 이제는 회사의 비용 부담이 커진 상태에서, 새로운

3-396 X-49A의 성공은 헬기 개념에 커다란 변화를 가져올 것이다.

항공기 개발 경쟁에서 패하는 것은 엄청난 재정적 위기를 초래한다. 때문에 보잉 입장에서는 차세대 헬기 사업이 AH-64의 개량형으로 가게 된다면 기존 AH-64의 연장선에서 우선권을 가질 수 있다.

JMR 공격 헬기 프로그램은 2020년 이후 일선 배치를 목표로 하고 있다. 보잉은 피아세키사에 재정적 지원까지 고려하고 있으며, 보잉 자체적으로는 AH-64의 소형 VTDP형인 JMR-라이트Light 모델도 구상 중이다. JMR-라이트는 소형 공격 헬기로 아파치처럼 값비싼 무기를 구매하기 어려운 작은 국가를 상대로 한 수출형이며, 미래에 상당한 돈벌이가 될 것으로 확신하고 있다.

X-49A에 관심을 가지는 군軍 중에서 미 해병대와 특수 임무 부대는 또 다른 차원에서 접근 중이다. 이들은 활주로가 없고 헬기가 도달할 수 없는 내륙 깊숙이 병력을 이동하기 위해 V-22를 운용 중인데, 기존 헬기는 V-22의 속도와 항속 거리를 따라갈 수 없어서 사

3-397 컴파운드 헬리콥터 개념이 향후 헬기 형태를 주도할 것이다. 사진은 추진용 프로펠러와 작은 날개가 장착된 시콜스키사의 X2와 유러콥터사의 X3이다.

실상 호위 임무가 불가능하였다. 하지만 X-49A는 속도 성능, 항속거리, 무장 능력, 기동성 등 모든 면에서 V-22 호위에 최적의 조건을 갖추었다는 것이다.

X-49A의 결과에 따라 미국의 육해공군과 해병대를 포함한 전 세계 헬기 시장에 일대 변화가 올 것이며, 피아세키사의 X-49A는 헬기 혁명에 큰 획을 그을 것으로 기대되고 있다. X-49A를 이어 시콜스키사의 X2, 유러콥터사의 X3 등 컴파운드 헬리콥터가 속속 개발되고 있다.

X-49A에 대한 상세 제원은 아직 공개된 바가 없다.

동력 방식	전환 방식	기종 이름	첫 비행
호버링과 비행 시 동일 엔진 사용	Tilt Shaft	Transcendental Model 1G	1954. 7
		Bell XV-3	1955. 8.
	Tilt Prop	Dornier Do 29	1958. 12.
		Curtise Wright X-100	1959. 9.
		Curtise Wright X-19	1963. 11.
	Tilt Duct	Doak 16 VZ-4	1958. 2.
		Bell X-22A	1966. 3.
		Nord 500 Cadet	1968. 7.
	Tilt Wing	Vertol 76 VZ-2	1957. 4.
		Hiller X-18	1959. 11.
		LTV-Hiller-Ryan XC-142	1964. 9.
		Canadair CL-84 Dynavert	1965. 5.
		Falx Air VLHT	개발중
	Tilt Rotor/Jet	Bell XV-15	1977. 5.
		Bell-Boeing V-22 Osprey	1989. 3.
		Bell 65 Air Test Vehicle (ATV)	1954. 11.
	Deflected Slipstream	Robertson VTOL	1957. 1.
		Ryan 92, VZ-3 Vertiplane	1959. 1.
		Fairchild M-224-1, VZ-5 Fledgling	1959. 후반
	Vectored Thrust	Bell X-14	1957. 2
		Hawker P.1127 Kestrel	1960. 11.
		Yakovlev Yak-36 Freehand	1963. 1.
		Boeing X-32B	2000. 9
		Dupont DP-1/DP-2	2007. 10
	Tail Sitter	Focke-Wulf Triebfluegel	-
		Lockheed XFV-1 Salmon	1954. 6.
		Convair XFY-1 Pogo	1954. 4.
		Ryan X-13A Vertijet	1955. 12.
		SNECMA C450 Coleoptere	1959. 4.
		NASA Puffine	개발 중

동력 방식	전환 방식	기종 이름	첫 비행
호버링 전용 엔진 사용	Lift + Cruise	Short SC.1	1957. 4.
		Dassault Balzac V	1962. 10
		Dassault Mirage IIIV	1965. 2.
호버링 전용 복합 엔진 사용 (Combined Power)	Lift + Lift/Cruise	Bell D-188A(XF-109)	-
		EWR VJ 101C	1963. 4.
		Dornier Do 31	1967. 2
		Lockheed XV-4B Hummingbird II	1969. 3.
		VFW VAK 191B	1971. 9
		Yakovlev Yak-38 Forger	1970. 12.
		Yakovlev Yak-41 Freestyle	1987. 3.
	Tip Jet	McDonnell XV-1	1954. 2.
		Fairey Rotodyne	1957. 11.
호버링을 위한 추력 증강 장치 사용 (Augmented Power)	Ejector	Lockheed XV-4A Hummingbird	1962. 7.
		Rockwell XFV-12A	-
	Fan	VZ-9 Avrocar	1959. 10
		Vanguard Omniplane	1962.
		GE-Ryan XV-5A Vertifan	1964. 5.
		Lockheed Martin X-35	2000.
	Rotor	Kamov Ka-22 Vintokryl	1959. 6.
		Piasecki 16H-1 Pathfinder	1962. 2.
		Lockheed AH-56 Cheyenne	1967. 9.
		Cartercopter Mu 1	1998.
		Piasecki X-49A Speed Hawk	2007. 6.

사진 출처

1장_ 용어 설명

1. 항공기 이착륙 방식

1-2. http://www.flightglobal.com/
1-3. http://www.aerospaceguide.net
1-4. http://www.strangemilitary.com
1-5. http://www.richard-seaman.com
1-6. http://en.wikipedia.org
1-7. http://www.jsf.mil/
1-8. http://www.crazywebsite.com
1-9. http://en.wikipedia.org/wiki/Boeing_YC-14
1-10. http://en.wikipedia.org/wiki/McDonnell_Douglas_AV-8B_Harrier_II
1-11. http://en.wikipedia.org/
1-12. http://www.airliners.net
1-13. http://en.wikipedia.org/wiki/JATO

2. 수직 이착륙에 사용되는 용어

1-15. http://en.wikipedia.org/wiki/JATO
1-16. http://en.wikipedia.org/wiki/Humming_bird
1-17. http://www.defensemedianetwork.com/stories/wake-turbulence/
1-18. http://en.wikipedia.org/wiki/US_Coast_Guard
1-20. http://www.jsf.mil/
1-21. http://www.agustawestland.com
1-22. http://steeljawscribe.com/2008/04/11/flightdeck-friday-vstol-dreams

3. 엔진의 종류

1-23. http://www.flyngo.com/pilots-handbook-aeronautical-knowledge%20reciprocating-engines
1-24. http://www.airliners.net
1-25. http://www.wikipedia.org
1-26. http://www.wikipedia.org
1-27. http://www.wikipedia.org
1-28. http://www.wikipedia.org
1-29. http://www.wikipedia.org
1-30. http://www.airforce.mil.kr
1-31. http://www.wikipedia.org
1-32. http://wn.com/vtol
1-33. http://www.wikipedia.org
1-34. http://xplanes.tumblr.com/post/141706956/
1-35. http://cwarrenrobertson-coldwarnostalgia.blogspot.com

4. 프로펠러와 로터의 개념적 차이

1-36. http://www.af.mil
1-39. http://www.wikipedia.org
1-40. http://www.wikipedia.org
1-41. http://www.flightglobal.com
http://www.air-and-space.com
http://www.richard-seaman.com

5. 항공기 제원 관련 용어

1-42. http://www.af.mil
1-43. http://www.aircraftpictures.net
1-44. http://www.highgallery.com/VFA-82.html
1-45. http://www.boeing.com
1-46. http://www.boeing.com

2장_ 왜 수직 이착륙기인가?

2-1. http://www.cultural-china.com/chinaWH/images
2-3. http://www.futura-sciences.com/
2-4. http://www.af.mil
2-5. http://www.defense.gov
2-6. http://www.operatorchan.org

2-7. http://grandlogistics.blogspot.com/
2-8. http://wwwspecialoperations.com
2-9. http://www.boston.com
2-10. http://media.defenseindustrydaily.com
2-11. http://www.aviastar.org

3장_ 수직 이착륙 분류별 기종

1. 호버링과 전진 비행 시 같은 추력을 사용 – 틸트 샤프트/로터 (Tilt Shaft/Rotor)

3-1. http://www.afwing.com

1-1 트랜센덴틀(Transcendental) 모델 1G

3-2. http://prototypes.free.fr/vtol/vtol-5.htm
3-3. http://prototypes.free.fr/
3-4. http://www.aviastar.org
3-5. http://prototypes.free.fr/
3-6. http://prototypes.free.fr/
3-7. http://xplanes.free.fr/transcendental/trans-2.html
3-8. http://xplanes.free.fr/transcendental/trans-2.html

1-2 벨(Bell) XV-3

3-9. http://www.flyingcircus.50webs.com
3-10. http://www.nasa.gov
3-11. http://xplanes.free.fr
3-12. http://prototypes.free.fr
3-13. http://www.nasa.gov
3-14. http://www.wikipedia.org

2. 호버링과 전진 비행 시 같은 추력을 사용 – 틸트 프롭(Tilt Prop)

3-17. http://www.alibaba.com
http://prototypes.free.fr/curtiss/x100-1.htm

2-1 도니어(Dornier) Do 29

3-18. http://www.prototypes.free.fr/vtol
3-19. http://www.wikipedia.org
3-20. http://jpcolliat.free.fr/do31/histoire.htm
3-21. http://www.bredow-web.de/Luftwaffenmuseum

2-2 커티스라이트(Curtiss-Wright) X-100

3-22. http://airandspace.si.edu/collections/artifact.cfm?id =A19690014000
3-23. http://prototypes.free.fr/curtiss/x100-1.htm
3-24. http://prototypes.free.fr/curtiss/x100-1.htm
3-25. http://prototypes.free.fr/curtiss/x100-1.htm
3-26. http://prototypes.free.fr/curtiss/x100-1.htm
3-27. http://prototypes.free.fr/curtiss/x100-1.htm

2-3 커티스라이트(Curtiss-Wright) X-19

3-28. http://www.afwing.com
3-29. http://prototypes.free.fr
3-30. http://www.agoravox.fr
3-31. http://www.wikipedia.org.org
3-32. http://prototypes.free.fr
3-33. http://www.nationalmusium.af.mil

3. 호버링과 전진 비행 시 같은 추력을 사용 – 틸트 덕트(Tilt Duct)

3-36. http://www.aero-web.org, http://www.life.com
3-37. http://www.moviemobsters.com

3-1 도악(Doak) 16 VZ-4DA

3-38. http://www.aviastar.org
3-39. http://www.jpcolliat.free.fr
3-40. http://www.militaryimages.net
3-41. http://www.aiaa.org

3-2 벨(Bell) X-22A
3-42. http://www.456fis.org
3-43. http://www.aerofiles.com
3-44. http://www.vstol.org
3-45. http://www.diseno-art.com
3-46. http://www.usmilitariaforum.com
3-47. http://www.strange-mecha.com/aircraft
3-48. http://www.buffaloah.com/h/aero/bell/index.html
3-49. http://buffaloah.com/h/aero/bell/index.html
3-50. http://www.unrealaircraft.com

3-3 노드(Nord) 모델 500 카뎃(Cadet)
3-51. http://www.avionslegendaires.net
3-52. http://avia-simply.ru/vozdushnij-vint/
3-53. http://www.vstol.org

4. 호버링과 전진 비행 시 같은 추력을 사용 - 틸트 윙(Tilt Wing)
3-54. http://static.howstuffworks.com
3-55. http://up-ship.com

4-1 버톨(Vertol 76) VZ-2
3-56. http://www.murdoconline.net/wordpress
3-57. http://www.wikipedia.org.org
3-58. http://www.wikipedia.org
3-59. http://www.strange-mecha.com

4-2 힐러(Hiller) X-18
3-60. http://www.wikipedia.org.org
3-61. http://www.456fis.org/hiller_X-18.htm
3-62. http://www.456fis.org/hiller_X-18.htm
3-63. http://www.456fis.org/hiller_X-18.htm
3-64. http://www.wikipedia.org
3-65. http://ru.wikipedia.org
3-66. http://www.wikipedia.org
3-67. http://www.vstol.org

4-3 LTV-힐러-리안(LTV-Hiller-Ryan) XC-142
3-68. http://en.wikipedia.org
3-69. http://en.wikipedia.org
3-70. http://www.nationalmuseum.af.mil
3-71. http://prototypes.free.fr
3-72. http://www.hillerchina.cn
3-73. http://www.geocities.jp
3-74. http://www.wikipedia.org

4-4 캐나데어(Canadair) CL-84 다이나버트(Dynavert)
3-75. http://www.militaryphotos.net
3-76. http://www.militaryphotos.net
3-77. http://i22.photobucket.com/cl-84-1inflight.jpg
3-78. http://www.wikipedia.org

4-5 팔스 에어(Falx Air) VLHT(Very Light Hybrid Transport Aircraft)
3-79, 3-80, 3-81. http://www.gizmag.com/falx-to-debut-hybrid-electric-tilt-rotor-aircraft-with-inbuilt-solar-c/9234/

5. 호버링과 전진 비행 시 같은 추력을 사용 - 틸트 로터/엔진(Tilt Rotor/Engine)
3-82. http://www.aviationspectator.com
3-83. http://www.theaviationzone.com

5-1 벨(Bell) XV-15
3-84. http://www.globalsecurity.org
3-85. http://www.wikipedia.org
3-86. http://www.nasa.gov
3-87. http://www.nasa.gov
3-88. http://www.nasa.gov
3-89. http://www.parisairshow.eu
3-90. http://www.theaviationzone.com
3-91. http://www.nasm.si.edu
3-92. http://www.flightglobal.com
3-93. http://www.windsofchange.net
3-94. http://www.vectorsite.net/

5-2 벨-보잉(Bell-Boeing) V-22 오스프리(Osprey)
3-95. http://defensemedianetwork.com
3-96. http://en.wikipedia.org, http://history.navy.mil

3-97. http://www.wikipedia.org
3-98. http://www.wikipedia.org
3-99. http://www.boston.com
3-100. http://en.wikipedia.org
3-101. http://www.wikipedia.org
3-102. http://www.aeronautics.arc.nasa.gov
3-103. http://www.flightglobal.com
3-104. http://www.thenorthspin.com
3-105. http://www.boeing.com
3-106. http://en.wikipedia.org
3-107. http://www.defensereview.com
3-108. http://www.amcm.org/c130rh53.jpg
3-109. http://www.boeing.com

5-3 벨(Bell) 65 ATV(Air Test Vehicle)

3-110. http://prototype.free.fr
3-111. http://www.1000aircraftphotos.com
3-112. http://prototype.free.fr
3-113. http://prototype.free.fr
3-114. http://www.aviation-history.com/

6. 호버링과 전진 비행 시 같은 추력을 사용 – 디플렉티드 슬립스트림(Deflected Slipstream)

3-117. http://www2.tech.purdue.edu/at/courses/aeml/airframeimages/727flap.jpg
3-118. http://www.wikipedia.org

6-1 로버슨(Robertson) VTOL

3-119. http://www.aiaa.org

6-2 리안(Ryan) 모델 92, VZ-3RY 버티플레인(Vertiplane)

3-120. http://www.nasaimages.org
3-122. http://prototype.free.fr
3-123. http://www.wikipedia.org

6-3 페어차일드(Fairchild) M-224-1, VZ-5FA 플레저링(Fledgling)

3-124. http://www.flickr.com
3-125. http://xplanes.free.fr
3-126. http://visipix.dynalias.com

7. 호버링과 전진 비행 시 같은 추력을 사용 – 벡터드 트러스트(Vectored Thrust)

3-127. http://airforce-technology.com
3-129. http://www.wikipedia.org
3-130. http://www.hitechweb.genezis.eu
3-131. http://www.wikipedia.org
3-132. http://www.f-22raptor.com

7-1 벨(Bell) X-14

3-133. http://www.aerofiles.com
3-134. http://www.456fis.org/
3-135. http://www.up-ship.com
3-136. http://www.456fis.org

7-2 호커(Hawker) P.1127, 해리어(Harrier)

3-137. http://prototypes.free.fr
3-138. http://prototypes.free.fr
3-139. http://en.valka.cz
3-140. http://www.esacademic.com
3-141. http://www.strategypage.com
3-142. http://www.airliners.net
3-143. http://www.btinternet.com
3-144. http://www.btinternet.com
3-145. http://images-mediawiki-sites.thefullwiki.org
3-146. http://www.wingweb.co.uk
3-147. http://www.militaryphoto.net
3-148. http://www.reference.findtarget.com
3-149. http://www.daytonipms.com
3-150. http://www.military.cz
3-151. http://www.aerospaceweb.org
3-152. http://www.wired.com
3-153. http://www.militaryimage.net
3-154. http://www.qinetiq.com
3-155. http://www.combatreform.org
3-156. http://prototypes.free.fr/vtol/nouv1
3-157. http://www.up-ship.com

7-3 야코블레프(Yakovlev) YAK-36 프리핸드(Freehand)

3-158. http://www.flatrock.org.nz

3-159. http://www.kezhandcars.files.wordpress.com

3-160. http://www.bkam.spb.ru

3-161. http://www.forum.falloutstudios.net

3-162. http://www.flightglobal.com

3-163. http://www.anigrand.com

3-164. http://www.micaalweb.en.eresmas.com

7-4 보잉(Boeing) X-32

3-165. http://www.jsf.mil

3-166. http://www.jsf.mil

3-167. http://www.jsf.mil

3-168. http://www.jsf.mil

3-169. http://www.jsf.mil

3-170. http://www.jsf.mil.

3-171. http://www.jsf.mil.

7-5 듀퐁(DuPont) DP-2

3-172. http://www.globalsecurity.org

3-174. http://www.dupontaero.com

8. 호버링과 전진 비행 시 같은 추력을 사용
- 테일시터(Tailsitter)

3-176. http://us-ship.com/blog/wp-content/uploads/2010/08/boeing.gif

3-177. http://rokrtry.worldpress.com

8-1 포케울프(Focke-Wulf) 트리엡플루겔(Triebfluegel)

3-178. http://www.silvamultimedia.com/Nazi/jet_Fighters/Triebflugel

3-179. http://discaircraft.greyfalcon.us

3-180. http://www.silvamultimedia.com/Nazi/jet_Fighters/Triebflugel

3-181. http://www.3dartistonline.com

8-2 록히드(Lockheed) XFV-1 살몬(Salmon)

3-182. http://www.aerofiles.com

3-183. http://www.royarden.com

3-184. http://www.afforums.com

3-186. http://www.wikipedia.org

3-187. http://jpcolliat.free.fr

3-188. http://www.wikipedia.org

8-3 컨베어(Convair) XFY-1 포고(Pogo)

3-189. http://jpcolliat.free.fr

3-190. http://www.internetmodeler.com

3-191. http://www.wikipedia.org

3-192. http://www.wikipedia.org

3-193. http://www.ww2aircraft.net

3-194. http://www.internetmodeler.com

3-195. http://www.456fis.org

8-4 리안(Ryan) X-13A 버티젯(Vertijet)

3-196. http://www.wreckamovie.com

3-197. http://www.wikipedia.org

3-198. http://www.aviacaoportugal.net

3-199. http://www.aerofiles.com

3-200. http://www.nasaimages.org

3-201. http://www.aviacaoportugal.net

3-202. http://www.crimso.msk.ru

3-203. http://airpigz.com

8-5 스네크마(SNECMA) C450 콜레옵테라(Coleoptere)

3-204. http://www.americanflyers.net

3-205. http://fr.domotica.net

3-206. http://fr.domotica.net

3-207. http://emigepa.deviantart.com/art/Snecma-C450-Coleoptere

3-208. http://prototypes.free.fr

3-209. http://jpcolliat.free.fr

3-210. http://www.the-blueprints.com

8-6 NASA 퍼핀(Puffine)

3-211. http://www.aviationweek.com

3-212. http://www.aviationweek.com

3-213. http://www.aviationweek.com

9. 호버링 전용 엔진 사용

- 리프트+크루즈(Lift+Cruise)

9-1 쇼트(Short) SC.1

3-215. http:////xplanes.tumblr.com

3-216. http://www.militaryphotos.net

3-217. http://jpcolliat.free.fr

3-218. http://jpcolliat.free.fr

3-219. http://www.makingthemodernworld.org.uk

3-220. http://www.wikipedia.org

3-221. http://www.aeroflight.co.uk

9-2 닷소 발자크(Dassault Balzac) V

3-222. http://www.unicraft.biz

3-223. http://www.patricksaviation.com

3-224. http://www.crimso.msk.ru

3-225. http://www.air-defense.net

3-226. http://www.hitechweb.genezis.eu

3-227. http://www.dassault-aviation.com

9-3 닷소 미라지(Dassault Mirage) IIIV

3-228. http://www.militaryphotos.net

3-229. http://www.aviationearth.com

3-230. http://www.aerostories.free.fr/

3-231. http://www.aerostories.free.fr/

3-232. http://www.dassaultfalcon.com

10. 호버링 시 복합 엔진 사용

- 리프트+리프트/크루즈(Lift + Lift/Cruise)

10-1 벨(Bell) D-188A(XF-109)

3-234. http://www.anigrand.com

3-235. http://www.wikipedia.org

10-2 EWR VJ 101

3-236. http://hitechweb.genezis.eu

3-237. http://www.aereo.jor.br

3-238. http://www.vstol.org

3-239. http://www.jitterbuzz.com

3-240. http://www.ila-berlin.com/

3-241. http://www.chezpeps.free.fr

3-242. http://www.tomtom-net.de

3-243. http://www.vstol.org

3-244. http://www.wikipedia.org

10-3 도니어(Dornier) Do 31

3-245. http://forums.finalgear.com/

3-246. http://www.nationalmuseum.af.mil

3-247. http://www.nationalmuseum.af.mil

3-248. http://commons.wikimedia.org

3-249. http://jpcolliat.free.fr

3-250. http://www.vstol.org

3-251. http://reference.findtarget.com

10-4 록히드(Lockheed) XV-4B 허밍버드(Hummingbird)

3-252. http://www.aerofiles.com

3-253. http://xplanes.free.fr

3-254. http://www.aiaa.org

10-5 VFW VAK 191B

3-255. http://www.afwing.com

3-256. http://www.wikipedia.org

3-257. http://www.darkroastedblend.com/2007/02/dream-of-sol

3-258. http://jpcolliat.free.fr

3-259. http://www.wikipedia.org

10-6 야코블레프(Yakovlev) YAK-38 포저(Forger)

3-260. http://www.fyjs.cn/bbs/

3-261. http://www.zonamilitar.com.ar

3-262. http://www.militaryphotos.net

3-263. http://www.wikipedia.org

3-264. http://prototypes.free.fr

3-265. http://www.mycity-military.com

3-266. http://prototypes.free.fr

3-267. http://www.emuleday.com

3-268. http://upload.wikimedia.org

3-269. http://www.defense-arab.com

3-270. http://www.yak.ru

10-7 야코블레프(Yakovlev) YAK-141(YAK-41)

3-271. http://www.airwar.ru
3-272. http://www.vectorsite.net
3-273. http://prototypes.free.fr, http://www.wikipedia.org
3-274. http://defenceforumindia.com
3-275. http://www.militaryphotos.net
3-276. http://prototypes.free.fr
3-277. http://www.amntksoyuz.ru
3-278. http://www.fas.org
3-279. http://www.airwar.ru/
3-280. http://www.maxwolf.ru/avia/maks95/planes.html
3-281. http://img25.imageshack.us
3-282. http://www.russian-victories.ru
3-283. http://www.aviation.ru
3-284. http://www.venik4.com

11. 호버링 시 복합 엔진 사용
– 팁 제트(Tip Jet)

3-286. http://www.aerospaceweb.org
3-287. http://www.aviastar.org
3-288. http://www.helicomag.com/

11-1 맥도넬(McDonnell) XV-1

3-290. http://prototypes.free.fr
3-291. http://www.wikipedia.org
3-293. http://www.fantastic-plastic.com
3-294. http://www.aviastar.org

11-2 페어리 로토다인(Fairey Rotodyne)

3-295. http://www.wikipedia.org
3-296. http://www.theengineer.co.uk
3-299. http://www.whatifmodelers.com
3-300. http://www.wikipedia.org
3-301. http://www.rafmuseum.org.uk
3-302. http://www.abpic.co.uk
3-303. http://www.gyroflight.co.uk

12. 호버링을 위한 추력 증강 장치 사용
– 이젝터(Ejector)

3-305. http://www.vstol.org

12-1 록히드(Lockheed) XV-4A 허밍버드(Hummingbird)

3-306. http://www.globalsecurity.org
3-307. http://www.aerofiles.com
3-308. http://www.afwing.com

12-2 록웰(Rockwell) XFV-12A

3-309. http://steeljawscribe.com/worldpress/wp-content
3-310. http://images.rcuniverse.com
3-311. http://www.geocities.jp
3-312. http://www.afwing.com
3-313. http://www.afwing.com

13. 호버링을 위한 추력 증강 장치 사용
– 팬(Fan)

3-315. http://prototypes.free.fr/vtol/vtol-11.htm
3-316. http://prototypes.free.fr
3-317. http://www.news.students.ru
3-318. http://www.darkroastedblend.com

13-1 에이브로 캐나다(Avro Canada) VZ-9 에이브로카 (Avrocar)

3-319. http://psipunk.com/
3-320. http://www.wikipedia.org
3-321. http://greyfalcon.us/
3-322. http://www.wikipedia.org
3-323. http://www.abovetopsecret.com/
3-324. http://www.kraftfuttermischwerk.de
3-325. http://www.wikipedia.org
3-326. http://xplanes.tumblr.com
3-327. http://www.nationalmuseum.af.mil
3-328. http://i.telegraph.co.uk
3-329. http://www.laesieworks.com/
3-330. http://www.nationalmuseum.af.mil

13-2 뱅가드 옴니플레인(Vanguard Omniplane)

3-331. http://www.vstol.org

3-332. http://blog.modernmechanix.com

3-333. http://prototypes.free.fr

3-334. http://www.ccthere.com,
http://www.pprune.org/aviation-history-nostalgia

13-3 리안(Ryan) XV-5 버티팬(Vertifan)

3-335. http://robotpig.net

3-336. http://prototypes.free.fr

3-337. http://www.globalsecurity.org

3-338. http://ourworlds.topcities.com

3-339. http://www.aero-web.org

3-340. http://www.airwar.ru

3-341. http://www.nasaimages.org

3-342. http://www.life.com/archive/gallery

3-343. http://prototypes.free.fr

3-344. http://www.globalsecurity.org

3-345. http://www.aiaa.org/

13-4 록히드 마틴(Lockheed Martin) X-35

3-346. http://www.jsf.mil

3-347. http://www.jsf.mil

3-348. http://www.jsf.mil

3-349. http://www.wikipedia.org

3-350. http://www.aviationweek.com

3-351. http://www.jsf.mil

3-352. http://www.vtol.org/Lockheed.htm

3-353. http://upload.wikimedia.org/wikipedia/commons

3-354. http://ja.wikipedia.org

3-355. http://www.jsf.mil

3-356. http://steeljawscribe.com

3-357. http://www.jsf.mil

3-358. http://www.mycity-military.com

3-359. http://www.jsf.mil

3-360. http://www.jsf.mil

3-361. http://www.nytimes.com

14. 호버링을 위한 추력 증강 장치 사용 - 로터(Rotor)

14-1 카모프(Kamov) Ka-22 빈토크릴(Vintokryl)

3-364. http://www.wikipedia.org

3-365. http://www.aviastar.org

3-366. http://www.globalsecurity.org

3-367. http://www.aviastar.org

14-2 피아세키(Piasecki) 16H-1 패스파인더(Pathfinder)

3-368. http://www.piasecki.com

3-369. http://www.piasecki.com

3-370. http://www.freebase.com

14-3 록히드(Lockheed) AH-56 샤이안(Cheyenne)

3-371. http://www.wikipedia.org

3-372. http://www.museumofflight.org

3-373. http://www.aviastar.org

3-374. http://www.militaryfactory.com

3-375. http://www.aviastar.org

3-376. http://www.wikipedia.org

3-377. http://www.securityarms.com

3-379. http://www.up-ship.com

3-380. http://www.usmilitariaforum.com/forums/
lofiversion/index.php/

3-381. http://www.globalsecurity.org

3-382. http://www.up-ship.com

3-383. http://www.hitechweb.genezis.eu

3-384. http://www.militaryphotos.net

14-4 카터콥터(CarterCopter) 뮤원(Mu 1)

3-385. http://www.cartercopters.com

3-387. http://www.cartercopters.com

3-388. http://www.cartercopters.com

3-389. http://www.cartercopters.com

3-390. http://www.cartercopters.com

14-5 피아세키(Piasecki) X-49A 스피드 호크(Speed Hawk)

3-391. http://www.militaryphoto.net

3-392. http://www.piasecki.com

3-393. http://www.piasecki.com
3-394. http://www.flightglobal.com
3-395. http://www.piasecki.com
3-396. http://club.mil.news.sina.com.cn/thread-144620-1-1.htm
3-397. http://www.flightglobal.com

이착륙 기술 혁명, 미래의 하늘을 날다

수직 이착륙기

2013년 1월 21일 초판 1쇄 발행
지은이 고정우

펴낸이 이원중 편집 김찬 디자인 정애경
펴낸곳 지성사 출판등록일 1993년 12월 9일 등록번호 제10－916호
주소 (121－829) 서울시 마포구 상수동 337－4 전화 (02) 335－5494～5 팩스 (02) 335－5496
홈페이지 www.jisungsa.co.kr 블로그 blog.naver.com/jisungsabook 이메일 jisungsa@hanmail.net
편집주간 김명희 편집팀 김재희, 김찬 디자인팀 이윤화, 정애경

ISBN 978-89-7889-263-6 (03550)

이 도서의 국립중앙도서관 출판시도서목록(CIP)은 e-CIP 홈페이지(http://www.nl.go.kr/ecip)와 국가자료공동목록시스템(http://www.nl.go.kr/kolisnet)에서 이용하실 수 있습니다. (CIP제어번호:CIP2013000127)